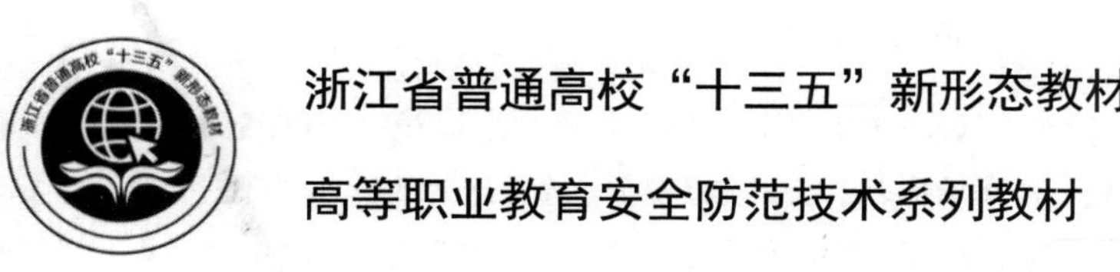

浙江省普通高校“十三五”新形态教材

高等职业教育安全防范技术系列教材

安全防范技术及应用

刘桂芝　主　编

付　萍　汪海燕　孙　宏
李　志　王淑萍　副主编

電子工業出版社
Publishing House of Electronics Industry
北京 • BEIJING

内 容 简 介

本书从安全防范技术原理论述安全技术防范系统的应用，主要涉及安全技术防范中的入侵报警系统、视频监控系统、门禁控制系统、楼宇对讲系统、停车场管理系统、防爆安全检查系统等的设备原理、种类、功能测试和系统实践性的内容，适用于本科、专科、高职高专的安全防范技术、安全防范工程、楼宇自动化、智能建筑等专业，对于安全防范工程人员、管理人员、自学者也有很好的参考价值。

本书对纸质教材和数字资源开展一体化设计，充分发挥纸质教材体系完整、数字资源侧重实践性内容的优点，通过二维码建立纸质教材和数字资源的有机联系；图文、视频有机结合，内容丰富，知识新颖实用，材料丰富可靠；技术原理简明扼要，系统应用理论与实践结合，可作为普通高校安全防范专业的教材和安全防范行业职业资格培训的辅导用书。

图书在版编目（CIP）数据

安全防范技术及应用/刘桂芝主编. —北京：电子工业出版社，2022.7
ISBN 978-7-121-42547-9

Ⅰ. ①安…　Ⅱ. ①刘…　Ⅲ. ①房屋建筑设备－数字系统－安全监控系统－高等学校－教材　Ⅳ. ①TU89

中国版本图书馆 CIP 数据核字（2021）第 265435 号

责任编辑：徐建军　　文字编辑：徐　萍
印　　刷：三河市良远印务有限公司
装　　订：三河市良远印务有限公司
出版发行：电子工业出版社
　　　　　北京市海淀区万寿路 173 信箱　邮编 100036
开　　本：787×1 092　1/16　印张：16　字数：420 千字
版　　次：2022 年 7 月第 1 版
印　　次：2023 年 12 月第 5 次印刷
印　　数：3 000 册　　定价：49.00 元

凡所购买电子工业出版社图书有缺损问题，请向购买书店调换。若书店售缺，请与本社发行部联系，联系及邮购电话：（010）88254888，88258888。

质量投诉请发邮件至 zlts@phei.com.cn，盗版侵权举报请发邮件至 dbqq@phei.com.cn。

本书咨询联系方式：（010）88254570，xujj@phei.com.cn。

前言
Preface

当前社会，犯罪手段日益多样化、专业化和智能化，加之国际恐怖势力的影响，社会治安形势严峻。安全需求的强劲增长，使得安防行业发展非常迅猛。因此，加快高新技术在治安防范中的应用，全面提升社会治安防控体系中的科技含量，实现科技创安，已经成为新形势下加强社会治安综合治理的重要环节。安全防范技术在预防犯罪和预防损失方面将发挥越来越重要的作用。

《安全防范技术及应用》是高职安全防范类专业及相关专业的一门专业核心基础平台课程，可为后续专业课程的学习奠定基础，它所涉及的内容同时也是从事安全防范相关工作的工程技术人员必备的专业基础知识。本书以典型安全防范技术系统为载体，介绍构成入侵报警系统、门禁控制系统、视频监控系统等系统的基本设备的工作原理、性能参数及应用性能。教材内容的组织结合安全防范系统职业资格基础知识要求，按照系统引路、设备先行、性能测试展开，知识的学习紧扣应用要求，同时结合技能训练，在技能训练中深化理论知识。

全书共 7 章，首先介绍了安全防范技术与安全技术防范的概念和内涵，然后围绕安全防范技术的典型系统——入侵报警系统、视频监控系统、门禁控制系统等展开。其中，入侵报警系统部分介绍入侵探测报警基本知识，阐述入侵探测技术的种类及应用，并给出常见探测器、报警控制器的使用和操作要领，提高读者对入侵报警系统的应用能力；视频监控系统部分主要对各类摄像机、镜头、视频处理、记录存储等设备原理、性能及应用要点进行阐述；门禁控制系统首先概述了门禁控制系统的组成及功能，接着对常见的识别单元、控制器和执行锁具进行了介绍，并明确了门禁控制系统的应用要点；楼宇对讲系统部分首先概述了楼宇对讲系统的组成及功能，接着对门口机、住户机、隔离控制设备和管理设备进行论述，并明确了楼宇对讲系统的应用要点；停车场管理系统部分对常见的停车场控制器、道闸、车辆检测器等进行论述，并明确了停车场管理系统的进出流程；防爆安全检查系统部分对金属探测技术、人身安全检查、箱包开包检查等技术进行详细的说明，最后对其他的安全检查技术做出介绍。每一部分都针对各设备、系统的性能测试及功能应用配置了实训练习。

本书由国家示范性高职院校浙江警官职业学院的刘桂芝担任主编，由付萍、汪海燕、李志、孙宏、王淑萍担任副主编。其中，第 1、3、4 章由刘桂芝编写，第 2 章由李志、孙宏编写，第 5 章由汪海燕编写，第 6 章由付萍编写，第 7 章由刘桂芝、王淑萍共同编写，全书由刘桂芝统稿。本书在编写的过程中得到了安防行业、企业专家的指导与帮助，同时也参考了大量工程实际案例、具体设备应用及系统应用功能和企业内部资料，有些资料并未注明出处，故无法一一列出，在此一并表示衷心的感谢。

为便于读者学习，本书配有微课视频，读者扫描书中相应的二维码，便可以用微课方式进行在线学习。编者还为本书配备了电子课件等教学资源，读者可以在华信教育资源网（www.hxedu.com.cn）注册后免费下载。同时，所有教学资源在浙江省高等学校精品在线开放课程共享平台实现共享，欢迎教师用户使用该平台开展线上、线下混合式教学。

由于编者水平有限，加上时间仓促，书中难免有不当之处，敬请各位同行批评指正，以便在今后的修订中不断改进。

编　者

目录
Contents

第1章　安全防范系统导论 …… (1)

1.1　安全防范概述 …… (1)

1.1.1　安全防范的内涵和概念 …… (2)

1.1.2　安全技术防范的手段和要素 …… (2)

1.1.3　安全技术防范的特点 …… (4)

1.1.4　安全技术防范的作用 …… (4)

1.2　安全技术防范系统的组成 …… (5)

1.3　安全防范技术的发展概况及趋势 …… (6)

第2章　入侵探测技术与报警系统的应用 …… (8)

2.1　入侵报警技术概述 …… (8)

2.1.1　入侵报警系统的组成 …… (9)

2.1.2　入侵探测器的分类 …… (9)

2.1.3　入侵探测器的主要技术指标 …… (11)

2.1.4　报警系统误报警问题分析 …… (12)

2.2　常用入侵探测器 …… (13)

2.2.1　点控制型探测器的原理与应用 …… (14)

【技能训练】　点控制型探测器的原理及应用 …… (17)

2.2.2　线控制型探测器的原理与应用 …… (19)

【技能训练】　主动红外探测器的原理及应用 …… (21)

2.2.3　面控制型探测器的原理与应用 …… (23)

【技能训练】　面控制型探测器的原理及应用 …… (27)

2.2.4　空间控制型探测器的原理与应用 …… (28)

【技能训练】　微波-被动红外双技术探测器的原理及性能测试 …… (38)

2.3　入侵报警控制器 …… (41)

2.3.1　入侵报警控制器的组成及功能 …… (41)

2.3.2　入侵报警控制器的分类 …… (41)

2.3.3　报警控制器对探测器和系统工作状态的控制 …… (42)

2.3.4　报警控制器的防区布防类型 …… (42)

2.3.5 入侵报警系统性能测试及应用……（43）
【技能训练】 DS6MX-CHI 小型报警主机的性能及使用……（43）
2.4 入侵报警系统的具体应用类型……（46）
2.4.1 一体式报警装置……（46）
2.4.2 分线制报警系统……（46）
2.4.3 总线制报警系统……（47）
2.4.4 无线制报警系统……（48）
2.4.5 公共网络报警系统……（48）
本章小结……（49）
第3章 视频监控技术及系统应用……（50）
3.1 视频监控系统概述……（50）
3.1.1 视频监控系统的组成……（51）
3.1.2 视频监控的结构模式……（51）
3.1.3 视频监控的演变历史……（53）
3.2 摄像机的原理与应用……（57）
3.2.1 摄像机的扫描制式……（57）
3.2.2 图像传感器……（59）
3.2.3 摄像机的工作原理及参数……（62）
3.2.4 摄像机的分类……（71）
3.2.5 网络监控中交换机的选择……（74）
3.2.6 网络摄像机参数的配置与应用……（75）
【技能训练】 基于网络摄像机的数字视频监控系统的应用……（86）
3.3 镜头……（88）
3.3.1 镜头的参数……（88）
3.3.2 镜头的种类……（91）
3.3.3 镜头的选择……（94）
3.3.4 镜头的调整……（94）
3.4 其他前端设备……（96）
3.4.1 防护罩……（96）
3.4.2 云台……（97）
3.4.3 支架……（101）
3.4.4 红外灯……（103）
3.5 视频监控系统显示设备的原理及应用……（105）
3.5.1 监视器的分类……（105）
3.5.2 液晶监视器……（105）
3.5.3 全高清监视器……（106）
3.5.4 拼接电视墙……（107）
3.5.5 监视器的保养……（107）
【技能训练】 摄像机、镜头和监视器的使用……（108）
3.6 视频处理设备的原理及应用……（109）
3.6.1 视频解码器概述……（109）

3.6.2　视频解码器的应用……（110）
3.7　视频记录设备的原理及应用……（113）
3.7.1　硬盘录像机的原理与种类……（113）
3.7.2　硬盘录像机的功能……（115）
3.7.3　存储容量计算……（116）
3.7.4　压缩算法……（117）
【技能训练】　硬盘录像机基本性能测试……（118）
【技能训练】　基于 DVR 网络视频监控系统的应用……（121）
3.8　NVR 的原理及应用……（124）
3.8.1　DVR 与 NVR 的区别……（124）
3.8.2　NVR 视频监控解决方案的优势……（124）
3.8.3　NVR 的具体应用……（127）
3.9　存储设备……（129）
3.9.1　磁盘阵列……（129）
3.9.2　视频监控存储方式……（131）
3.10　综合安防管理系统……（133）
3.10.1　综合安防管理系统的组成……（133）
3.10.2　综合安防管理平台的特点……（135）
3.10.3　综合安防管理平台的功能……（135）
3.11　智能视频监控技术……（137）
【技能训练】　网络视频监控系统功能测试……（141）
本章小结……（149）
第 4 章　门禁控制技术及系统应用……（150）
4.1　门禁控制系统概述……（150）
4.1.1　门禁控制系统的组成……（151）
4.1.2　门禁控制系统的工作原理……（152）
4.1.3　门禁控制系统的功能……（154）
4.1.4　门禁控制系统的分类……（155）
4.2　门禁控制系统的设备……（155）
4.2.1　输入装置和身份识别单元……（155）
4.2.2　密码与密码识别……（157）
4.2.3　卡片与卡片识别……（157）
4.2.4　人体生物特征与生物特征识别……（161）
4.2.5　门禁控制器……（167）
4.2.6　执行机构……（168）
4.2.7　门禁控制管理软件及应用……（169）
【技能训练】　电控锁具的原理及使用……（169）
4.3　门禁控制系统应用结构模式……（171）
4.3.1　基本门禁系统……（171）
4.3.2　RS-485 联网门禁系统……（171）
4.3.3　TCP/IP 联网门禁系统……（172）

【技能训练】 门禁控制系统功能测试……(172)
4.4 人脸识别门禁系统概述……(175)
4.4.1 人脸识别技术概述……(176)
4.4.2 人脸识别技术的发展及现状……(178)
4.4.3 人脸识别门禁系统的组成及优势……(179)
4.4.4 人脸识别门禁系统的应用……(180)
【技能训练】 人脸识别门禁系统设备及应用……(182)
本章小结……(183)
第 5 章 楼宇对讲技术及系统应用……(184)
5.1 楼宇对讲系统概述……(184)
5.1.1 楼宇对讲系统的概念……(184)
5.1.2 楼宇对讲系统的发展历史……(185)
5.1.3 楼宇对讲系统的功能……(187)
5.1.4 楼宇对讲系统的工作过程……(187)
5.2 楼宇对讲系统的主要设备……(188)
5.2.1 门口机的功能及应用……(189)
5.2.2 室内住户机的功能及应用……(189)
5.2.3 管理机的功能及应用……(190)
5.2.4 楼层分配器的功能及应用……(191)
5.2.5 联网控制器的功能及应用……(191)
5.3 楼宇对讲系统的应用……(192)
【技能训练】 楼宇对讲系统设备及应用……(192)
本章小结……(194)
第 6 章 停车场管理技术及系统应用……(195)
6.1 停车场管理系统概述……(195)
6.1.1 停车场管理系统的概念及分类……(195)
6.1.2 取卡停车场管理系统……(196)
6.1.3 停车场管理系统的功能……(197)
6.1.4 取卡停车场管理系统的工作过程……(198)
6.1.5 车牌识别停车管理系统……(199)
6.2 停车场管理系统的主要设备……(201)
6.2.1 停车场管理系统的设备构成……(201)
6.2.2 停车场管理系统的具体设备……(203)
6.2.3 校园智能停车场管理系统解决方案介绍……(207)
6.3 智能停车场系统应用……(211)
6.3.1 系统概述……(211)
6.3.2 出入口无卡进出车辆管理……(212)
6.3.3 系统设备组成部分……(212)
6.3.4 车辆进/出场流程……(212)
6.3.5 特殊车辆情况处理……(214)
【技能训练】 停车场管理系统的原理及使用……(214)

本章小结（216）
第 7 章 防爆安全检查技术及系统应用（217）
7.1 防爆安全检查系统概述（217）
7.1.1 防爆安全检查系统的概念（217）
7.1.2 防爆安全检查系统的工作过程（219）
7.1.3 常见危险品种类（220）
7.2 X 射线安全检查技术（220）
7.2.1 X 光机的组成及工作原理（221）
7.2.2 X 射线机图像颜色的定义（223）
7.2.3 典型图像（225）
7.2.4 X 光机的操作和使用（228）
【技能训练】 X 射线安全检查设备的原理及使用（231）
7.3 金属探测技术（232）
7.3.1 金属探测器的种类（233）
7.3.2 安检门（233）
7.3.3 手持式金属探测器（235）
7.3.4 液体检测仪（235）
7.3.5 扫雷器（237）
7.3.6 信件炸弹检测仪（237）
【技能训练】 人身箱包安全检查应用（238）
7.4 其他安全检查技术（239）
7.5 智慧安全检查技术的运用（240）
本章小结（243）
参考文献（244）

第1章 安全防范系统导论

学习目标

通过本章的学习，了解安全技术防范系统的基本组成及发展历程，熟悉安全防范的概念与内涵，熟练掌握安全防范手段及安全技术防范的要素与功能。

学习内容

1. 安全防范系统的定义。
2. 安全技术防范的要素和手段。
3. 安全防范技术的发展趋势。

重点难点

安全防范技术的含义；安全技术防范的手段与要素；安全防范系统的组成。

1.1 安全防范概述

安全防范系统（Security & Protection System，SPS）以维护社会公共安全为目的，主要包括由安全防范产品和其他相关产品构成的入侵报警系统、视频安防监控系统、出入口控制系统、防爆安全检查系统等，或将这些系统作为子系统组合或集成的电子系统或网络。本书中的安全防范是指综合运用人力防范、实体防范、电子防范等多种手段，预防、延迟、阻止入侵、盗窃、抢劫、破坏、爆炸、暴力袭击等事件的发生。而安全防范系统是指以安全为目的，综合运用实体防护、电子防护等技术构成的防范系统。

安全防范系统采用以电子技术、传感器技术和计算机技术为基础的安全防范技术的器材设备，归类为安全防范设备，由各种设备构成的各个系统，视为安全防范各子系统。因此，应运而生的安全防范技术正逐步发展成为一项专门的公安技术学科。

安全防范技术的器材、设备及由其组成的系统能对入侵者做到快速反应，并及时发现和抓获犯罪嫌疑人，对犯罪分子有强大的威慑作用。而安全防范技术又能及时发现事故的隐患，预防破坏，减少事故和预防灾害的发生，是公安保卫工作中很重要的预防手段。尤其是在现代化技术高度发展的今天，犯罪更趋智能化，手段更隐蔽，现代化的安防技术智能化水平也越来越高。

1.1.1 安全防范的内涵和概念

安全防范的一般概念根据现代汉语词典的解释，所谓安全，就是没有危险、不受侵害、不出事故；所谓防范，就是防备、戒备，而防备是指做好准备以应付攻击或避免受害，戒备是指防备和保护。因此，安全防范的定义为：做好准备和保护，以应付攻击或者避免受害，从而使被保护对象处于没有危险、不受侵害、不出现事故的安全状态。显而易见，安全是目的，防范是手段，安全防范的基本内涵就是通过防范的手段达到或实现安全的目的。广义的安全包括两层含义：其一是指自然属性或准自然属性的安全，其二是指社会人文性的安全。自然属性或准自然属性的安全被破坏主要不是由人的有目的参与而造成的；社会人文性的安全被破坏主要是由于人的有目的的参与而造成的社会人文性破坏。因此，安全防范主要是社会人文性的安全，国外通常称“保安”。在西方，不用“安全防范”这个词，而用损失预防和犯罪预防这个概念。就像中文的安全与防范连在一起使用。而对于安全防范而言，涉及的方面很多，所以有综合安全之说，综合安全为社会公共安全提供时时安全、处处安全的综合性安全服务。所谓社会公共安全服务保障体系，就是由政府发动、政府组织、社会各界（绝不是公安部一家、更不是公安部执法部门内部的某一机构）联合实施的综合安全系统工程（硬件、软件）和管理服务体系。公众所需要的综合安全，不仅包括以防盗、防劫、防入侵、防破坏为主要内容的狭义“安全防范”，也包括防火安全、交通安全、通信安全、信息安全及人体防护、医疗救助、防煤气泄漏等诸多安全内容。安全技术防范有两种不同的理解和解释。对于警察执法部门而言，安全技术防范就是利用安全防范技术开展安全防范工作的一项公安业务；而对于社会经济部门来说，安全技术防范就是利用安全防范技术为社会公众提供一种安全服务的产业。安全服务产业，随着近年来的发展，形成了产品的研发、生产、销售、解决方案的设计与工程的实施、运营服务和应用管理等全产业链。

综上所述，安全防范既是一项公安业务（警察执行部门），又是一项社会公共事业和社会经济事业。安全防范的发展和进步，既依赖于科学技术的发展和进步，同时又为科学技术的进步与发展创造良好的社会环境。

1.1.2 安全技术防范的手段和要素

安全防范是指在建筑物或建筑群内（包括周边地域），或特定的场所、区域，通过采用人力防范、技术防范和物理防范等方式综合实现对人员、设备、建筑或区域的安全防范。通常所说的安全防范主要是指技术防范，GB 50348—2018 将其称为电子防范，是指通过采用安全技术防范产品和防护设施实现安全防范。

安全技术防范是以安全防范技术为先导，以人力防范为基础，以技术防范和实体防范为手段，所建立的一种集探测、延迟、反应有序结合的安全防范服务保障体系，是以预防损失和预防犯罪为目的的一项公安业务和社会公共事业。

安全防范是社会公共安全的一部分，安全防范行业是社会公共安全行业的一个分支。就防范手段而言，安全防范包括人力防范、实体（物）防范和技术防范三个范畴。其中人力防范和实体防范是古已有之的传统防范手段，它们是安全防范的基础，随着科学技术的不断进步，这些传统的防范手段也不断融入新科技的内容。技术防范的概念是在近代科学技术（最初是电子报警技术）用于安全防范领域并逐渐形成一种独立防范手段的过程中所产生的一种新的防范概念。由于现代科学技术的不断发展和普及应用，“技术防范”的概念也越来越普及，越来越为警察执法部门和社会公众所认可和接受。

1. 安全防范手段

安全防范是包括人力防范、实体防范（也称为物理防范）和电子防范三方面的综合防范体系。

（1）人力防范（Personnel Protection）：具有相应素质的人员有组织的防范、处置等安全管理行为，简称人防。人防是指依靠以人为主体的治安保卫力量，采取值班、守卫、巡逻、检查等保卫措施，保卫内部安全，是最早出现的一种传统保卫手段。

（2）实体防范（Physical Protection）：利用建（构）筑物、屏障、器具、设备或其组合，延迟或阻止风险事件发生的实体防护手段，又称物防。物防是一种主要依靠具有防范功能的物质组成的屏障，用以抵御外来侵害的手段。它也是一种传统的防范手段，近年来，随着科学技术的发展，实体防范的技术含量不断提高，与安全技术防范的结合日益紧密。

（3）电子防范（Electronic Protection）：利用传感、通信、计算机、信息处理及其控制、生物特征识别等技术，提高探测、延迟、反应能力的防护手段，又称技防。技防是在将近代科学技术用于安全防范领域，并逐渐形成一种独立防范手段的过程中产生的一种新的防范概念。利用高新技术产品和技术系统来构筑安全防范系统是当前安全防范的一个主要趋势，是科技进步和发展的必然，也是不断上升的安全需求和治安形势的要求。

在实际的应用中，这三种防范手段不是孤立的，它们是互为基础、相互补充、融为一体的。技防系统的设计运用是以实体防范为基础环境的，技防系统的效能发挥又受到人的反应能力的限定。一个好的安全防范体系，一定是人防、物防、技防相结合，系统的建设与系统的运行管理并重的体系。

2. 安全防范要素

安全防范有三个基本防范要素，即探测、延迟和反应。探测是感知显性和隐性风险事件的发生并发出报警。延迟是延长和推迟风险事件发生的进程。反应是组织力量为制止风险事件的发生所采取的快速行动。要实现防范的最终目的，就要围绕探测、延迟、反应这三个基本防范要素开展工作，采取措施，以预防和阻止风险事件的发生。

基础的人防手段，是利用人们自身的感觉器官（眼、耳等）进行探测，发现妨害或破坏安全的目标，利用警告、恐吓、设障、武器还击等手段来延迟或阻止危险的发生，在自身力量不足时还要发出救援信号，以期做出进一步的反应，制止危险的发生或处理已发生的危险。

实体防范的主要作用在于推迟危险的发生，为“反应”提供足够的时间。但现代的实体防范，已不是单纯物质屏障的被动防范，而是越来越多地采用高科技的手段，一方面使实体屏障被破坏的可能性变小，延迟时间增长，另一方面也使实体屏障本身增加探测和反应的功能。

安全技术防范手段可以说是人力防范手段的功能延伸和加强，是对人防和物防在技术手段上的补充和强化。安全技术防范要融入人力防范和实体防范之中，使人力防范和实体防范在探测、延迟、反应三个基本要素中不断地增加高科技的含量，不断提高探测能力，使防范手段真正起到作用，达到预期目的。

探测、延迟、反应三个基本要素之间是相互联系、缺一不可的。一方面，探测要准确无误，延迟时间长短要合适，反应要迅速；另一方面，探测、反应、延迟的时间必须满足以下关系。

$$T_{\text{探测}}+T_{\text{反应}} \leqslant T_{\text{延迟}}$$

1.1.3 安全技术防范的特点

安全技术防范具有以下特点。

1. 安全性强，操作方便

安全技术防范系统既能保证操作者安全，又具有良好的人机界面、操作方便。通过简单的界面操作或者密码可以随时布、撤防及修改各项参数，以确保被防范对象的安全性，以及用户的人身安全。充分发挥人和设备双方的积极性，减少操作上的差错或失误，保障系统的安全、高效运行。

2. 可靠性强，可及时发现险情

安全技术防范是随着科学技术的发展而逐步形成的一种防范措施，是人力防范和物理防范的重要补充。传统的防范手段虽然可以减少案件的发生，但往往因为人的因素而不能即时发现险情。安全技术防范则可以克服人为因素，随时布控，只要有犯罪分子侵入设防部位或有火险、爆炸等险情出现就会触发报警。安全技术防范是综合防控系统的重要补充和强化，利用多种综合科学技术，使及时发现入侵、制止犯罪成为可能。

3. 主动性强，可快速反应

人力防范和物理防范发挥了巨大的作用，但是也有明显的缺陷：人力防范难免有疏漏；安全管理制度不能直接制约入侵者；物理防范不能主动制止入侵行为的发生。而技术防范可以在第一时间发现入侵、破坏行为，并做出快速反应，能为防范工作争取主动权，有效地补充和强化了安全防范系统。

4. 技术性强，专业化程度高

安全技术防范是一项技术性很强的工作，它不仅要求保安员懂得安全方面的基本知识，掌握相关的技能，学习相关的技术，还要熟练掌握仪器设备的性能和操作等。这样才能更好地发挥技术防范主动性的作用，弥补人力防范和实体防范的不足，真正实现安全防范的现代化和专业化。保安服务可以借助安全技术防范系统的多功能性，提高安全防范的能力；可以借助安全技术防范系统的威慑作用，减少不法入侵行为的发生；可以借助安全技术防范系统的快速反应能力，及时发现不法入侵行为；可以借助安全技术防范系统的预警性，预防和及时制止灾害事故的发生。

1.1.4 安全技术防范的作用

安全技术防范系统是安全防范技术综合运用的平台。近年来安全防范综合管理平台对安全防范系统的各子系统及相关信息系统进行集成，实现实体防护系统、电子防护系统和人力防范资源的有机联动、信息的集中处理与共享应用、风险事件的综合研判、事件处置的指挥调度、系统和设备的统一管理与运行维护等功能的硬件和软件组合，使安全防范系统功能更加完善综合。

安全技术防范具有不间断连续工作、不受环境气候影响、隐蔽性强、人力成本低等优势，可以有效提高目标部位的安全度。其主要作用有以下几个方面。

1. 对违法犯罪的震慑作用

安全防范技术系统对犯罪分子具有震慑作用，使其不敢轻易作案，减少了发案率。如小区的安防系统、门窗的开关报警器能及时发现犯罪分子的作案时间和地点，使其不敢轻易动手；

商场、自选商场的视频监控系统使商品和自选市场的失窃率大大降低，银行的柜员机和大厅的监控系统也使犯罪分子望而生畏，所以对预防犯罪非常有效。

2. 及时发现违法犯罪，提高破案率

安全技术防范系统具有快速反应能力，可及时发现案情，提高破案率。前端设备可以集成强大的图像处理能力，并运行高级智能算法，使用户可以更加精确地定义一个安全威胁的特征，有效降低误报和漏报现象，减少大量的无用视频数据。一旦出现犯罪活动能及时发现、及时报警，视频安防监控系统能自动记录下犯罪现场及犯罪分子的犯罪过程，有助及时破案。

3. 突发事件处置

通过设置规则并识别可疑活动（例如，有人在公共场所遗留了可疑物体，或者有人在敏感区域停留的时间过长），在安全威胁发生之前就能够提示值班人员关注相关监控画面以提前做好准备，在特定的安全威胁出现时采取相应的预案，有效防止在混乱中由于人为因素而造成的延误。

4. 提高安全部门的保护级别

协助政府或其他机构的安全部门提高室外区域或者公共环境的安全防护。此类应用主要包括：人物面部识别、车辆识别、非法滞留、高级视频移动侦测、物体追踪等。

5. 技防资源的其他应用

安全技术防范系统除了安全相关类应用之外，系统相关还可以应用到一些非安全相关的应用当中。此类应用主要包括：人数统计、人群控制、注意力控制和交通流量控制等，可以作为部门管理及决策制定的参考借鉴。

智能安防系统的应用，转被动为主动，真正实现了 7×24 全天候实时监控，并尽可能发挥安全技术防范系统的最大效力。

1.2　安全技术防范系统的组成

安全防范系统是以安全防范为目的，人防、物防、技防手段相结合，探测、延迟、反应组成要素相协调，具有预防、制止违法犯罪行为，防止出现重大治安事件，维护社会安全功能的有机整体。安全防范系统通过安全防范技术的应用，以及人防、物防、技防的有机结合，使人防功能大大延伸，物防阻滞力大大增强，进而使整体防范能力大大提高。

安全技术防范系统是安全防范技术综合运用的平台。它包括由安全防范产品和其他相关产品所构成的入侵报警系统、视频安防监控系统、出入口控制系统、防爆安全检查系统等，或者是将这些系统作为子系统组合或集成的电子系统或网络。

常用的安全技术防范系统有以下一些。

（1）入侵报警系统（IAS）：是指利用传感技术和电子信息技术探测并指示非法进入或试图非法进入设防区域的行为、处理报警信息、发出报警信息的电子系统或网络。

（2）视频安防监控系统（VSCS）：是指利用视频技术探测、监视设防区域并实时显示、记录现场图像的电子系统或网络。

（3）出入口控制系统（ACS）：是指利用自定义识别和/或模式识别技术对出入口目标进行识别，并控制出入口执行机构启闭的电子系统或网络。

（4）防爆安全检查系统：是指检查有关人员、行李、货物是否携带爆炸物、武器或其他违禁品的电子设备系统或网络。

（5）电子巡查系统：是指对保安巡查人员的巡查路线、方式及过程进行管理和控制的电子系统。

（6）停车库（场）管理系统：是指对进、出停车库（场）的车辆进行自动登录、监控和管理的电子系统或网络。

（7）安全管理系统（SMS）：是指对入侵报警、视频安防监控、出入口控制等子系统进行组合或集成，实现对各子系统的有效联动、管理或监控的电子系统。

安全技术防范系统的构建往往根据具体建筑物的特点和治安环境的需要将上述子系统有机地整合在一起，使各子系统既能发挥各自特有功能，又能相互联系，充分体现出系统的整体功能。

1.3 安全防范技术的发展概况及趋势

我国的安全技术防范工作起始于 20 世纪 70 年代后期，在 80 年代初成立全国社会公共安全行业管理委员会之后，我国安全防范行业得到了蓬勃的发展。80 年代中期，在公安部科技司成立了安全技术防范处，之后，正式成立了公安部安全技术防范工作领导小组，下设公安部技术防范管理办公室（设在科技局），统一领导全国的技防工作。1987 年，国家技术监督局和公安部技术监督委员会联合组建了全国安全防范报警系统标准化技术委员会（TC100），主持制定安全防范报警领域的国家标准和行业标准；同年和次年，公安部又先后组建了北京、上海两个检测中心，负责对全国范围的（进口、国产）安全技术防范产品进行质量检测，对安防系统工程质量进行检验。1992 年，经国家民政部批准，成立了中国安全防范产品行业协会，协助政府主管部门对安防行业进行管理。改革开放以前中国的安防主要以人防为主，安全技术防范还只是一个概念，技术防范产品几乎还是空白。20 世纪 80 年代初，安防在上海、北京、广州等经济发达城市和地区悄然兴起。

安防系统的发展，经历了从模拟系统到数字化的系统、再到数字化智能化的系统三个阶段的发展演变。随着网络技术的普及，安防 IT 化更加深化，安防系统的许多环节，特别是网络环境，逐渐转变为借助通用产品进行构建，包括存储、显示在内的后端设备也更趋于通用化。随着科技不断进步，安防行业领域不断扩大。报警运营、中介、资讯等专业化服务开始起步；产品种类不断丰富，发展到了视频监控、出入口控制、入侵报警、防爆安检等十几个大类，数千个品种；视频监控发展迅猛，年增长率达到 30%左右；沿海地区发展较快，形成了以珠江三角洲、长江三角洲、京津地区为中心的三大安防产业集群。

中国正处在高速城市化进程之中，经济的发展，特别是与安防发展关系密切的平安城市、智能化交通建设等政策的实施，以及公众安防意识的增强使中国安防业在近年来保持了较好的增长势头。国内主要安防行业上市公司均表现良好，技术水平显著提升，应用推广进展顺利。

当前安防行业仍然维持着 15%～20%的高速增长，海康威视与大华科技的寡头竞争格局稳定。近年来，行业趋势走向 IP 化、智能化，竞争模式从产品转向解决方案、再到人工智能应用的竞争，此外，国内安防产品生产制造企业也获得了持续快速发展，已经涌现出一批现代化安防产品生产制造基地，如 CSST 工业园、天津亚安科技园、天地伟业科技园、广州安居宝科技园、珠海石头电子工业园、浙江大华科技园等。这些生产基地的建成，标志着中国安防产品生产制造的优势正在形成，也预示着中国安防产业的发展正在步入一个全新的升级阶段，向“全球安防产品生产制造中心”迈出了更加坚实的一步。未来一段时间，国家拉动内需政策和战略性新型产业的发展都将为安防行业带来发展契机，中国安防市场发展潜力巨大。基于 IP 网络技术的安防前端设备呈现更快速的发展。云存储、云计算的出现使后端设备云化也正在行业内逐步显现，尤其是在民用安防领域。大厂商布局了更强大的数据中心和运算能力，同时加强在前后端智能化产品上的研发，积累了国际领先的大数据、云计算和人工智能技术，中小厂商与一线厂商在资本和技术积累上拉开更大差距，软件技术给行业带来了更高的壁垒，行业逐步进入寡头垄断阶段，龙头强者恒强。

安防产业经过 40 多年的发展，涌现了以海康威视、大华股份、宇视科技等为代表的世界级的优秀安防企业及天地伟业、英飞拓、苏州科达、旷视科技、安联瑞视、同为股份、万佳安、智诺科技这些传统安防企业，随着互联网+的不断发展，众多 IT 企业进入安防市场，如阿里、华为、小米等企业。行业跨界融合逐步加深，并推动安防行业快速发展，众多 IT 企业成为安防行业不可或缺的一部分。加之原有的安防龙头企业、品牌集成商等都促使市场竞争加剧，复合型人才需求量大。中国安防行业近 4 年的年度统计报告显示，2017—2020 年，企业的专业领域在原有入侵报警、视频监控、出入口控制、防爆安检、实体防护、系统平台软件、防伪产品的基础上增加了人体生物特征识别、人工智能、无人机等专业领域。这都体现出安防市场形态和需求发生的变化，这些变化也对安防企业和员工提出新的要求，促使安防企业原有人才职业技能的改变和所需新员工知识能力的变化。

在人工智能、物联网、大数据等技术的支持下，城市、住宅、商场等场所的安防从过去简单的安全防护系统向智能综合化体系演变。

智能安防指的是服务的信息化、图像的传输和存储技术。一个完整的智能安防系统主要包括门禁、监控、报警三大部分。从产品的角度讲，智能安防应具备防盗报警系统、视频监控报警系统、出入口控制报警系统等。这些子系统可以单独设置、独立运行，也可以由中央控制室集中进行监控，还可以与其他综合系统进行集成和集中监控。

从产业链来看，智能安防行业目前已经形成较为完整的产业链。在智能安防产业链中，硬件设备制造、系统集成及运营服务是产业链的核心。智能安防产业链可以分为：技术层，包括 AI、芯片、算法等；设备层，包括各类智能安防产品，如摄像头、门禁、智能锁、对讲机、报警器及集成系统等；服务层，即智能安防集成方案服务商。

人工智能、物联网和云计算等技术深刻改变着安防市场需求和市场形态，同时也决定着安防企业对人才需求的改变。现阶段，安防企业的竞争不仅体现在技术创新上，更是聚集在“产品+生态+服务”的比拼上，因此，安防企业不但要在技术研发人才上面下功夫，同时也要加大渠道拓展和培养工程管理人才。过去十几年，安防行业更多地倾向于产品生产和销售，属于劳动密集型产业，在人工智能时代下，安防行业要想在全产业链顺利发展，就要依靠人力资源质量、技术进步及资本的力量，其中，安防行业人工智能发展想取得突破，人才资源将成为关键。相关调查统计显示，安防运维服务和工程市场的份额继续攀升，增长率最高达到 20%，产品市场增速放缓。人工智能技术的成熟及国家工程项目的推动，使得安防行业具有巨大的市场需求潜能，新应用场景也更加丰富和细化。

安防行业市场需求具有差异化，各行业有各自的特色。现阶段众多的安防企业都加大了技术投入以应对行业的变化发展，通过加大智能识别算法、数据挖掘技术、大数据分析等核心技术投入，研发新的产品或解决方案来不断满足客户和市场的需求。跨界融合可以满足市场差异化并提供更优质的服务。

第2章 入侵探测技术与报警系统的应用

学习目标

通过本章的学习，了解入侵探测报警的基础知识，熟悉入侵探测技术的种类及应用，熟练掌握常见探测器、报警控制器的使用和操作要领，提高入侵报警系统的应用能力。

学习内容

1. 入侵报警系统的概念。
2. 常用的入侵探测器。
3. 报警控制器的功能。

重点难点

常用探测器的种类；探测器的防范区域及性能；入侵报警系统的类型及应用。

2.1 入侵报警技术概述

入侵探测报警系统是由入侵探测系统和报警系统组成的。它可以协助人们担任防入侵、防盗等警戒工作。在防范区内用不同种类的入侵探测器可以构成看不见的警戒点、警戒线、警戒面或警界空间的警戒区，将它们交织便可形成一个多层次、多方位的安全防范报警网。

入侵报警技术在我国也是较早发展的技术之一。利用传感技术和电子信息技术探测并指示非法入侵或试图非法入侵设防区域的行为、处理报警信息、发出报警信号的电子系统或网络，叫入侵报警系统。入侵报警系统就是用探测器对建筑内外重要地点和区域进行布防。它可以及时探测非法入侵，并且在探测到有非法入侵时及时向有关人员示警。例如，门磁开关、玻璃破碎报警器等可有效探测外来的入侵，红外探测器可感知人员在楼内的活动等。一旦发生入侵行为，能及时记录入侵的时间和地点，同时通过报警设备发出报警信号。第一代入侵报警器是开关式报警器，它防止破门而入的盗窃行为，这种报警器安装在门窗上；第二代入侵报警器是安装在室内的玻璃破碎报警器和振动式报警器；第三代入侵报警器是空间移动报警器（如超声波、微波、被动式红外报警器等），这类报警器的特点是，只要所警戒的空间有人移动就会引起报警。

2.1.1　入侵报警系统的组成

入侵探测报警系统由入侵探测器（简称探测器）、传输部分和报警控制器三部分组成。图 2-1 所示为最简单的入侵报警系统的组成。

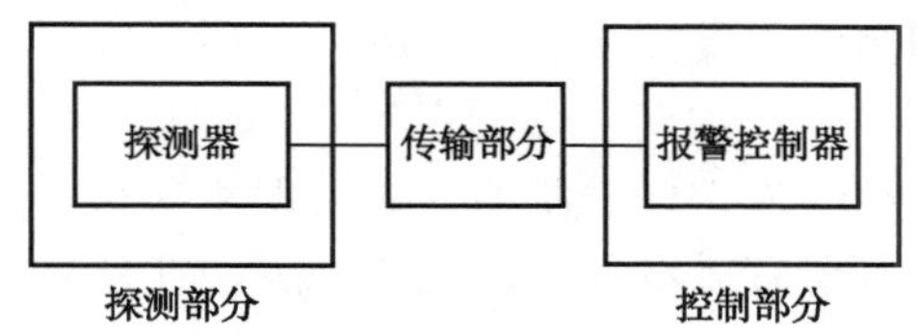

图 2-1　简单入侵报警系统的组成

前端探测部分由各种探测器组成，是入侵报警系统的触觉部分，相当于人的眼睛、鼻子、耳朵、皮肤等，感知现场的温度、湿度、气味、能量等各种物理量的变化，并将其按照一定的规律转换成适于传输的电信号。传输部分是传输探测电信号和巡检控制信号的通道。探测器是指在需要防范的场所安装的能探测出非正常情况的设备。探测器通常由传感器和前置信号处理器两部分组成。

传感器是探测器的核心，它的作用是把由于出现危险情况引起的一些物理量的变化转换成原始电信号。例如：盗贼进入房间盗窃时，会发出“声响”，声音传感器将这些“声响”接收放大，并转换成原始电信号。前置信号处理器将原始电信号进行处理，如放大等，使之成为可以在信道中传输的电信号，就是探测电信号。

传输的种类很多，概括起来可以分为有线传输和无线传输两种方式。操作控制部分主要是报警控制器，负责接收、处理各探测器发来的报警信息、状态信息等，并将处理后的报警信息、控制指令分别发往报警接收中心和相关子系统。

2.1.2　入侵探测器的分类

入侵探测器多种多样，按照不同的分类方式有不同的分类方法。入侵探测器通常可按传感器的种类、工作方式、警戒范围、传输方式、应用场合来区分。

1. 按传感器种类分类

按传感器的种类，即按传感器探测的物理量来区分，通常有磁控开关探测器、震动探测器、超声波入侵探测器、次声入侵探测器、主动式红外入侵探测器、被动式红外探测器、微波入侵探测器和双技术探测器等。常用探测器的名称大多是按传感器的种类来命名的。

2. 按入侵探测器工作方式分类

按入侵探测器工作方式分类，有主动入侵探测器和被动入侵探测器两种。

被动入侵探测器在工作时不需要向探测现场发出信号，而是依靠对被测物体自身存在的能量进行检测。警戒时，在传感器上输出一个稳定的信号，当出现入侵情况时，稳定信号被破坏，输出带有报警信息，经处理发出报警信号。例如，被动式红外入侵探测器利用了热电传感器能检测被测物体发射的红外线能量的原理，当被测物体移动时，把周围环境温度与移动被测物体表面温度差的变化检测出来，从而触发探测器的报警输出。所以，被动式红外入侵探测器是被动入侵探测器。

主动式探测器在工作时，探测器要向探测现场发出某种形式的能量，经反射或直射在接收传感器上形成一个稳定信号，当出现入侵情况时，稳定信号被破坏，输出带有报警信息，经处理发出报警信号。例如，微波入侵探测器，由微波发射器发射微波能量，在探测现场形成稳定的微波场，一旦移动的被测物体入侵，稳定的微波场便遭到破坏，微波接收机接收这一变化后，即输出报警信号。所以，微波入侵探测器是主动式探测器。主动式探测器的发射装置和接收传感器可以在同一位置，如微波入侵探测器；也可以在不同位置，如对射式主动红外入侵探测器。

被动式入侵探测器有被动红外入侵探测器、振动入侵探测器、声控入侵探测器、视频移动探测器等；主动式入侵探测器有微波入侵探测器、主动红外入侵探测器、超声波入侵探测器等。

3. 按警戒范围分类

入侵探测器按警戒范围可分为点控制探测器、线控制探测器、面控制探测器和空间控制探测器，如表 2-1 所示。

表 2-1　按警戒范围对探测器分类

警 戒 类 型	探测器种类
点控制型	开关探测器
线控制型	主动红外探测器、激光探测器
面控制型	震动探测器、声控-振动型双技术探测器
空间控制型	雷达式微波探测器、墙式微波探测器、微波-被动红外双技术探测器、被动红外探测器、声控探测器、声控型单技术玻璃破碎探测器、次声波-高频声响双技术玻璃破碎探测器、泄漏电缆探测器、震动电缆探测器等

点控制探测器是指警戒范围仅是一个点的探测器，如安装在门窗、柜台、保险柜的磁控开关探测器，当这一警戒点出现危险情况时，即发出报警信号。磁控开关和微动开关探测器、压力传感器常用作点控制探测器。

线控制探测器警戒的是一条直线范围，当这条警戒线上出现危险情况时，发出报警信号，如主动红外入侵探测器或激光入侵探测器。

面控制探测器的警戒范围为一个面，如仓库、农场的周界围网等。当警戒面上出现危害时即发出报警信号，如振动入侵探测器装在一面墙上，当这个墙面上任何一点受到振动时，即发出报警信号。振动入侵探测器、栅栏式被动红外入侵探测器、平行线电场畸变探测器等常用作面控制式探测器。

空间控制探测器的警戒范围是一个空间，如档案室、资料室、武器库等。当这个警戒空间内的任意处出现入侵危害时，即发出报警信号。如在微波入侵探测器所警戒的空间内，入侵者从门窗、天花板或地板的任何一处入侵其中，都会产生报警信号。声控入侵探测器、超声波入侵探测器、微波入侵探测器、被动红外入侵探测器、微波红外复合探测器等常用作空间防范控制探测器。

4. 按探测信号传输方式分类

按探测信号传输方式来划分，入侵探测器可分为有线探测器和无线探测器两类。

探测信号由传输线（如双绞线、多芯线、电话线、电缆等）来传输的探测器，称为有线传输探测器；在防范现场很分散或不便架设传输线的情况下，探测信号经调制后由空间电磁波来传输的探测器，称为无线传输探测器。

5. 按应用场合分类

按应用场合分类，入侵探测器可分为室外入侵探测器和室内入侵探测器两种。

室外入侵探测器又可分为建筑物外围探测器和周界探测器。周界探测器用于防范区域的周界警戒，是防范者的第一道防线，如泄漏电缆探测器、电子围栏式周界探测器等；建筑物外围探测器用于防范区域内建筑物的外围警戒，是防范者的第二道防线，如主动红外入侵探测器、室外微波入侵探测器、震动探测器等。

室内入侵探测器是防范入侵者的最后防线，如微动开关探测器、震动探测器、被动红外入侵探测器等。

2.1.3 入侵探测器的主要技术指标

在选购、安装、使用入侵探测器时，必须对各种类型探测器的技术性能指标有所了解，否则会给使用带来很大的盲目性，导致达不到有效的安全防范的目的。

1. 探测率和漏报率

入侵探测器在探测到入侵目标时，实际报警的次数占应报警次数的百分比就是探测率。

入侵探测器在探测到有入侵目标时，应该发出报警信号，但是由于种种原因可能发生漏报警的情况，漏报的次数占应当报警次数的百分比就是漏报率。

探测率与漏报率的和为100%。这就说明探测率越高，漏报率越低，反之亦然。

2. 误报率

当没有入侵目标出现，探测器不应该报警却发出报警信号的现象称为误报警。《安全防范工程技术规范》（GB 50348—2004）中将误报警定义为“由于意外触动手动报警装置、自动报警装置对未设计的报警状态做出响应、部件的错误动作或损坏、操作人员失误等而发出的报警”。单位时间内出现的误报警的次数就是误报率。

3. 探测范围

探测范围即探测器所防范的区域，又称为工作范围，通常有以下几种表示方法。

（1）探测距离，如红外探测器的探测距离为150m。

（2）探测视场角，如被动红外探测器的探测范围的水平视场角为120°、垂直视场角为43°。

（3）探测面积或体积，如某一被动红外探测器的探测范围为一立体扇形空间区域，可表示为探测距离≥15m，水平视场角120°，垂直视场角43°。

4. 报警传送方式和最大传输距离

报警传送方式是指有线或无线的传送方式。最大传输距离是指在探测器发挥正常警戒功能的条件下，从探测器到报警控制器之间的最大有线或无线的传输距离。

5. 探测灵敏度

探测灵敏度是指能使探测器发出报警信号的最低门限信号或最小输入探测信号。该指标反映了探测器对入侵目标产生报警的反应能力。在实际工程中，探测灵敏度的调整非常重要，空间控制型探测器（主要指被动红外、双技术和多普勒微波探测器）的灵敏度一般按照下列方法测试和调整：以正常着装人体为参考目标，双臂交叉在胸前，以0.3～3m/s的速度在探测区内横向行走，连续运动3m，探测器应报警。

6. 系统响应时间

入侵报警系统的响应时间应符合下列要求。

（1）分线制、总线制和无线传输的入侵报警系统不大于 2s。

（2）基于市话网电话线传输的入侵报警系统不大于 20s。

7. 记录

入侵报警系统应能存储最近多条独立事件，并且用正常或非正常手段均不能改变记录的内容，在交、直流电源全部失电时，设置参数和事件记录应能最少 30 天内不丢失。事件记录应能打印。

8. 供电与备用电源

入侵报警控制器应能提供 12～15V 工作电压，在满载条件下，电压纹波系数小于 1%。入侵报警系统应有备用电源，容量至少应保证系统正常工作 8h 以上。

2.1.4 报警系统误报警问题分析

关于误报警，目前还没有一个权威的定义，在我国一般都认为："没有出现危险情况时报警系统发出报警信号为误报警。"按照这个定义，报警系统的误报率（在一定时间内，系统误报警次数与报警总数的比值）一般都在 95%以上。在西方一些国家关于误报警的定义是："误报警是指实际情况不需要警察而使警察出动的报警信号，其中不包括那些因恶劣自然气候和其他无法由报警企业及用户操纵的特殊环境引起的报警信号。"按照这个定义，美国 UL 标准规定："每一报警系统每年最多只能有 4 次误报警。"

1. 报警设备故障引起的误报警

产品在规定的条件下、规定的时间内，不能完成规定的功能，称为故障。故障的类型有损坏性故障和漂移性故障。损坏性故障包括性能全部失效和突然失效。这类故障通常由元器件的损坏或生产工艺不良（如虚焊等）造成。漂移性故障是指元器件的参数和电源电压的漂移所造成的故障。例如，温度过高会导致电阻阻值的变化，此时设备表现为时好时坏。事实上，环境温度、元件制造工艺、设备制造工艺、使用时间、储存时间及电源负载等因素都可能导致元器件参数的变化，产生漂移性故障。无论是损坏性故障还是漂移性故障都将使系统误报警，要减少由此产生的误报警应从以下方面努力。

（1）报警设备的生产企业必须提高产品的设计水平和工艺水平，在进行系统设计时，需要进行可靠性设计，如冗余设计、电磁兼容设计、三防设计（防潮、防盐雾、防霉菌）、漂移可靠性设计等。在此基础上，提高产品制造过程的可靠性，如对元器件质量严格把控，对生产过程进行严格的质量监督管理等，保证产品质量符合有关标准的要求。销售报警设备的单位或个人，应进行严格的进货检验，检验内容为：产品质量检验合格证明，生产企业的工业生产许可证书或安全认证证书或生产登记批准书。

（2）管理部门应定期或不定期组织安防市场的检查、抽查，发现生产、销售安防产品活动中的违法行为应严格按照《安全技术防范产品管理办法》的规定处理。

（3）报警系统建设单位（用户）应在相应的工程文件中明确要求施工单位选用经授权检测机构检验合格的产品；国外设备要选用正规渠道进口的、按国际先进标准检验合格的产品。

（4）为了保证报警系统的良好工作状态，必须建立定期检查、维修制度。将工程承建单位的维修更改为专业维修公司的维修，这样不仅有利于维修资源（维修人员、维修设备、维修备件等）的利用和维修水平的提高，更重要的是能提高安全防范系统的可靠性。

2. 报警系统设计、施工不当引起的误报警

设备选择是系统设计的关键，而报警器材种类繁多，又各有自己的特点、适用范围和局限性，选用不当就会引起误报警。例如，靠近震源（飞机场、铁路旁）选用震动探测器就很容易引起系统的误报警；在蝙蝠经常出没的地方选用超声波探测器也会使系统误报警，这是因为蝙蝠发出超声波的缘故；电铃声、金属撞击声等高频声均可引起单技术玻璃破碎探测器的误报警。因此，要减少由于器材选择不当引起的误报警，系统设计人员要十分熟悉各种报警器材的原理、特点、适用范围和局限性，同时还必须掌握现场环境情况、气候情况、电磁场强度及照度变化等，以便因地制宜选择报警器材。

除设备器材选择之外，系统设计不当还表现在设备器材安装位置、安装角度、防护措施及系统布线等方面。例如，将被动红外入侵探测器对着空调、换气扇安装时，会引起系统的误报警；室外用主动红外探测器如果不进行适当的遮阳防护（有遮阳罩的最好也进行防护），势必会引起系统的误报警；报警线路与动力线、照明线等强电线路间距小于 1.5m 时，如果未加防电磁干扰措施，系统也将产生误报警。

3. 施工不当引起的误报警

施工不当引起的误报警主要表现在以下方面：没有严格按设计要求施工；设备安装不牢固或倾角不合适；焊点有虚焊、毛刺现象；屏蔽措施不得当；设备的灵敏度调整不佳；施工用检测设备不符合计量要求。解决上述问题的办法是加强施工过程的监督与管理，尽快实行安防工程监理制，这非常有利于提高工程质量，减少由于施工环节造成的误报警。

4. 用户使用不当引起的误报警

由于用户使用不当常常会引起报警系统的误报警。例如，未插好装有门磁开关的窗户夜间被风吹开、工作人员误入警戒区、不小心触发了紧急报警装置、系统值机人员误操作、未注意工作程序的改变等都是导致系统误报警的原因。对用户使用不当进行分析，弄清错误所在，通过加强培训提高使用者的水平，可以大大降低报警系统的误报警。

5. 环境噪扰引起的误报警

由于环境噪扰引起的误报警是指报警系统在正常工作状态下产生的、从原理上讲是不可避免的、而事实又是不需要的报警。例如，热气流引起被动红外入侵探测器的误报警、高频声响引起单技术玻璃破碎探测器的误报警、超声源引起超声波探测器的误报警等。减少此类误报警较为有效的措施就是采用双鉴探测器（两种不同原理的探测器同时探测到“目标”，报警器才发出报警信号）。现行的产品有微波-被动红外双鉴器、声控-震动玻璃破碎双鉴器、超声波-被动红外双鉴器等。但是有些环境噪扰双鉴探测器却无能为力，例如，老鼠在防范区出没、宠物在居室内走动等。为此，科技人员又将微处理技术引进报警系统，使其具备一定的鉴别和思考能力，能在一定程度上判断是入侵者还是环境噪扰引起的报警。随着传感技术、计算机技术的发展，大规模集成电路的推广应用，报警系统智能化程度将不断提高，环境噪扰引起的误报警现象将随之降低。

2.2　常用入侵探测器

入侵探测器是报警系统的前端部分，也是整个报警系统的关键部分，它在很大程度上决定着报警系统的性能、用途和可靠性，是降低误报和漏报的决定因素。因为报警控制器是根据探测器的输出信号来发出报警信号的，各种不同的探测器利用不同的原理来探测入侵目标。

2.2.1 点控制型探测器的原理与应用

开关探测器是典型的点控制型的探测器，其通过各种类型开关的闭合与断开来控制电路的通和断，从而触发报警。开关探测器在门、窗等处的防范效果非常有效。开关探测器是一种结构比较简单、使用也比较方便且经济的探测器。

常用的开关式传感器有磁控开关、微动开关、紧急报警开关、压力垫，或用金属丝、金属条、金属箔等来代用的多种类型的开关。它们可以将压力、磁场力、位移等物理量的变化转换为电压或电流的变化。

开关探测器发出报警信号的方式有两种：一种是开路报警方式，另一种是短路报警方式。

1. 磁控开关控制器

1）磁控开关的组成及基本工作原理

磁控开关探测器俗称磁开关或者门（窗）磁，由永久磁铁及干簧管（又称磁簧管或磁控管）两部分组成，如图 2-2 所示。

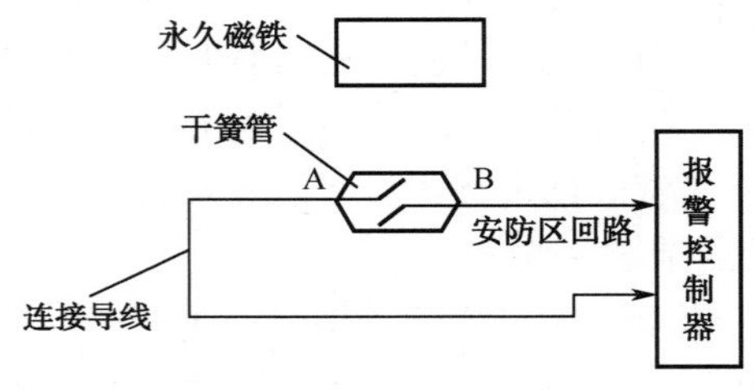

图 2-2　磁控开关

干簧管是磁控开关探测器的核心部件，是一个内部充有惰性气体（如氮气）的玻璃管，其内装有两个金属簧片，形成触点 A 和 B。当永久磁铁相对于干簧管移开至一定距离时，能引起开关状态发生变化，控制电路发出报警信号。入侵探测报警系统主要使用常开式（闭路警戒）干簧管。磁控开关触点工作的可靠性和寿命非常高，一般可靠通断的次数可达 10^8 次以上。

2）磁控开关探测器的应用

磁控开关的安装方式有明装和暗装，可根据人员流动性大小选择不同安装方式的磁控开关。在人员流动大的场合应该选择安装磁控开关，并将其嵌入门、窗框内，再将引线适当伪装，可有效防止不法分子行窃前的破坏；在人员流动小的场合，则可以选择明装磁控开关，以减少施工麻烦。

分隔间隙（永久磁铁与干簧管相对移开至开关状态发生变化时的距离）的选择是选择磁控开关的重要指标。使用者应根据所安装门窗缝隙的大小，选择不同类别的产品。原则是：保证所选磁控开关在门、窗被打开缝前报警。磁控开关按照分隔间隙将产品分为三类，即 A 类（大于 20mm）、B 类（大于 40mm）、C 类（大于 60mm）。A 类、B 类和 C 类不是产品质量的分级，只是产品的技术参数分级。

磁控开关安装使用的注意事项如下：

（1）要经常注意检查永久磁铁的磁性是否减弱，如果减弱很可能会导致开关失灵。

（2）一般普通的磁控开关不宜在钢、铁物体上直接安装，这样会使磁性削弱，缩短磁铁的使用寿命。

（3）由于磁控开关的体积小、耗电少、使用方便、价格便宜、动作灵敏，抗腐蚀性能又好，比其他机械触点的开关寿命要长，因此得以广泛应用。

2. 微动开关

微动开关做成一个整体部件，需要靠外部的作用力通过传动部件的带动，将内部簧片的接点接通或断开，如图 2-3 所示。

微动开关的优点是结构简单、安装方便、价格便宜、防震性能好、触点可承受较大的电流，而且可以安装在金属物体上；缺点是抗腐蚀性及动作灵敏程度不如磁控开关。

紧急报警开关是用于入侵报警系统中最典型的一种微动开关。当在银行、家庭、机关、工厂等各种场合出现入室抢劫、盗窃等险情或其他异常情况时，往往需要采用人工操作来实现紧急报警。这时，就可采用紧急报警按钮开关和脚挑式或脚踏式开关。图 2-4 所示为常见紧急开关的外形。

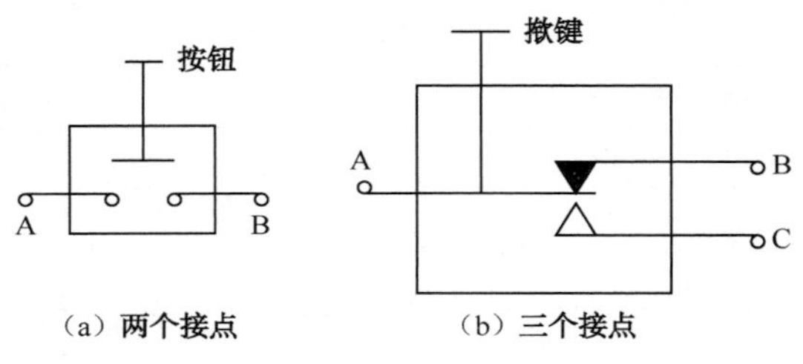

图 2-3　微动开关

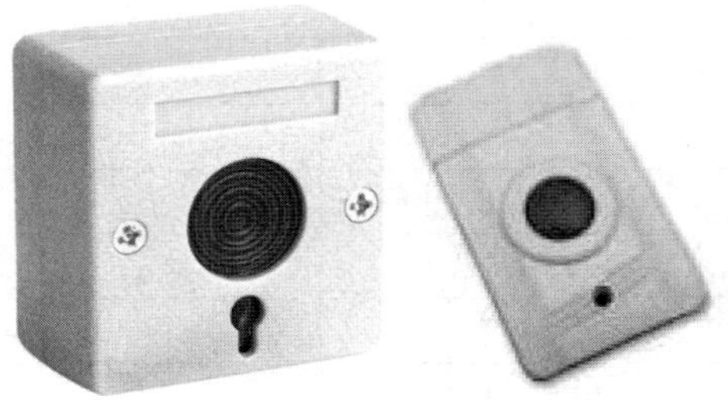

图 2-4　紧急开关外形

一般来讲，紧急报警按钮因为是人为触发，所以紧急报警信号的优先级最高。对于紧急报警开关的安装要做到：要能使工作人员触手可及，能很快地触发报警；保护人身安全，要安装隐蔽。

一般情况下，紧急报警开关应带有防误触发装置。

3. 其他开关探测器

1）压力垫

压力垫由两条平行放置的具有弹性的金属带构成，中间有几处用很薄的绝缘材料（如泡沫塑料等）将两条金属带支撑着绝缘隔开，如图 2-5 所示。两条金属带分别接到报警电路中，相当于一个接点断开的开关。

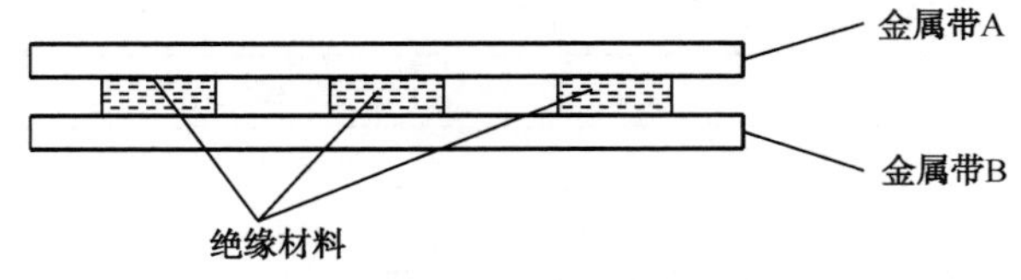

图 2-5　压力垫基本结构

压力垫通常放在窗户、楼梯和保险柜周围的地毯下面。当入侵者踏上地毯时，人体的压力会使两条金属带相通，使终端电阻被短路，从而触发报警，如图 2-6 所示。

2）金属丝、金属条、导电性薄膜等导电体断裂式开关

这种开关探测器的工作原理是利用金属丝、金属条、导电性薄膜等导电体原先的导电性，

当其断裂时相当于不导电，即产生了开关的变化状态，可以作为简单的开关，但其具有一次性。

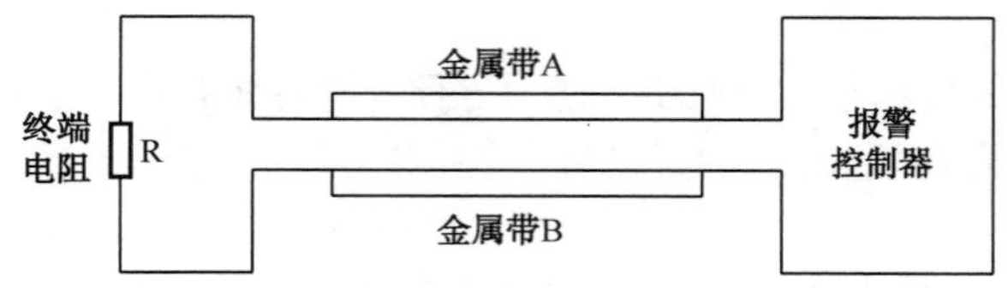

图 2-6 压力垫工作原理

开关式探测器结构简单、稳定可靠、抗干扰性强、易于安装维修、价格低廉，从而获得了广泛的应用。

4. 开关探测器主要技术参数及使用注意事项

1）紧急按钮主要技术参数及使用注意事项

紧急按钮在选用过程中主要考虑的技术参数如表 2-2 所示。

表 2-2 某款紧急按钮主要技术参数

材　质	ABS
尺　寸	86mm×86mm×32mm
工作电压	12V DC
工作电流	0.3A
操作温度	-50～70℃
输出方式	NO/NC
接线端子	COM、NO、NC

此表格中包含探测器的形状、电气参数及输出信号形式等，在选择设备时可作为主要考虑因素。

紧急按钮在使用时安装位置应隐蔽，便于操作。紧急按钮是在有紧急报警事件的时候才按下去的报警按钮，触发后相关人员必须到现场处理事情。要定期测试维护紧急按钮的使用性能，保障紧急报警功能的实现。当事情处理完毕后紧急按钮必须复位，一定要手动复位以便下次使用。在没有紧急事情的时候不要触动紧急按钮。

2）磁控开关主要技术参数及使用注意事项

磁控开关在选用过程中主要考虑的技术参数如表 2-3 所示。

表 2-3 某款磁控开关技术参数

材　质	锌合金、银灰电镀
感应距离	20～30mm
孔 轴 距	22mm
工作电压	12V DC
工作电流	0.5A
开关形式	NO/NC
接线端子	COM、NO、NC
适用范围	金属门

此表格中包含探测器的形状、电气参数及输出信号形式等，在选择设备时可作为主要考虑因素。

磁控开关使用注意事项：磁控开关带线开关（干簧管）安装在门框上，磁铁安装在活动的门或窗上，通过螺钉固定安装；磁体和干簧管二者应对齐平行安装，安装间距应不大于出厂设定，否则会导致开关感应失效或感应距离变短；避免在强磁场、大电流环境中使用磁控开关；请勿直接将配线接到电源上。

【技能训练】 点控制型探测器的原理及应用

点控制型探测器不是严格意义上由传感器和处理器组成的入侵探测器，其实质只是一个机械开关。开关探测器依靠人为（故意）或入侵（无意）机械动作改变开关的闭合或断开状态，通过控制电路的导通或闭合来触发报警。点控制型探测器的结构虽然简单，但其应用原理是所有入侵探测器的基础。

1. 实训目的

（1）认识点控制型探测器的组成结构。

（2）熟悉点控制型探测器的工作原理。

（3）掌握点控制型探测器的性能测试。

2. 实训器材

（1）设备：

紧急按钮开关 1 个。

磁控开关 1 个。

闪光报警灯 1 只。

直流 12V 电源 1 个。

（2）工具：

万用表 1 台。

6 英寸十字螺丝刀 1 把。

6 英寸一字螺丝刀 1 把。

（3）材料：

1m RVV（2×0.5）导线 1 根。

1m RVV（3×0.5）导线 1 根。

0.2m 红、绿、黄、黑跳线各 1 根。

实训端子排 1 个。

3. 实训原理

（1）紧急按钮的常开接点输出原理如图 2-7 所示。

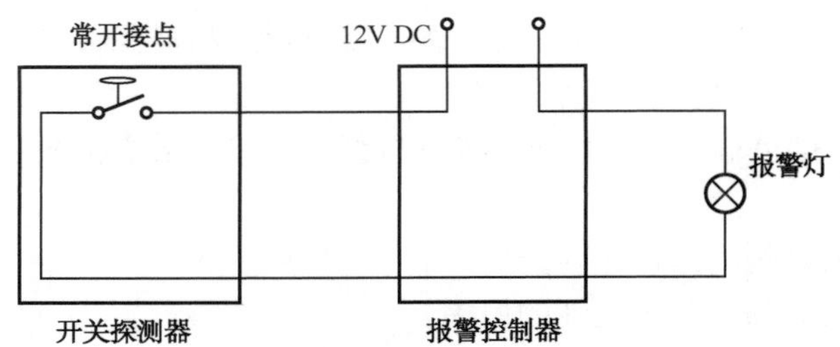

图 2-7　紧急按钮常开接点原理图

（2）紧急按钮的常闭接点输出原理如图 2-8 所示。

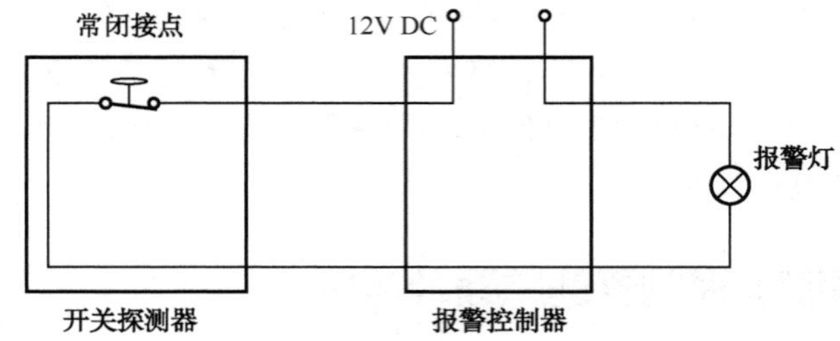

图 2-8 紧急按钮常闭接点原理图

4. 实训内容

（1）关闭实训操作台电源开关。

（2）拆开紧急按钮开关探测器和磁控开关探测器外壳，辨认报警输出状态信号的公共端 C、常开端 NO、常闭端 NC。

（3）用万用表蜂鸣挡测量常开接点端子（红表笔接 C 端，黑表笔接 NO）和常闭接点端子（红表笔接 C 端，黑表笔接 NC）。紧急按钮基本连接如图 2-9 所示。

（4）按图 2-10 所示完成实训端子排上侧端子的接线，将干簧管与磁铁靠近，观察闪光灯的状态变化，并测试吸合距离。

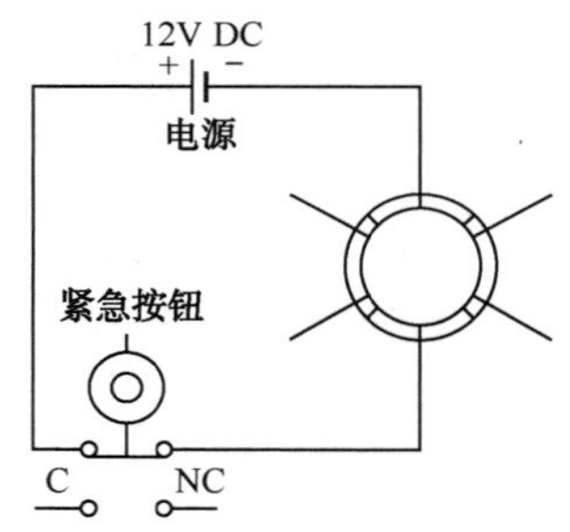

图 2-9 紧急按钮基本连接图

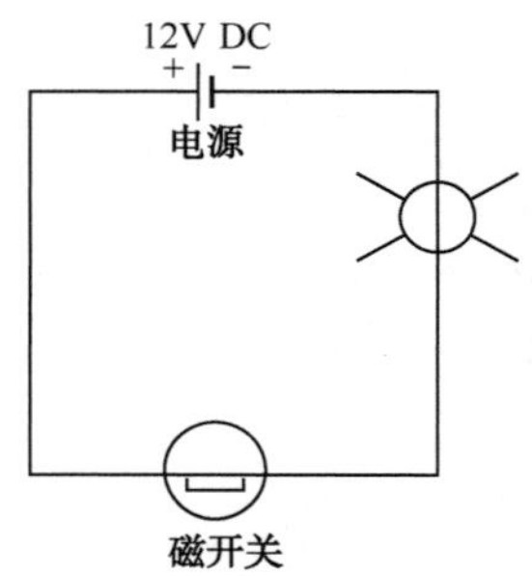

图 2-10 磁控开关连接图

（5）通过实训端子排下侧的端子，利用短接线按图分别完成常开接点输出、常闭接点输出各项实训内容。

注：每项实训内容的接线完成，检查无误方可接通电源。按下紧急按钮及用专用钥匙复位紧急按钮，改变磁体与干簧管之间的距离，分别观察闪光报警灯的情况，并记录下来。每项实训内容结束后，必须断开电源。

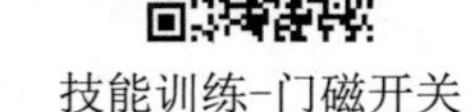

技能训练-门磁开关

5. 思考题

（1）紧急按钮常开接点输出时，其开关状态与警戒状态和报警状态是什么关系？对应的报警灯是什么状态？

（2）紧急按钮常闭接点输出时，其开关状态与警戒状态和报警状态是什么关系？对应的报警灯是什么状态？

（3）磁控开关的吸合距离具体是多少？

（4）解释紧急按钮必须有自锁功能的原因。

（5）说明为什么点控制型探测器不需要工作电源。

6. 讨论分析

（1）入侵报警系统的基本组成是什么？各部分的作用分别是什么？

（2）探测器的核心是什么？其主要作用是什么？

（3）开关探测器主要有几种类型？门磁开关的工作原理是什么？

（4）紧急开关探测器在使用时需要注意哪些方面？

2.2.2 线控制型探测器的原理与应用

入侵报警系统中周界防范非常重要，一般常用的有主动红外探测器和墙式微波探测器。作为线控制型探测器的主要代表，主动红外探测器在周界防范等方面应用广泛，防范效果明显。

1. 红外线在电磁波谱中的位置

红外线是电磁波谱中的一个波段，它处于微波波段与可见光波段之间。凡波长在 0.78～100μm 之间的电磁波都属于红外波段。由于其波长比可见光中的红光波长要长，处于可见光红色光谱外侧的位置，故有红外线之称，具体如图 2-11 所示。

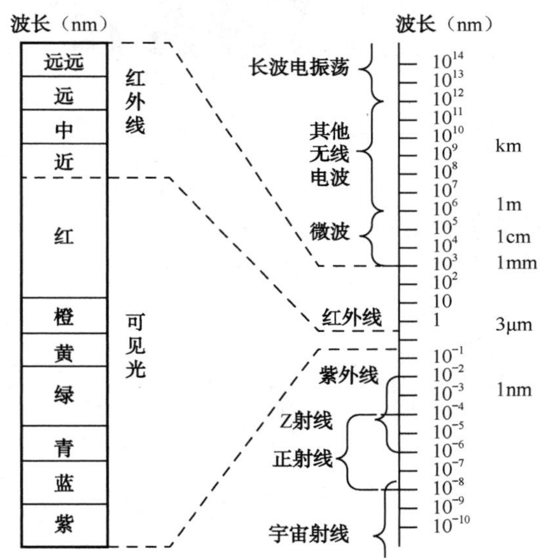

图 2-11　红外线在电磁波波谱中的位置

一般可把电磁波谱的不同波段划分为以下 3 个区：

- 无线电区——包括微波和其他无线电波，波长为 1mm～10^6m。
- 射线区——包括 X 射线、γ 射线和宇宙射线，波长为 10^{-10}～10^2μm。
- 光学区——包括红外线、可见光和紫外线 3 个波段，波长为 10^2μm～1mm。

根据红外线的波长不同，又可将红外波段分为近红外、中红外、远红外、远远红外这样几个分波段。

红外探测器依据工作原理的不同，可分为主动红外探测器和被动红外探测器两种类型。被动红外探测器是空间控制型探测器，将在后面进行阐述，下面主要介绍主动红外探测器。

2. 主动红外探测器的组成及基本工作原理

主动红外探测器由主动红外发射机和主动红外接收机组成，当发射机和接收机之间的红外光束被完全遮断或按给定百分比遮断时能产生报警状态。这种探测器装置称为主动红外探测器，其外形及内部如图 2-12 所示。

图 2-12　主动红外探测器外形及内部图

分别置于收、发端的光学系统一般采用的是光学透镜。它起到将红外光聚焦成较细的平行光束的作用，以使红外光的能量能集中传送。红外发光管置于发端光学透镜的焦点上，而光敏晶体管则置于收端光学透镜的焦点上。主动红外探测器的工作原理如图 2-13 所示。

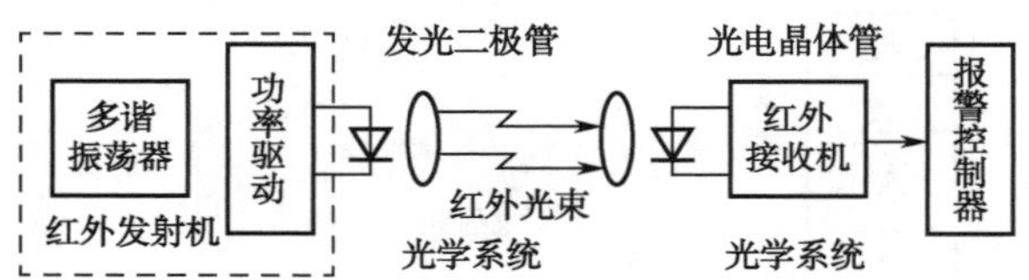

图 2-13　主动红外探测器的工作原理图

3. 主动红外入侵探测器的分类

按光束数分类，主动红外入侵探测器可分为单光束、双光束、四光束、光束反射型栅式、多光束栅式。

按工作方式分类，主动红外入侵探测器可分为调制型、非调制型。

按安装环境分类，主动红外入侵探测器可分为室内型、室外型。

各个品牌的主动红外入侵探测器有不同的型号，其探测距离一般有 10m、20m、30m、40m、50m、60m、80m、100m、150m、200m、300m 等。

4. 主动红外探测器的灵敏度要求

主动红外探测器的灵敏度主要以最短遮光时间来描述。

主动红外入侵探测器响应时间在安装使用中需要特别注意。根据国家标准（GB 10408.4—2000），一般探测器的光束被遮挡的持续时间≥(40±10%)ms 时，探测器应产生报警信号；光束被遮挡的持续时间≤(20±10%)ms 时，探测器不应产生报警信号。这就说明(20±10%)ms<遮挡时间<(40±10%)ms 时，存在一个报警与否的不确定时间域。遮挡时间是由遮挡物体的运动

速度和它的遮挡体积决定的。所以为了避免(20±10%)ms<遮挡时间<(40±10%)ms（报警与否的不确定时间域），一般要求周界探测器安装在围墙顶部或略外侧，因为上爬的速度要远低于下跳的速度，所以上爬时间要多于下跳时间（人下跳时，遮挡时间有可能小于20ms），以延缓遮挡时间。

另外，人的截面尺寸也是主动红外入侵探测器安装时要考虑的因素。比如，参照上海地方标准（DB 31/294—2003）的要求，如安装在围墙顶部，则要求下光束距围墙顶端间距保持(150±10)mm；如安装在围墙外侧，则要求下光束距围墙间距保持(175±25)mm。按上述间距一般能保证入侵者在越墙时有效地遮挡双光束，确保正常触发报警。

5. 主动红外探测器的主要特点及安装使用要点

（1）主动红外探测器属于线控制型探测器，其控制范围为一线状分布的狭长的空间。

（2）主动红外探测器的监控距离较远，可长达100m以上。

（3）主动红外探测器还具有体积小、重量轻、耗电省、操作安装简便、价格低廉等优点。

（4）主动红外探测器用于室内警戒时，工作可靠性较高，但用于室外警戒时，受环境气候影响较大。

（5）由于光学系统的透镜表面裸露在空气之中，因此极易被尘埃等杂物所污染。

（6）由主动红外探测器所构成的警戒线或警戒网可因环境不同随意配置，使用起来灵活方便。

除了上述主动红外探测器之外，周界入侵探测器还有激光探测器、光纤探测器、高压脉冲电子围栏等。

【技能训练】 主动红外探测器的原理及应用

主动红外探测器是由接收器和发射器两部分组成的，一般有单束、双束和四束3种类型，工作时，由发射器向接收器发出脉冲不可见的红外光束，当红外光束被阻挡时，接收器将输出报警信号。红外光束之间的距离一般由主动红外探测器的结构决定。

1. 实训目的

（1）认识主动红外探测器的组成结构。

（2）熟悉主动红外探测器的工作原理。

（3）掌握主动红外探测器的性能测试。

2. 实训器材

（1）设备：

主动红外探测器1对。

闪光报警灯1个。

直流12V电源1个。

（2）工具：

万用表1台。

6英寸十字螺丝刀1把。

6英寸一字螺丝刀1把。

（3）材料：

1m RVV（2×0.5）导线3根。

1m RVV（3×0.5）导线 1 根。

0.2m 红、绿、黄、黑跳线各 1 根。

实训端子排 1 个。

3. 实训原理

红外发射机通常采用互补型自激多谐振荡电路作为调制电源，它可以产生占空比很高的脉冲波形。用大电流窄脉冲信号调制红外发光二极管，发射出脉冲调制的红外光。红外接收机通常采用光电二极管作为光电传感器，它将接收到的红外光信号转变成电信号，经信号处理电路放大、整形后驱动继电器接点产生报警状态信号，如图 2-14 所示。

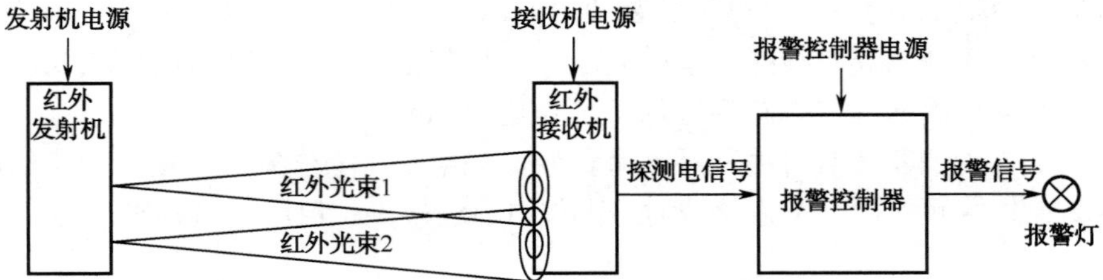

图 2-14　主动红外探测器原理图

（1）主动红外探测器常开接点输出原理如图 2-15 所示。

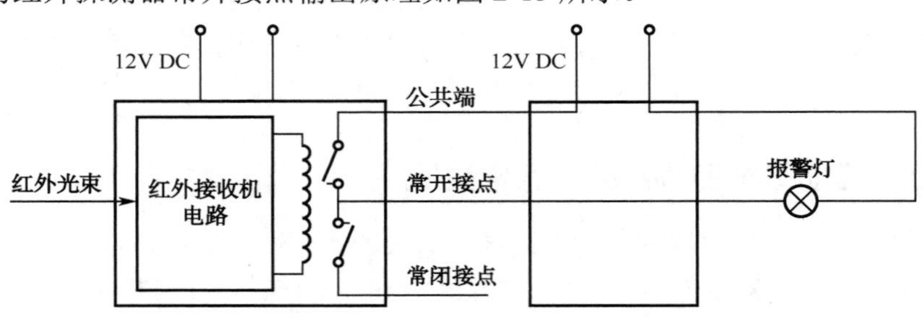

图 2-15　主动红外探测器常开接点原理图

（2）主动红外探测器常闭接点输出原理如图 2-16 所示。

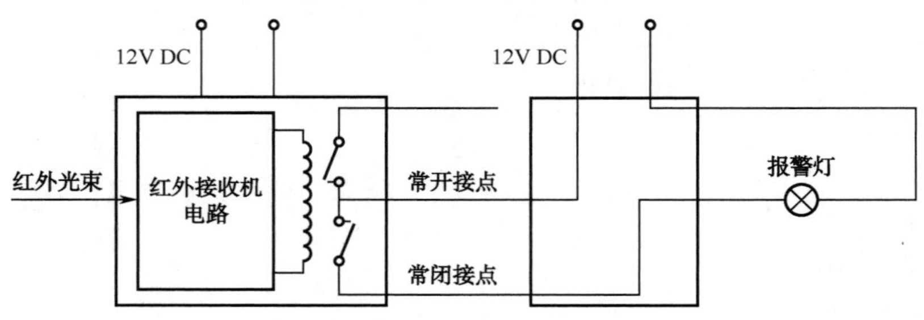

图 2-16　主动红外探测器常闭接点原理图

（3）主动红外探测器常闭/防拆接点串联输出原理如图 2-17 所示。

4. 实训内容

（1）断开实验操作台电源开关。

（2）拆开红外接收机外壳，辨认输出状态信号的常开接点端子和常闭接点端子、接收机防拆接点端子、接收机电源端子、光轴测试端子、遮挡时间调节钮、工作指示灯。

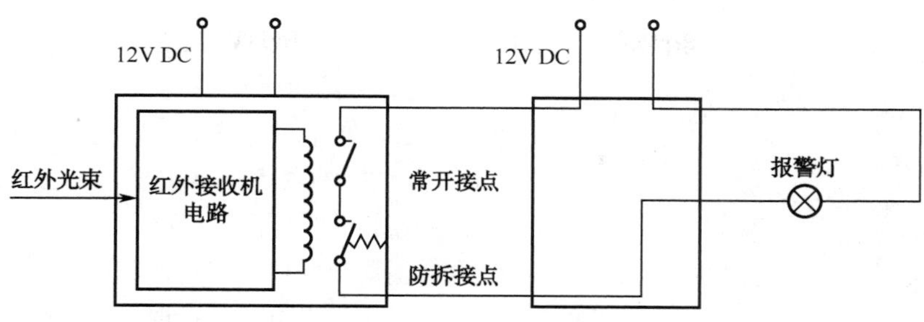

图 2-17　主动红外探测器常闭/防拆接点串联输出原理图

（3）拆开红外发射机外壳，辨认发射机防拆接点端子、发射机电源端子、工作指示灯。

（4）线路连接正常后，闭合实验操作台电源开关。

（5）主动红外探测器的调试主要是校准发射机与接收机的光轴，分目测校准和电压测量校准。首先利用主动红外探测器内配的瞄准镜，分别从接收机和发射机之间相互瞄准，使发射机的发射信号能够被接收机接收；然后在接收机使用万用表测量光轴测试端的直流输出电压，正常工作输出电压要大于 2.5V，一般越大越好。

（6）通过接线端子排下侧的端子，依次完成常开、常闭、防拆、常开（闭）加防拆的性能测试。注意，每项实训接线和拆线前必须断开电源。

（7）首先，完成接线、检查无误、闭合探测器外壳、闭合电源开关等操作；然后，人为阻断红外线，观察闪光报警灯的变化。在最后一项内容中，改变遮光时间调节钮，观察闪光报警灯的响应速度。

5. 思考题

（1）红外接收机和红外发射机的接线内容有什么区别？

（2）为什么要校准光轴？

（3）校准光轴的具体过程是什么？

（4）为什么要进行遮挡时间调整？

（5）遮挡时间调整与探测器灵敏度的关系是什么？

技能训练–红外栅栏探测器

6. 讨论分析

（1）主动红外探测器的工作原理是什么？

（2）主动红外探测器的校准如何进行？

（3）光电传感器的工作原理是什么？

（4）主动红外探测器的应用场合主要有哪些？使用要点有哪些？

2.2.3　面控制型探测器的原理与应用

典型的面控制型探测器是震动探测器和玻璃破碎探测器，下面分别进行介绍。

1. 震动探测器

1）震动探测器的基本工作原理

震动探测器是以探测入侵者的走动或进行各种破坏活动时所产生的震动信号来作为报警的依据。例如，入侵者在进行凿墙，钻洞，破坏门、窗，撬保险柜等破坏活动时，都会引起这些物体的震动，以这些震动信号来触发报警的探测器就称为震动探测器。震动探测器的实物图如图 2-18 所示。震动探测器能有效防止入侵者通过震动破坏防范目标，在防范

图 2-18　震动探测器实物图

墙体、保险柜被破坏等方面能起到很好的作用。

2）常用的几种震动探测器

震动探测器主要有机械式震动探测器、电动式震动探测器、压电晶体震动探测器等多种类型。

（1）机械式震动探测器。

机械式震动探测器常见的有水银式、重锤式、钢球式。当直接或间接受到机械冲击震动时，水银珠、重锤、钢珠会离开原来的位置而触发报警。

机械式震动探测器的优点是价格适中，但是灵敏度低、控制范围小（如 2～4m^2），只适合小范围控制，如门窗、保险柜、局部的墙体。

机械式震动探测器如图 2-19 所示，在一块金属板上有一个圆孔，在圆孔中心悬有一根圆金属棒，棒与板孔之间留有少许的空隙。

（2）电动式震动探测器。

电动式震动探测器由永久磁铁、线圈或导体及其他附件组成，当外壳受到震动时，就会使永久磁铁和线圈之间产生相对运动。由于线圈中的磁通不断地发生变化，根据电磁感应定律，在线圈两端就会产生感应电动势，此电动势的大小与线圈中磁通的变化率成正比。即

$$E=-N\frac{\mathrm{d}\varphi}{\mathrm{d}t}$$（φ 为线圈中的磁通，N 为线圈的匝数）

将线圈与报警电路相连，当感应电动势的幅度大小与持续时间满足报警要求时，即可发出报警信号。

电动式震动探测器的结构组成如图 2-20 所示。

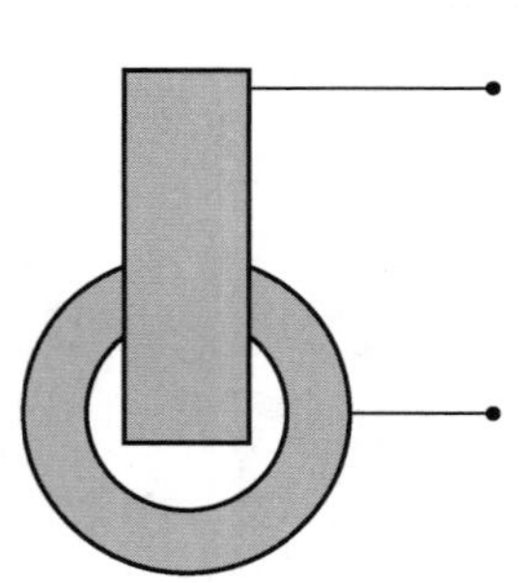

图 2-19　机械式震动探测器

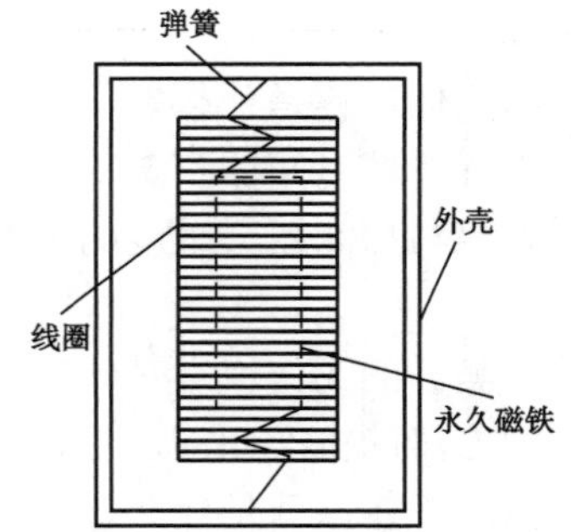

图 2-20　电动式震动探测器结构组成

电动式震动探测器对磁铁在线圈中的垂直加速位移尤为敏感。因此，当安装在周界的钢丝网面上时，对强行爬越钢丝网的入侵者有极高的探测率。

（3）压电晶体震动探测器。

某些晶体，当沿着一定方向受到外力作用时，内部就会产生极化现象，同时在某两个表面上产生符号相反的电荷；当作用力方向改变时，电荷的极性也随着改变；晶体受力所产生的电荷量与外力的大小成正比。上述现象称为正压电效应。压电晶体震动探测器原理如图 2-21 所示。利用压电晶体的压电效应可以做成压电晶体震动探测器，其适用的范围也很广。

压电晶体震动探测器在承受沿敏感轴向的外力时，会产生电荷，经信号处理，即可发出报警信息。

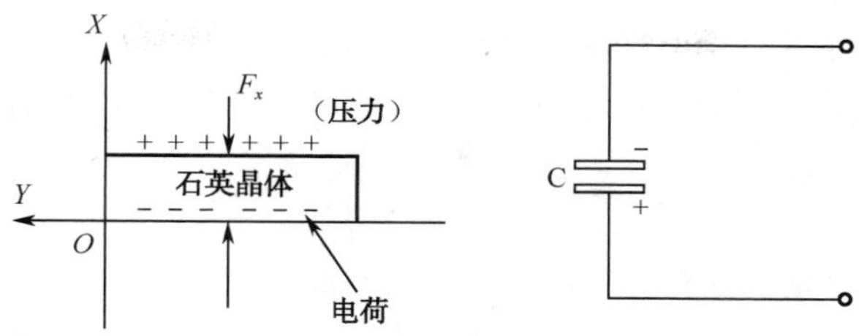

图 2-21　压电晶体震动探测器原理图

3）震动探测器的主要特点及安装使用要点

（1）震动探测器主要适用于保险箱的金属表面、银行保险库的混凝土表面等的防护，既可用于室内，也可用于室外。

（2）震动探测器与被测物体进行刚性连接，连成一体，如用螺钉拧紧、焊接在金属表面等。

（3）震动探测器安装的位置要远离震动源，如电机、电冰箱等。用于室外时，不要将其埋在树木、拦网桩柱附近，以免刮风时物体晃动，引起附近土地微动造成误报。

2. 玻璃破碎探测器

在玻璃破碎时发出的声音中，主要频率为 10～15Hz，其他音源达到这种频率的很少，而玻璃破碎探测器是一种只对玻璃破碎时发出的特殊高频声响敏感的特殊的声控探测器。当门、窗等处的玻璃破碎时，玻璃破碎探测器即可发出报警信号。早期的声控型单技术玻璃破碎探测器由于误报率较高，已被误报率低、探测范围大的双技术玻璃破碎探测器替代。这类探测器只要在几十平方米的房间内安装一只，就能对房间内所有的玻璃起到探测报警作用。该探测器利用微处理器的声音分析技术来分析与玻璃破碎相关的特定声音频率后，进行准确的报警。可以将其安装在天花板、相对的墙壁或相毗邻的墙壁上。玻璃破碎探测器的外形如图 2-22 所示。

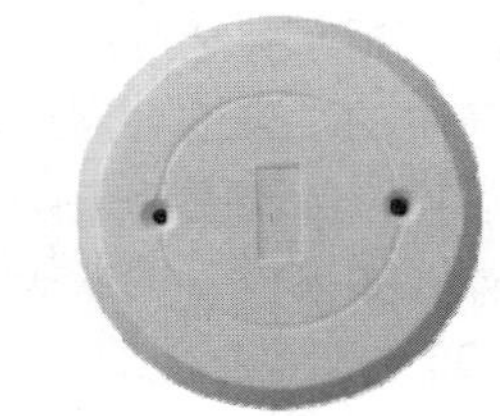

图 2-22　玻璃破碎探测器外形

1）声控型单技术玻璃破碎探测器的基本工作原理

声控型单技术玻璃破碎探测器的工作原理如图 2-23 所示。

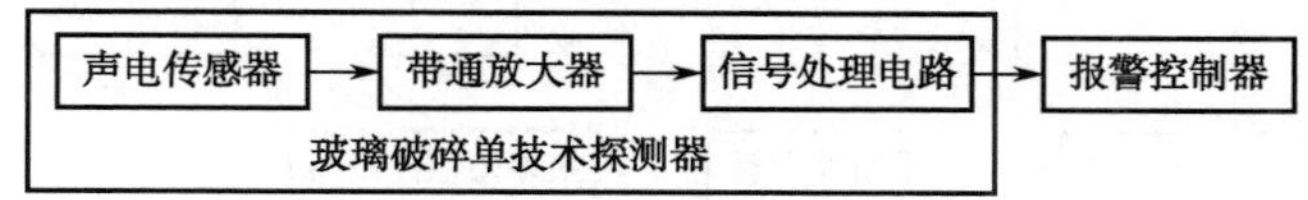

图 2-23　声控型单技术玻璃破碎探测器工作原理

玻璃破碎时发出的响亮而刺耳的声音的频率处于 10～15kHz 的高频段范围之内，将带通放大器的带宽选在 10～15kHz 的范围内，就可将玻璃破碎时产生的高频声音信号取出，从而触发报警。但对人的走路、说话、雷雨声等却具有较强的抑制作用，从而可以降低误报率。

2）声控-振动型双技术玻璃破碎探测器

声控-振动型双技术玻璃破碎探测器是将声控探测与振动探测两种技术组合在一起，只有同时探测到玻璃破碎时发出的高频声音信号和敲击玻璃引起的振动时，才能输出报警信号。因此，与前述的声控型单技术玻璃破碎探测器相比，可以有效地降低误报率，增加探测系统的可靠性。它不会因周围环境中的其他声响而发生误报警。因此，可以全天时（24 小时）地进行防范工作。

3）次声波-玻璃破碎高频声响双技术玻璃破碎探测器

这种双技术玻璃破碎探测器比声控-振动型双技术玻璃破碎探测器的性能又有了进一步的提高，是目前较好的一种玻璃破碎探测器。

（1）次声波的产生。

次声波是频率低于 20Hz 的声波，属于不可闻声波。

经过实验分析表明：当敲击门、窗等处的玻璃（此时玻璃还未破碎）时，会产生一个超低频的弹性振动波，这时的机械振动波就属于次声波的范围，而当玻璃破碎时，才会发出高频的声音。

除此之外，以下讲述的其他一些原因也同样会导致次声波的产生。

一般的建筑物，通常其内部的各个房间（或单元）是通过室内的门、窗户、墙壁、地面、天花板等物体与室外环境相互隔开的，这就造成了房间内部与外部的环境，在温度、湿度、气压、气流等方面存在着一定的差异。特别是对于那些门、窗紧闭，封闭性较好的房间，其室内外的这种环境差异就更大些。

当入侵者试图进室作案时，必定要选择在这个房间的某个位置打开一个通道。如打碎玻璃，强行而入，或在墙壁、天窗顶棚、门板上钻眼凿洞，打开缺口，或强行打开门窗等才能进入室内。由于前述的因室内外环境不同所造成的气压、气流差，致使在打开的缺口或通道处的空气受到扰动，造成一定的流动性。此外，在门、窗强行被推开时，因具有一定的加速运动，造成空气受到挤压也会进一步加深这一扰动。上述这两种因素都会产生超低频的机械振动波，即次声波，其频率甚至可能低于 10Hz。

产生的次声波会通过室内的空气介质向房间各处传播，并通过室内的各种物体进行反射。由此可见，当入侵者在打碎玻璃强行入室作案的瞬间，不仅会产生玻璃破碎时的可闻声波和相关物体（如窗框、墙壁等）的振动，还会产生次声波，并在短时间里充满室内空间。

（2）次声波-玻璃破碎高频声响双技术玻璃破碎探测器的工作原理。

与探测玻璃破碎高频声响相似，采用具有选频作用的声控探测技术，即可探测到次声波的存在，其原理如图 2-24 所示。

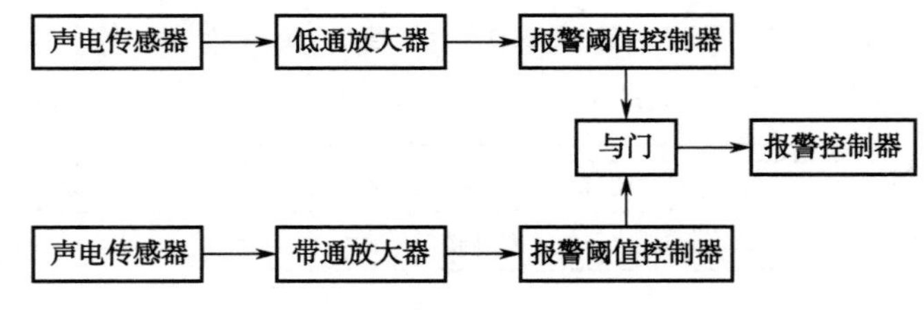

图 2-24　次声波探测的原理

所不同的是，由声电传感器将接收到的包含高、中、低频等多种频率的声波信号转换为相应的电信号后，必须要加一级低通放大器，以便将次声波频率范围内的声波取出，并加以放大，再经信号处理后，达到一定的阈值即可触发报警。

玻璃破碎探测器的主要特点及安装使用要点如下。

（1）玻璃破碎探测器适用于一切需要警戒玻璃防碎的场所。

（2）安装时应将声电传感器正对着警戒的主要方向。

（3）安装时要尽量靠近所要保护的玻璃，尽可能地远离噪声干扰源，以减少误报警。

（4）不同种类的玻璃破碎探测器安装位置不一样。

不同种类的玻璃破碎探测器，根据其工作原理的不同，有的需要安装在窗框旁边（一般距离窗框 5cm 左右），有的可以安装在靠近玻璃附近的墙壁或天花板上，但要求玻璃与墙壁或天花板之间的夹角不得大于 90°，以免降低其探测力。

次声波-玻璃破碎高频声响双技术玻璃破碎探测器的安装方式比较简单，可以安装在室内任何地方，只需满足探测器的探测范围半径要求即可。其安装位置如图 2-25 所示。

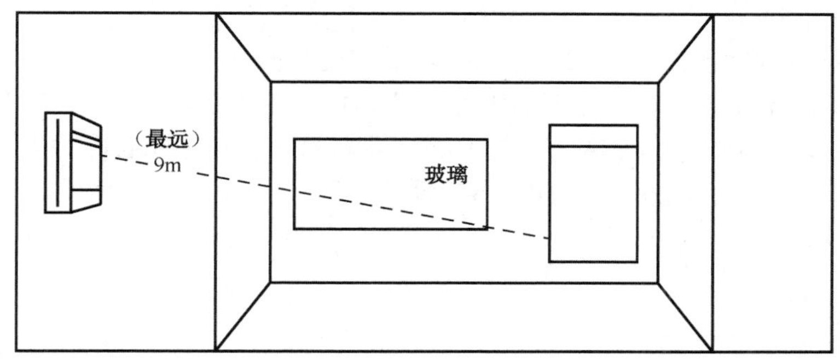

图 2-25 玻璃破碎探测器的安装位置

（5）也可以用一个玻璃破碎探测器来保护多面玻璃窗。

（6）窗帘、百叶窗或其他遮盖物会部分吸收玻璃破碎时发出的能量。

（7）探测器不要装在通风口或换气扇的前面，也不要靠近门铃，以确保工作可靠性。

（8）专用的玻璃破碎仿真器可对探测灵敏度进行调试和检验。

（9）目前的探测器还将玻璃破碎探测器与磁控开关或者被动红外探测器组合在一起，做成复合型的双技术探测器，提高可靠性。

【技能训练】 面控制型探测器的原理及应用

1. 实训目的

（1）熟悉震动探测器、玻璃探测器的原理和结构。

（2）掌握两种探测器的安装方法、接线方式、测试方法和注意事项。

（3）熟悉两种探测器的性能特点。

2. 实训器材

（1）设备：

震动探测器 1 个。

玻璃破碎探测器 1 个。

闪光报警灯 1 个。

直流 12V 电源 1 个。

（2）工具：

万用表 1 台。

6 英寸十字螺丝刀 1 把。

6 英寸一字螺丝刀 1 把。

（3）材料：

1m RVV（2×0.5）导线 3 根。

1m RVV（3×0.5）导线 1 根。

0.2m 红、绿、黄、黑跳线各 1 根。

实训端子排 1 个。

3. 实训内容

（1）关闭实训操作台电源开关。

（2）拆开震动探测器、玻璃破碎探测器外壳，辨认报警输出状态信号的公共端 C、常开端 NO、常闭端 NC。

（3）用万用表蜂鸣挡测量常开接点端子（红表笔接 C 端，黑表笔接 NO）和常闭接点端子（红表笔接 C 端，黑表笔接 NC）。震动探测器基本连接参照图 2-26。

（4）按图 2-27 所示完成实训端子排上侧端子的接线，模拟玻璃破碎的声音，观察闪光灯的状态变化。调整设备的灵敏度，观察设备的性能差异。

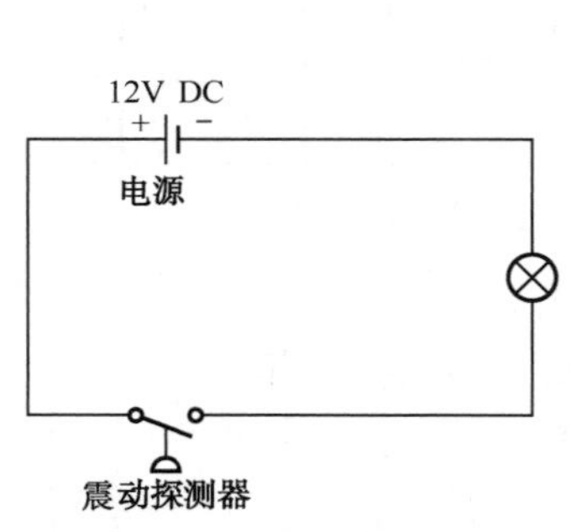

图 2-26 震动探测器基本连接图

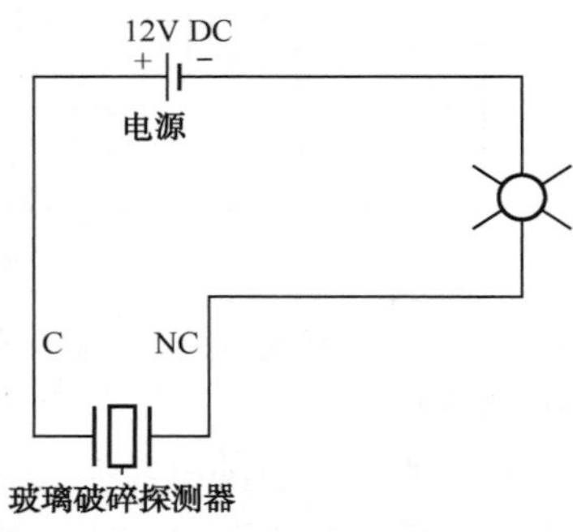

图 2-27 玻璃破碎探测器性能测试连接图

（5）通过实训端子排下侧的端子，利用短接线按图分别完成常开接点输出、常闭接点输出、防拆输出、常闭（开）加防拆输出各项实训内容。

（6）在实训过程中要注意调试探测器的灵敏度，观察灵敏度的变化对探测器性能的影响。

4. 思考题

（1）压电式和电动式震动探测器，哪个灵敏度高？

（2）为何压电式震动探测器在一次适度振动时不报警，需要几次连续振动才报警？

技能训练–震动探测器

（3）玻璃破碎探测器在什么情况下会引起误报？

5. 讨论分析

（1）震动探测器的工作原理是什么？

（2）震动探测器的灵敏度具体怎样设置？

（3）震动探测器的应用场合主要有哪些？使用时要注意什么？

2.2.4 空间控制型探测器的原理与应用

空间控制型探测器比点控制型、线控制型和面控制型探测器的警戒范围更大，可以大大提高探测率。尤其是双技术探测器，在提高探测率的同时，还可以大大降低误报率。空间控制型探测器主要应用于场所室内。

1. 被动红外探测器

被动红外探测器不需要附加红外辐射光源，本身不向外界发射任何能量，而是由探测器直接探测来自移动目标的红外辐射，因此才有被动之称。常见的被动红外探测器如图 2-28 所示。

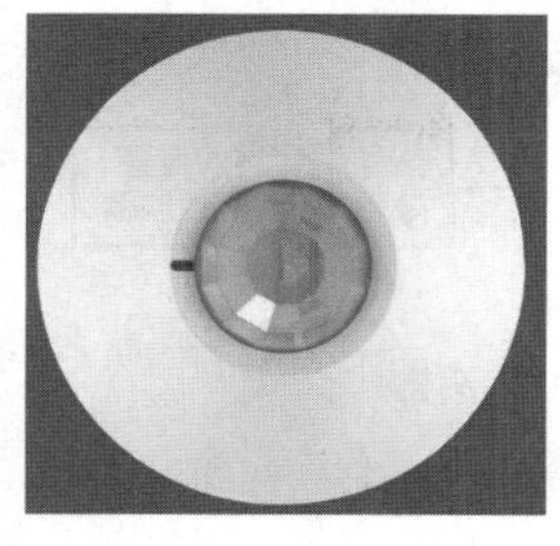

图 2-28　壁挂式和吸顶式被动红外探测器

1）自然界物体的红外辐射特性

自然界中的任何物体都可以看作一个红外辐射源。人体辐射的红外峰值波长约为 10μm。

物体表面的温度越高，其辐射的红外线波长越短。也就是说，物体表面的绝对温度决定了其红外辐射的峰值波长，如表 2-4 所示。

表 2-4　不同温度下物体的红外辐射峰值波长

物 体 温 度	红外辐射峰值波长
573K（300℃）	5μm
373K（100℃）	7.8μm
人体（37℃左右）	10μm
273K（0℃）	10.5μm

2）被动红外探测器的组成及基本工作原理

被动红外探测器主要是由光学系统、热传感器（或称红外传感器）及信号处理器等组成的。被动红外入侵探测报警系统的组成如图 2-29 所示。

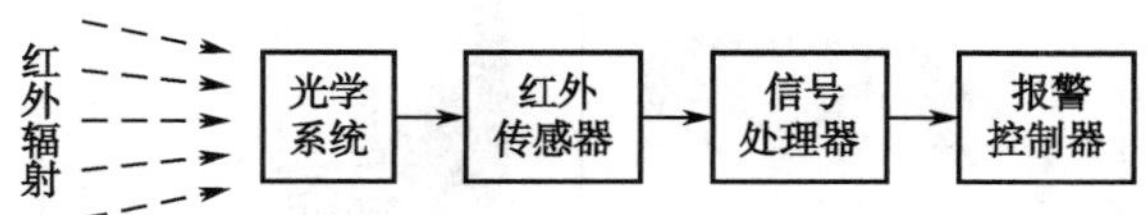

图 2-29　被动红外入侵探测报警系统的基本组成

被动红外探测器本身不向防范场所发射能量，而是依靠感受外界的红外辐射能在接收传感器上形成稳定变化的信号分布，当入侵者进入防范区域，引起该区域内红外辐射能量的变化，也就是破坏了稳定变化的红外信号分布时，触发报警。红外传感器的探测波长范围是 8～14μm，由于人体的红外辐射波长正好在此探测波长范围之内，因此能较好地探测到活动的人体。

3）被动红外探测器的分类

被动红外探测器的主要应用类型有单波束型被动红外探测器和多波束型被动红外探测器两种。

（1）单波束型被动红外探测器。

单波束型被动红外探测器采用反射聚焦式光学系统。它利用曲面反射镜将来自目标的红外辐射汇聚在红外传感器上，如图 2-30 所示。

这种方式的探测器警戒视场角较窄，一般仅在 5°以下，但作用距离较远，可长达百米。因此，又可称为直线远距离控制型被动红外探测器，如图 2-31 所示。它适合用来保卫狭长的走廊和通道，以及封锁门窗和围墙等。

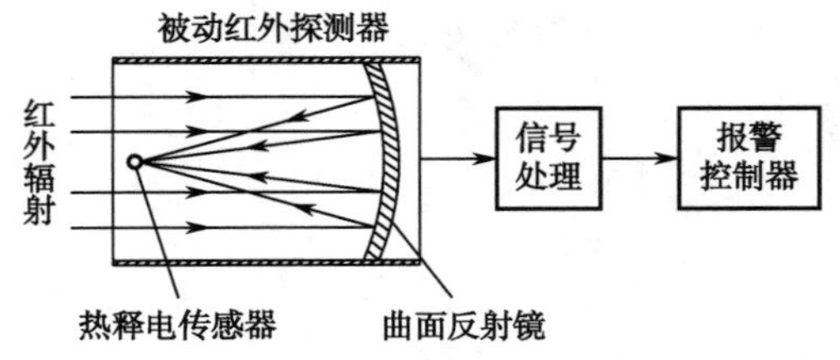

图 2-30　采用反射式光学系统的被动红外探测器

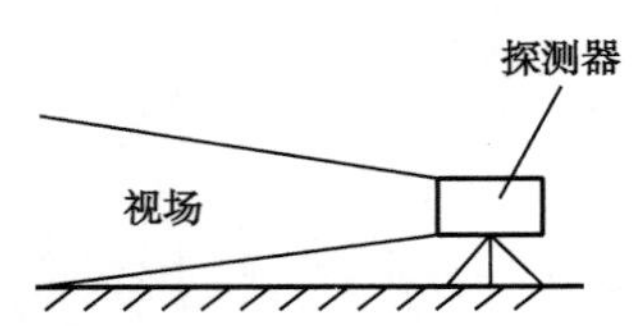

图 2-31　单波束型被动红外探测器的探测范围

（2）多波束型被动红外探测器。

多波束型被动红外探测器采用透镜聚焦式光学系统。它利用特殊结构的透镜装置，将来自广阔视场范围的红外辐射透射、折射、聚焦后汇集在红外传感器上。

目前，多采用性能优良的红外塑料透镜——多层光束结构的菲涅耳透镜。某种三层结构的多视场菲涅耳透镜组的结构如图 2-32 所示。

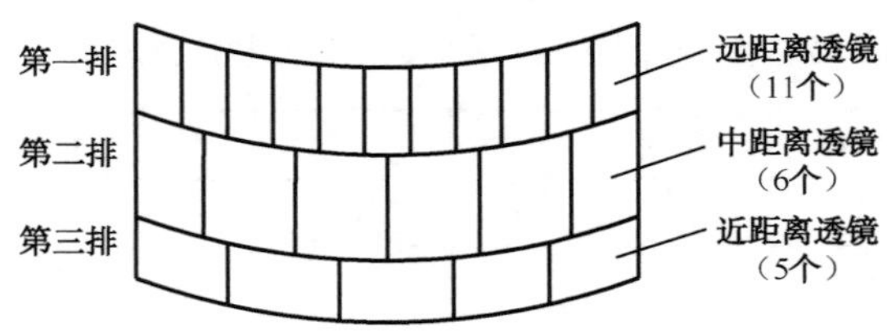

图 2-32　多视场菲涅耳透镜组结构

红外透镜有一般的广角镜头式，也有形成垂直、整体形如幕帘式，以及小角度长距离视场与大角度近距离视场的组合式等。图 2-33 所示为几种不同规格的红外透镜镜头。

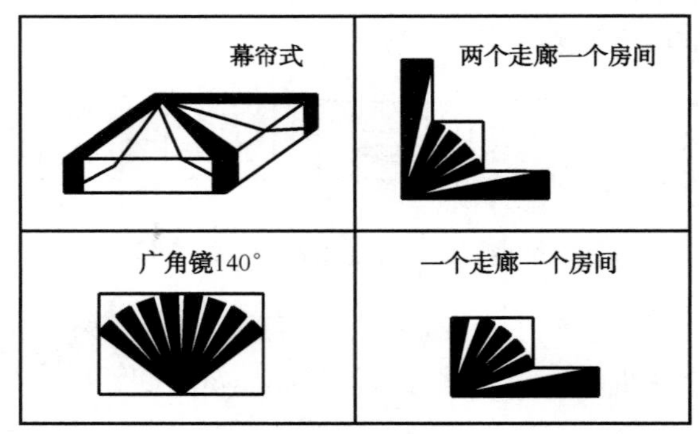

图 2-33　不同规格的红外透镜镜头

多波束型被动红外探测器的警戒视场角比单波束型被动红外探测器的警戒视场角要大得多，水平视场角可大于 90°，垂直视场角最大也可达 90°。但其作用距离较近，一般只有几米到十几米。通常来说，视场角增大时，作用距离将减小。因此多波束型被动红外探测器又可称为大视角短距离控制型被动红外探测器。

4）防止被动红外探测器产生误报的几项技术措施

（1）温度补偿电路。

第一种方案：常规的温度补偿特性是呈线性递增形式，如图 2-34 所示。

由图 2-34 可以看出，电路的增益随环境温度的上升而上升，当接近人体温度时，增益也上升到较高值，确实可以起到灵敏度补偿的作用。但在环境温度上升到人体温度之上时，随着温差的逐渐增大，补偿仍然继续增加，这就会使当环境温度与人体温差较大时灵敏度增加得太高而容易产生误报。

第二种方案：温度补偿特性呈抛物线形式，如图 2-35 所示。

由图 2-35 可以看出，电路的增益随环境温度的上升呈抛物线规律变化，这就可以做到在温度发生不同变化时，探测器的灵敏度基本可以维持稳定，从而达到一个最佳状态。采用这种温度补偿特性的探测器可以在环境温度从-10℃到+55℃范围内变化时使用，当环境温度在 1min 内变化 0.56℃时也不会产生误报。还有的探测器甚至可以容许环境温度在-10℃到+65℃范围内变化。

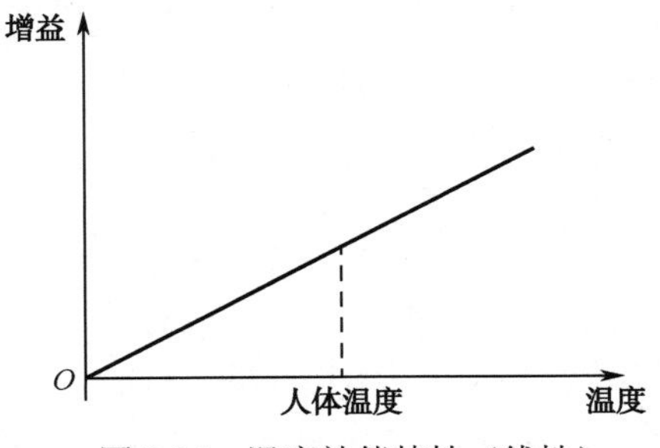

图 2-34　温度补偿特性（线性）

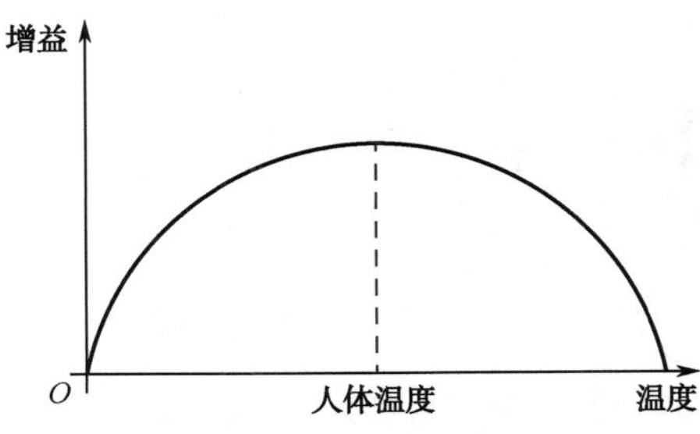

图 2-35　温度补偿特性（抛物线型）

（2）使用多元红外光敏元件，并采用“脉冲计数”方式工作。

使用双元红外光敏元件，如图 2-36 所示。

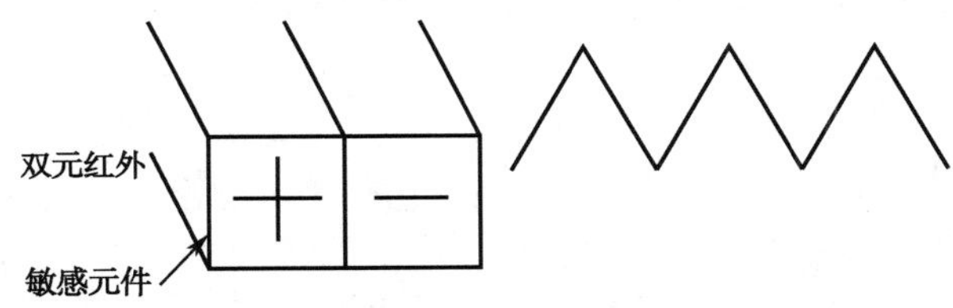

图 2-36　常规的脉冲计数方式

使用四元红外光敏元件，如图 2-37 所示。这种设计方式又进一步提高了被动红外探测器的防小动物、宠物引起误报的能力。

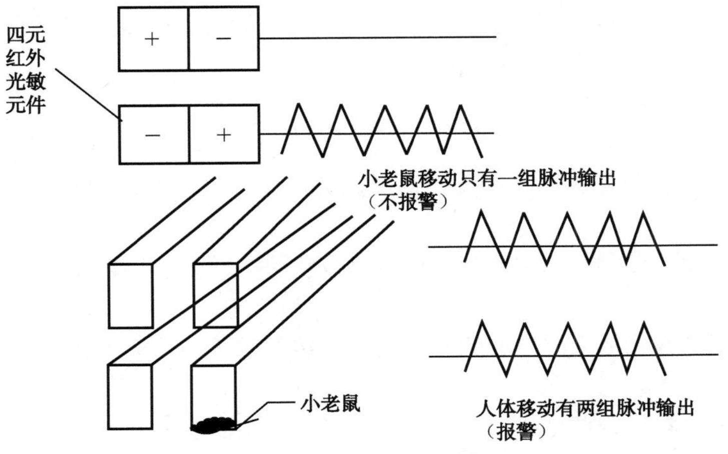

图 2-37　使用四元红外光敏元件的被动红外探测器

（3）防射频干扰的措施：采用表面贴片技术。

（4）防白光干扰的措施：菲涅耳透镜的镜片上采取滤白光的措施。

（5）防止因小动物产生误报的措施：采用四元红外光敏元件、在被动红外探测器中内置微处理器、采用防宠物的菲涅耳透镜。

5）被动红外探测器的主要特点及安装使用要点

（1）被动红外探测器属于空间控制型探测器。

（2）由于红外线的穿透性能较差，在监控区域内不应有障碍物，否则会造成探测“盲区”。

（3）为了防止误报警，不应将被动红外探测器的探头对准任何温度会快速改变的物体，特别是发热体。

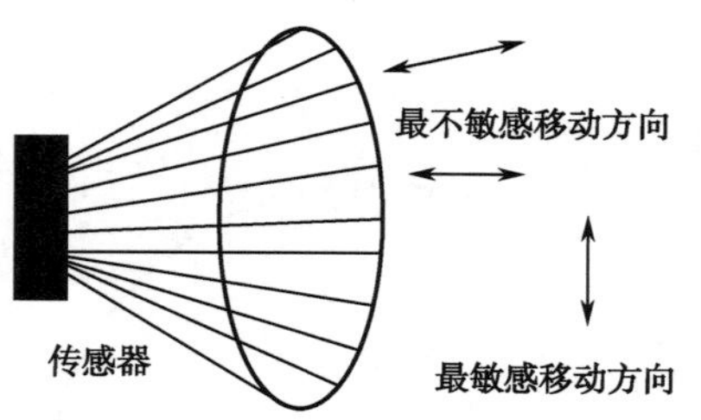

图 2-38　被动红外探测器探测入侵的敏感方向

（4）被动红外探测器也称为红外线移动探测器。应使探测器具有最大的警戒范围，使可能的入侵者都能处于红外警戒的光束范围之内，并使入侵者的活动有利于横向穿越光束带区，这样可以提高探测的灵敏度，参见图 2-38。

（5）被动红外探测器的产品多数都是壁挂式的，需安装在距离地面 2～3m 的墙壁上。

（6）在同一室内安装数个被动红外探测器时，不会产生相互之间的干扰。

（7）注意保护菲涅耳透镜。

基于上述原因，被动红外探测器基本上属于室内应用型探测器。

2. 微波探测器

1）微波的主要特点

微波是一种波长很短的电磁波，其波长从 1mm 到 1m，频率从 300MHz 到 300GHz。微波直线传播，很容易被反射。其波段宽，可利用的频率高。微波设备比较小，由于微波的波长很短，因此可以用尺寸较小的天线（如喇叭天线和抛物面天线），把电磁波集中成一束，像探照灯的光束那样做定向传送，如图 2-39 所示。所以，微波设备（包括收、发信机等）比长、中、短波等的设备要小。

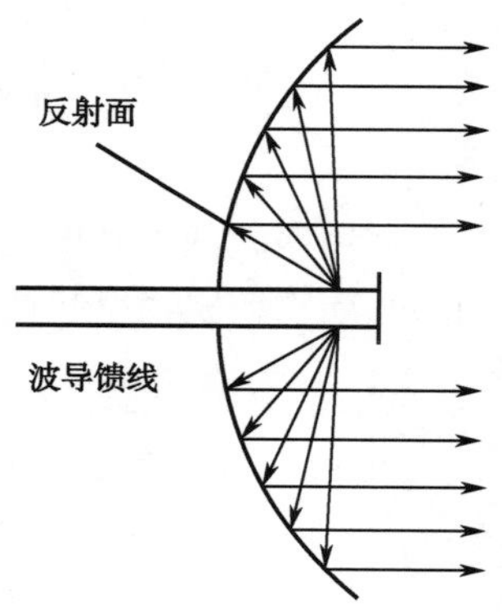

图 2-39　微波的定向传送

微波对一些非金属材料（如木材、玻璃、墙、塑料等）有一定的穿透能力，而金属物体对微波有良好的反射特性。

2）微波探测器的种类

微波探测器主要有以下两种类型。

第一种，雷达式微波探测器，主要作为室内警戒使用，微波的收、发装置合置。

第二种，墙式微波探测器，主要作为周界警戒使用，微波的收、发装置分置。

3）雷达式微波探测器

雷达式微波探测器利用无线电波的多普勒效应实现对运动目标的探测。

（1）多普勒效应。

多普勒效应是自然界普遍存在的一种效应，在日常生活中随处可以感受到。如火车鸣笛，从远而近，人耳感觉笛声是尖利的，火车经过之后由近及远背离而去，则笛声由尖变粗。这是因为火车笛声具有某个频率，当朝向人来或背离人去时，火车与人之间发生相对运动，这样，人耳接收到的声音频率和汽笛声的振动频率不同，产生了频率的变化。

某种频率为 f_0 的波，以速度 v 向空间中发射，当空间之中都是静止物体时，反射回来的频率依然为 f_0；当空间中有了移动物体，则反射回来的频率将叠加一个多普勒频移 f_d，此时频率变为 f_0+f_d，即 $f=f_0+f_d$。

所谓多普勒效应是指当发射源（声源或电磁波源）与接收者之间有相对径向运动时，接收到的信号频率将发生变化。

（2）雷达式微波探测器的组成及基本工作原理。

雷达式微波探测器的发射器有一个微波小功率振荡源，通过天线向防范区域内发射微波信号。该区域内无移动目标时，接收器收到的微波信号频率与发射器的相同；当有移动目标时，移动目标反射微波信号，由于多普勒效应，反射波会产生一个多普勒频移，接收器提取处理这个信号，即可发出报警信号。其工作原理如图 2-40 所示。

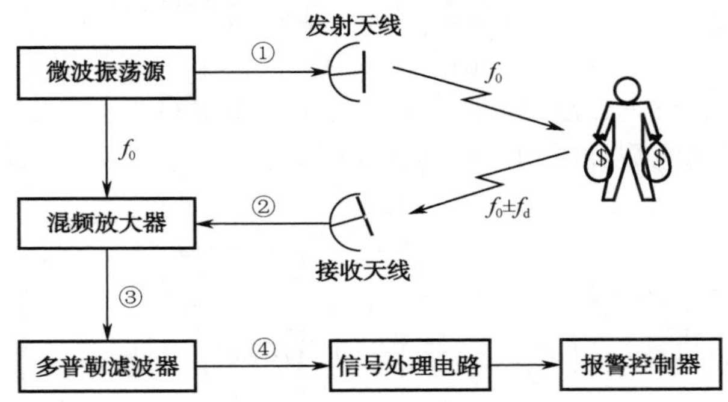

图 2-40　雷达式微波探测器的基本工作原理

如果微波探测器发射信号的频率 f_0 为 10GHz，光速 c 为 3×10^8m/s，则对应人体的不同运动速度 v 所产生的多普勒频率 f_d 如表 2-5 所示。

表 2-5　对应人体不同运动速度所产生的多普勒频率

v	0.5	1	2	3	4
f_d	33.33	66.67	133.33	200	266.67
v	5	6	7	8	9
f_d	333.33	400	466.67	533.33	600

从表 2-5 中可以看出，人体在不同运动速度下产生的多普勒频率处于音频频段的低端，只要能检出这一较低的多普勒频率，就能区分出是运动目标还是固定目标，完成检测人体运动的探测报警功能。

由以上分析能够看出，由于雷达式微波探测器的基本原理与多普勒雷达相同，因而才有雷达式之称。

（3）雷达式微波探测器的主要特点及安装使用要点。

雷达式微波探测器对警戒区域内活动目标的探测是有一定范围的。这个警戒范围为一个立体防范空间，其控制范围比较大，可以覆盖 60°～95°的水平辐射角，控制面积可达几十至几百平方米。其探测区域如图 2-41 所示。

微波探测器的发射图与所采用的天线结构有关，如图 2-42 所示。

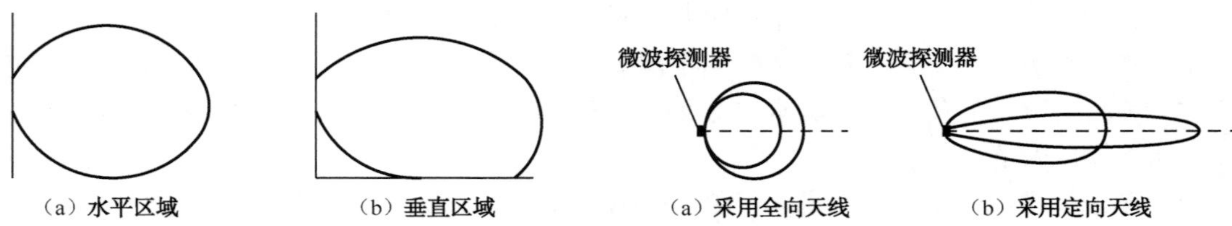

图 2-41　雷达式微波探测器的探测区域

图 2-42　微波场形成的控制范围

雷达式微波探测器的发射天线与接收天线通常是采用收、发共用的形式。

一般会将报警探测器悬挂在高处（距地面 1.5～2m），探头稍向下俯视，使其指向地面，并把探测器的探测覆盖区限定在所要保护的区域之内，这样可使因其穿透性能造成的不良影响减至最小，如图 2-43 所示。

图 2-43 中实线所示的覆盖区显然比虚线所示的覆盖区要更可靠些。

微波探测器的探头不应对准可能会活动的物体。

在监控区域内不应有过大、过厚的物体，特别是金属物体。

微波探测器不应对着大型金属物体或具有金属镀层的物体（如金属档案柜等），如图 2-44 所示。

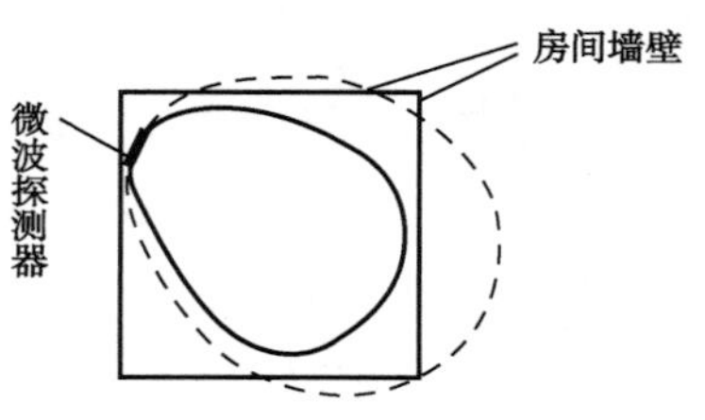

图 2-43　微波探测器的安装

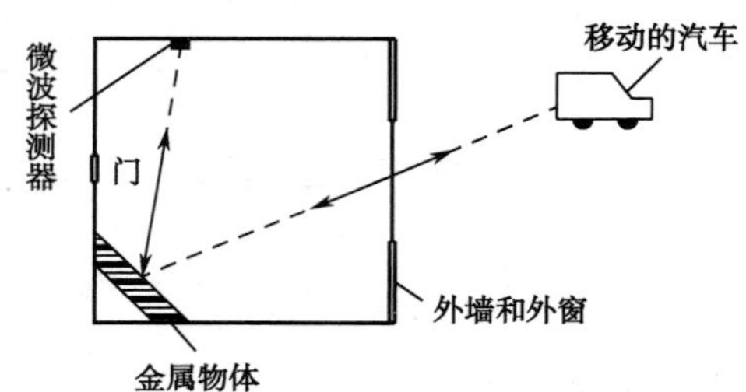

图 2-44　微波探头不应对着大型金属物体

微波探测器不应对准日光灯、水银灯等气体放电灯光源。

雷达式微波探测器属于室内应用型探测器。

当在同一室内需要安装两台以上的微波探测器时，它们之间的微波发射频率应当有所差异（一般相差 25MHz 左右），而且不要相对放置，以防止交叉干扰，产生误报警。

3. 声控探测器

1）声控探测器的组成及基本工作原理

声控探测器用来探测入侵者在防范区域室内的走动或进行盗窃和破坏活动（如撬锁、开启门窗、搬运、拆卸东西等）时所发出的声响，并以探测声音的声强来作为报警的依据。这种探测系统比较简单，只需在防护区域内安装一定数量的声控头，把接收到的声音信号转换为电信号，并经电路处理后送到报警控制器，当声音的强度超过一定电平时，就可触发电路发出声、光等报警信号。声控探测器实物如图 2-45 所示，其基本原理如图 2-46 所示。

图 2-45　声控探测器实物

由图 2-46 可以看出，声控报警系统主要是由声控头和报警监听控制器两个部分组成的。声控头置于监控现场，控制器置于值班中心。

2）声控探测器的主要特点及安装使用要点

（1）声控探测器属于空间控制型探测器。

（2）声控探测器与其他类型的探测器一样，一般也设置有报警灵敏度调节装置。

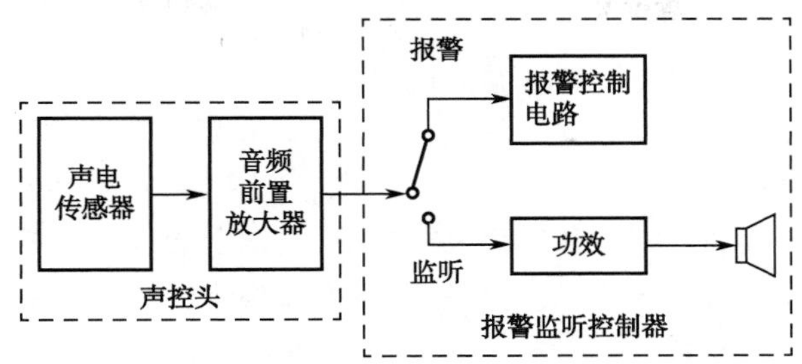

图 2-46　声控探测器的基本原理

（3）采用选频式声控报警电路可进一步解决在特定环境中使用声控报警器的误报问题。

4. 双技术探测器

1）双技术探测器概述

双技术探测器又称为复合式探测器，它是将两种探测技术结合在一起，以“相与”的关系来触发报警，即只有当两种探测器同时或者相继在短暂的时间内都探测到目标时，才可发出报警信号。

2）由单技术探测器向双技术探测器的发展

单技术探测器误报情况可参见表 2-6 环境因素表。在某些情况下，误报率相当高。

表 2-6　环境因素

因　素	红　外	微　波	超　声　波
振动	问题不大	有问题	问题不大
被大型金属物体反射	除非是抛光金属面，一般没问题	有问题	极少有问题
对门、窗的晃动	问题不大	有问题	注意安装位置
对小动物的活动	靠近则有问题，但可改变指向或用挡光片	靠近有问题	靠近有问题
水在塑料管中的流动	没问题	靠近有问题	没问题
在薄墙和玻璃窗外活动	没问题	注意安装位置	没问题
通风口或空气流	温度较高的热对流有问题	没问题	注意安装位置
阳光、车大灯	注意安装位置	没问题	没问题
加热器、火炉	注意安装位置	没问题	极少有问题
运转的机械	问题不大	注意安装位置	注意安装位置
雷达干扰	问题不大	靠近有问题	极少有问题
荧光灯	没问题	靠近有问题	没问题
温度变化	有问题	没问题	有些问题
湿度变化	没问题	没问题	有问题
无线电干扰	严重时有问题	严重时有问题	严重时有问题

为了解决误报的问题，一方面应该更加合理地选用、安装和使用各种类型的探测器，另一方面就是要不断提高探测器的质量，生产出性能稳定、可靠性较高的产品。近几年已经有了很大的进展，但就目前情况来看，仅从提高某一种单技术探测器的可靠性方面来努力是不容易达到要求的，只有采用双技术复合探测器才可较好地解决这一问题。

1973 年，日本首先提出双技术探测器的设想，直到 80 年代初才生产出第一台微波-被动红外双技术探测器。

3）双技术探测器的种类

人们对几种不同的探测技术进行了多种不同组合方式的试验，如超声波-微波双技术探测器、双被动红外双技术探测器、微波-被动红外双技术探测器、超声波-被动红外双技术探测器、玻璃破碎声响-振动双技术探测器等，并对几种双技术探测器的误报率进行了比较，如表 2-7 所示。

表 2-7　几种探测器误报率的比较

	单技术探测器				双技术探测器			
报警器种类	超声波	微波	声控	被动红外	超声波-被动红外	被动红外-被动红外	超声波-微波	微波-被动红外
误报率	是微波-被动红外双技术探测器的 421 倍				是微波-被动红外双技术探测器的 270 倍			假设为 1
可信度	最低				中等			最高

由表 2-7 可以看出，以微波-被动红外双技术探测器的误报率为最低，是其他几种类型双技术探测器的误报率的 1/270，为采用各种单技术探测器的误报率的 1/421。实践证明，把微波与被动红外两种探测技术加以组合，是最为理想的一种组合方式，因此获得了广泛的应用。

此外，玻璃破碎双技术探测器也是应用较多的一种双技术探测器。

4）微波-被动红外双技术探测器

（1）微波-被动红外双技术探测器的工作原理。

微波-被动红外双技术探测器如图 2-47 所示，实际上是将这两种探测技术的探测器封装在一个壳体内，并将两个探测器的输出信号共同送到“与门”电路去触发报警。“与门”电路的特点是：当两个输入端同时为 1（高电平）时，其输出才为 1（高电平）。换句话说，只有当两种探测技术的传感器都探测到移动的人体时，才可触发报警。其基本原理如图 2-48 所示。

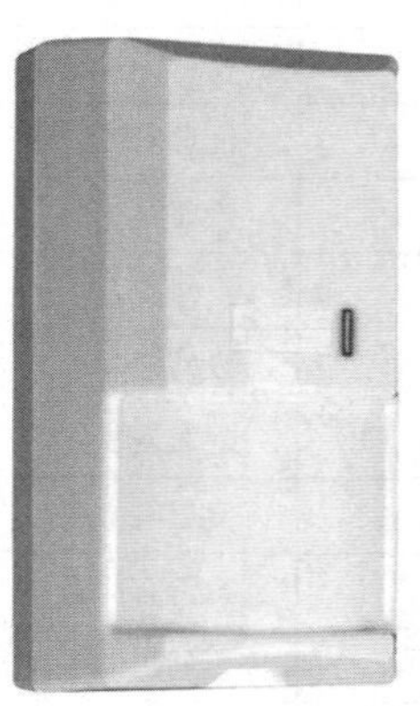
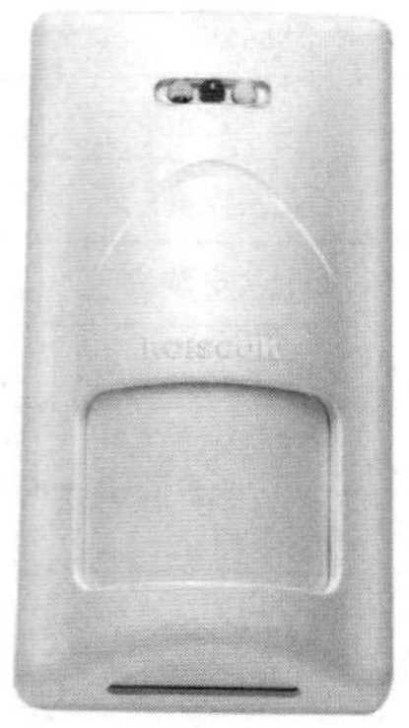

图 2-47　微波-被动红外双技术探测器

微波-被动红外双技术探测器的准确率非常高，但是为了进一步提高微波-被动红外双技术探测器工作的可靠性，也采取了一系列措施，如采用 IFT 技术、设置微波监控功能、采用微处理器智能分析技术等。

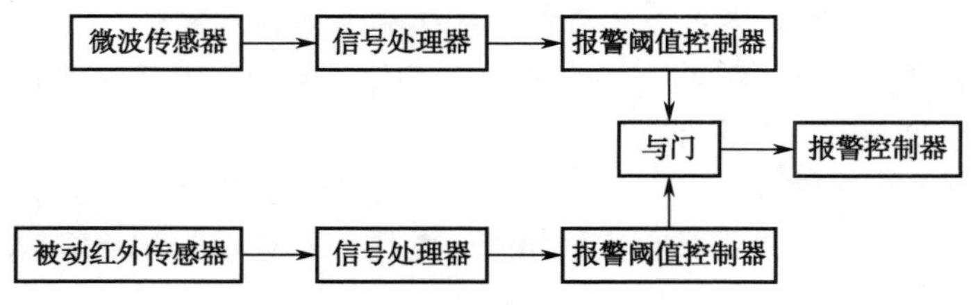

图 2-48　微波-被动红外双技术探测器的基本原理

在安装双技术探测器时，为获得准确的探测性能及良好的抗误报能力，通常都需要将微波探测器的灵敏度调小一些（因一般出厂默认设置是在最大处），以使微波信号不至于到达室外。图 2-49 中以一个 11m 长的房间为例，对在微波探测器灵敏度的调整过程中，采用三种微波天线所形成的微波视区的变化情况进行了比较。图中，实线所示为红外探测视区，虚线所示为微波探测视区。

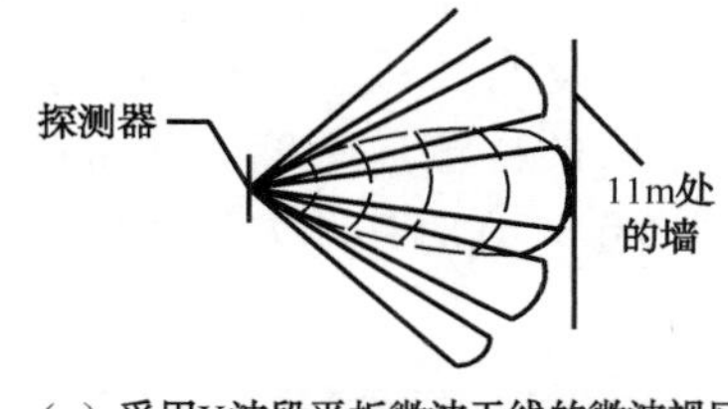

（a）采用X波段平板微波天线的微波视区

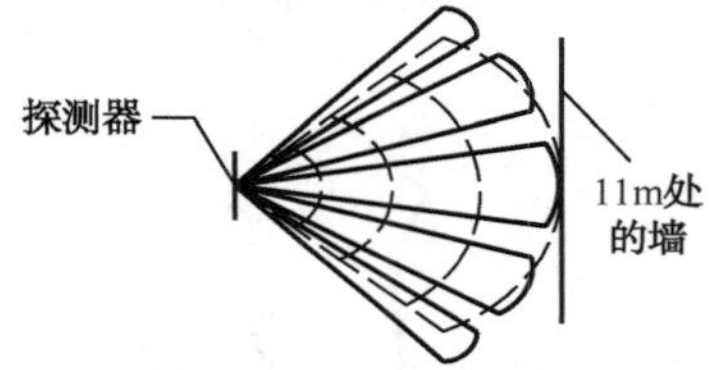

（b）采用X波段波导式微波天线的微波视区（如DT-400）

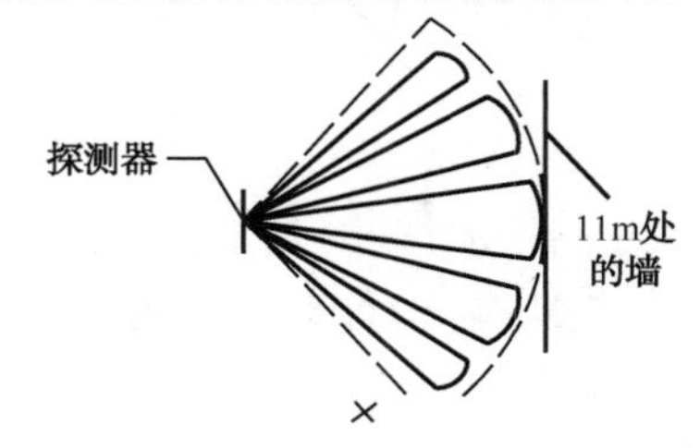

（c）采用X波段小巧的波导式微波天线的微波视区

图 2-49　三种微波天线所形成的微波视区的变化情况

（2）微波-被动红外双技术探测器的主要特点及安装使用要点

① 双技术探测器比单技术探测器要贵些，其价格正日趋降低，但其可靠性要远高于单技术探测器。

② 安装时，要使两种探测器的灵敏度都达到最佳状态是比较难做到的。

③ 单技术的微波探测器对物体的振动（如门、窗的抖动等）往往会发生误报警，被动红外探测器对防范区域内任何快速的温度变化，或温度较高的热对流等也往往会发生误报警。而双技术探测器可集两者的优点于一体，取长补短，对环境干扰因素有较强的抑制作用，因此对安装环境的要求不是十分严格，通常只要按照使用说明书的要求进行安装即可满足防范要求，安装和使用都更为方便。

5）超声波-被动红外双技术探测器

采用与微波-被动红外双技术探测器相同的原理，将超声波与被动红外两种探测技术组合在一起，并将两个探测器的输出信号共同送到“与门”电路去触发报警，就构成了超声波-被动红外双技术探测器。

为了降低误报率，安装时同样应着重考虑避开能同时引起两种探测器误报警的环境因素。例如，超声波-被动红外双技术探测器不适于安装在通风好、空气流动大的位置。因为这一环境因素不仅会使室内超声波的能量分布发生变化而导致超声波探测器的误报警，同时也会因空气流动所引起的背景物体的温度发生变化而引起红外探测器的误报警。

不过，因超声波不会穿过墙壁或窗门探测，所以对室外的一切移动物体不会造成误报警，在这一点上优于前一种双技术探测器。

6）一体式（组合式）和分体式（分离式）双技术探测器的区别

如前所述，将两种探测器装在同一壳体内，并通过“与门”电路处理后实现报警的双技术探测器就构成了一体式双技术探测器。

如果将两种探测器分别安装在两个壳体内，并放置在室内的不同位置，最终将两个探测器的输出信号送到“与门”电路处理后再实现报警，这样的双技术探测器就构成了分体式双技术探测器。

采用分体式双技术探测器虽然在安装上增加了麻烦，但优点是可以进一步提高双技术探测器的探测率。因为无论是超声波多普勒型探测器还是微波多普勒型探测器，均对面向或背向探测器的径向移动有着最大的探测灵敏度，而被动红外探测器则对横向穿越光束控制区的移动人体有着最大的探测灵敏度。如果在安装时将这两种探测器的径向安排成相互垂直的状态，如图 2-50 所示，则对移动人体的探测灵敏度将会提高。

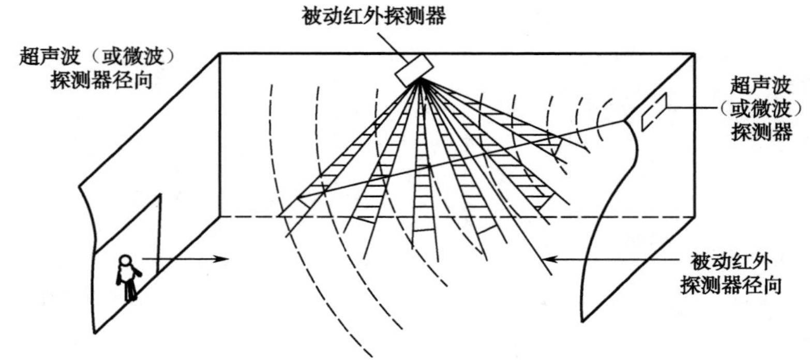

图 2-50　分体式双技术探测器的最佳安装位置

7）微波-被动红外双技术探测器的安装要求

（1）壁挂式微波-被动红外双技术探测器应安装在与可能入侵方向成 45°角的方位（如受条件限制应优先考虑被动红外单元的探测灵敏度），高度 2.2m 左右，并视防范具体情况确定探测器与墙壁倾角。

（2）吸顶式微波-被动红外双技术探测器一般安装在重点防范部位上方附近的天花板上，必须水平安装。

（3）楼道式微波-被动红外双技术探测器必须安装在楼道端，视场正对楼道走向，高度 2.2m 左右。

（4）探测器正前方不能有遮挡物和可能遮挡物。

（5）微波-被动红外双技术探测器的其他安装注意事项可参考被动红外探测器的安装。

【技能训练】 微波-被动红外双技术探测器的原理及性能测试

1. 实训目的

（1）熟悉微波-被动红外双技术探测器的原理和结构。

（2）掌握微波-被动红外双技术探测器的安装方法、注意事项和调试方法。

2. 实训器材

（1）设备：

微波-被动红外双技术探测器 DS820i、DS835i 各 1 个。

闪光报警灯 1 个。

直流 12V 电源 1 个。

（2）工具：

万用表 1 台。

6 英寸十字螺丝刀 1 把。

6 英寸一字螺丝刀 1 把。

（3）材料：

1m RVV（2×0.5）导线 3 根。

1m RVV（3×0.5）导线 1 根。

0.2m 红、绿、黄、黑跳线各 1 根。

实训端子排 1 个。

3. 实训内容

微波-被动红外双技术探测器的安装步骤如下。

（1）把螺丝刀插入防拆开关，取下外壳。

（2）向外按下卡扣，取下电路板。

（3）辨识具体接线端子，如表 2-8 所示。

表 2-8　接线端子

-	+	NC	C	NO	SP	T	T
电源 9～15V 直流		常闭点 报警接点	公共点	常开点 消防接点	备用 空点	常闭防拆	

（4）安装高度：探测器的安装高度为距离地面 1.8～2.4m，建议安装高度为 2.0m，将被动红外的角度调至+2°～-10°。

（5）安装：仅使用随附螺钉，以免损坏电路板。不要把螺钉拧得太紧，因为在初次安装时位置可能不太正确。

（6）把电路板卡入底座，使槽口与卡口稍成一直线。

（7）接线：按其他探测器实训方法自行完成探测器报警回路的连接，如图 2-51 所示。

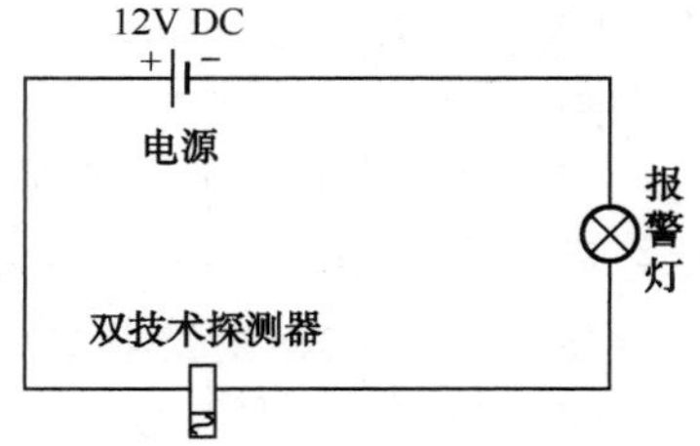

图 2-51　双技术探测器连接图

微波-被动红外双技术探测器的步测调试主要调试探测器的最远探测距离、探测角度、最大探测宽度、下视死角区。

调试前应完成以下准备工作。

（1）安装后及每年应对探测器定期进行步测。探测器在通电后 2min 内自检和初始化，在这期间探头不会有任何反应，请等待 2min 后再进行步测；在 2s 内未探测到移动，红色或变色 LED 停止闪烁时，探测器就做好了测试准备。保护区内无运动物体时，LED 应处于熄灭状态；如果 LED 亮，则重新检查保护区内影响微波（黄色）或被动红外（绿色）技术的干扰因素。

（2）被动红外灵敏度选择跳线：跳线在 STD 针时为标准型，在 INT 针时为加强型。

- 标准型：此设定可最大限度地防止误报，用于恶劣的环境及防宠物环境。
- 加强型：此设定下，只需遮盖一小部分保护区即可报警。正常环境下使用此设定，可提高探测性能。

（3）微波灵敏度的调整（被动红外探测旁边的一个可调电位器）。

微波探测范围已设定，无须重新调整。

注： 如需调整，应尽可能调低，以便测试范围减小。注意在每次调整后，都应步测。

（4）根据探测器使用变色 LED 灯（双技术探测器具备）的显示，判断可能存在的报警和监察故障。

步测并调整被动红外探测范围的步骤如下。

（1）把微波调到最小（针对双技术探测器）。

（2）装上外壳。

（3）通电后至少等 2min，再开始步测。

（4）步行通过探测范围的最远端，然后向探测器靠近，测试几次。从保护区外开始步测，观察 LED 灯，先触发绿灯的位置为被动红外探测范围的边界（如果黄色的微波 LED 先触发，则由首先被触发的红灯来确定）。

（5）从相反方向进行步测，以确定两边的周界。应使探测中心指向被保护区的中心。

注： 左右移动透镜窗，探测范围可水平移动±10°。

（6）从距探测器 3～6m 处，慢慢地举起手臂，并伸入探测区，标注被动红外报警的下部边界；重复上述做法，以确定其上部边界。探测区中心不应向上倾斜。

注： 如果不能获得理想的探测距离，则应上下调整探测范围（-10°～+2°），以确保探测器的指向不会太高或太低。调整时拧紧调节螺钉，上下移动电路板，上移时被动红外辐射区向下移。

（7）调整后拧紧螺钉。

步测并调整微波探测范围的步骤如下。

注： 在去掉/重装外罩之后应等待 1min，这样探测器的微波部分就会稳定下来；在下列步测的每个步骤间至少应间隔 10s。这两点很重要。

（1）进行步测前，LED 应处于熄灭状态。

（2）跨越探测范围的最远端开始进行步测。从保护区外开始步测，观察 LED 灯。先触发黄灯的位置为微波探测范围的边界（如果绿色的被动红外 LED 先触发，则由首先被触发的红灯来确定）。

（3）如果不能达到应有的探测范围，微调增大微波的探测范围。继续步测（去掉/重装外罩之后等待 1min），并调节微波直至达到理想探测范围的最远端。不要把微波调得过大，否则探测器会探测到探测范围以外的运动物体。

（4）全方位步测，以确定整个探测范围。步测间隔至少 10s。

步测并调整探测器探测范围的步骤如下。

（1）步测前，红色或变色 LED 应为熄灭状态。

（2）全方位步测以确定探测周界。绿灯或黄灯先触发后，LED 红灯首次亮时表示探测器报警。

微波-被动红外双技术探测器应避免安装在以下位置：

室外、太阳直射处、冷热气流下、空调通风口、吊扇等转动的物体下、热源附近、窗户及未绝缘的墙壁、有宠物的地方，切勿将探测器对着动物可爬上的楼梯等。

4. 思考题

（1）空间控制型探测器的种类有哪些？

（2）为何空间控制型探测器需要步测？

（3）微波-被动红外探测器的最佳灵敏度设置是如何做的？

5. 讨论分析

（1）双技术探测器产生的背景是什么？

（2）一体式双技术探测器和分体式双技术探测器的区别有哪些？

（3）双技术探测器的应用场合主要有哪些？使用时要注意什么？

2.3　入侵报警控制器

入侵报警控制器是接收前端探测器输入的报警信号，加以判断并控制其他装置反应的设备。在防盗报警系统中报警控制器是最重要的设备，选用报警控制器时应根据系统规模及用户对系统可靠性的要求进行。

2.3.1　入侵报警控制器的组成及功能

入侵报警控制器又称为入侵报警控制/通信主机（报警控制主机），负责控制、管理本地报警系统的工作状态；收集探测器发出的信号，按照探测器所在防区的类型与主机的工作状态（布防/撤防）做出逻辑分析，进而发出本地报警信号，同时通过通信网络向接警中心发送特定的报警信息。

入侵报警控制器包括探测源信号收集单元、输入单元、自动监控单元、输出单元。同时，为了使用方便、增加功能，还可以包括辅助人机接口键盘、显示部分、输出联动控制部分、计算机通信部分、打印机部分等。报警控制器如图2-52所示。

入侵报警控制器的主要功能有入侵报警功能、防破坏功能、防拆功能、给入侵探测器供电功能、布防和撤防功能、自检功能、联网功能、扩展多防区、多样输出、允许多个分控等功能。

图2-52　报警控制器

2.3.2　入侵报警控制器的分类

入侵报警控制器根据使用要求和系统大小不同，有简有繁，有小型报警控制器、中型报警控制器和大型报警控制器之分。

就防范控制功能而言，入侵报警控制器又可分为仅具有单一安全防范功能的报警控制器（如防盗报警控制器、防入侵报警控制器、防火报警控制器等）和具有多种安全防范功能，集防盗、防入侵、防火、电视监控、监听等控制功能于一体的综合型的多功能报警控制器。

将各种不同类型的报警探测器与不同规格的报警控制器组合起来，能构成适合不同用途、警戒范围大小不同的报警系统网络。

根据组成报警控制器电路的器件不同，报警控制器可分为由晶体管或简单集成电路元器件组成的报警控制器（一般用于小型报警系统）、利用单片机控制的报警控制器（一般用于中型报警系统或联网报警系统）及利用微机控制的报警控制器（一般用于大型联网报警系统）。

按照信号的传输方式不同来分，报警控制器可分为具有有线接口的报警控制器、具有无线接口的报警控制器及有线接口和无线接口兼而有之的报警控制器。

依据报警控制器安装方式的不同，报警控制器又可分为台式、柜式和壁挂式报警控制器。

2.3.3 报警控制器对探测器和系统工作状态的控制

将探测器与报警控制器相连，组成报警系统并接通电源，在用户已完成对报警控制器编程的情况下（或直接利用厂家的默认程序设置），操作人员即可在键盘上按厂家规定的操作码进行操作。只要输入不同的操作码，就可通过报警控制器对探测器的工作状态进行控制。

探测器主要有以下 5 种基本工作状态：布防（又称设防）、撤防、旁路、24h 监控、系统自检或测试状态。

1. 布防状态

所谓布防状态，是指操作人员执行了布防指令后（如从键盘输入布防密码后），使该系统的探测器开始工作，并进入正常警戒状态。

2. 撤防状态

所谓撤防状态，是指操作人员执行了撤防指令后（如从键盘输入撤防密码后），使该系统的探测器不能进入正常警戒工作状态，或从警戒状态下退出，使探测器无效。

3. 旁路状态

所谓旁路状态，是指操作人员执行了旁路指令后，该防区的探测器就会从整个探测器的群体中被旁路掉（失效），而不能进入工作状态，当然它也就不会受到对整个报警系统布防、撤防操作的影响。在一个报警系统中，可以只将其中一个探测器单独旁路，也可以将多个探测器同时旁路掉（又称群旁路）。

4. 24h 监控状态

所谓 24h 监控状态，是指某些防区的探测器处于常布防的全天时工作状态，一天 24 小时始终担任着正常警戒任务（如用于火警、匪警、医务救护用的紧急报警按钮，感烟火灾探测器、感温火灾探测器等）。它不会受到布防、撤防操作的影响。这也需要根据事先对系统的编程来决定。

5. 系统自检或测试状态

这是在系统撤防时操作人员对报警系统进行自检或测试的工作状态，如可对各防区的探测器进行测试。当某一防区被触发时，键盘会发出声响。

2.3.4 报警控制器的防区布防类型

不同厂家生产的报警控制器其防区布防类型的种类或名称，在编程表中不一定都设置得完全相同。但综合起来看，大致有以下几种防区的布防类型。

按防区报警是否设有延时时间来分，主要分为两大类：即时防区和延时防区。

（1）即时防区：即时防区在系统布防后被触发，会立即报警，没有延时时间。

（2）延时防区：系统布防时，在退出延时时间内，如延时防区被触发，系统不报警。退出延时时间结束后，如延时防区再被触发，在进入延时时间内，如对系统撤防，则不报警；进入延时时间一结束则系统立即报警。

按探测器安装的不同位置和所起的防范功能不同来分，防区的布防类型一般又可分为内部防区、出入防区、周边防区、日夜防区、24h 防区等类型。下面对这几种防区的布防类型做一个详细的说明。

- 出入防区：接于该防区的探测器用来监控防范区的主要入/出口处。当系统设防后，该防区首先按退出延时工作，在此延时期内，探测器会被触发，但不会使报警控制器产生报警；若超出此延时期，探测器一旦被触发则会报警。
- 周边防区：接于该防区的探测器用来保护主要防护对象或区域的周边场所，可视为防范区的第一道防线。周边防区多采用磁控开关、震动探测器、玻璃破碎探测器、墙式微波探测器、主动红外探测器等。在系统布防后，只要这些部位遭到破坏，就会立即发出报警，没有延时。
- 内部防区：接于该防区的探测器主要用来对室内平面或空间进行防范，多采用被动红外探测器、微波/被动红外双技术探测器等。
- 日夜防区（有的厂家称之为日间防区）：接于该防区的探测器虽然 24h 都处于警戒状态，但白天和夜晚分别处于不同的工作状态。白天系统撤防时，该防区的探测器若受到触发，键盘上会发出告警指示，以引起用户注意；夜晚系统布防时，该防区的探测器若受到触发，会对外发出报警。
- 24h 防区：接于该防区的探测器 24h 都处于警戒状态，不会受到布防、撤防操作的影响。一旦触发，立即报警，没有延时。

除火警防区属于 24h 报警防区外，还有像使用震动探测器和玻璃破碎探测器、微动开关等对某些贵重物品、保险柜、展示柜等防止被窃、被撬的保护，或用于突发事件、紧急救护的紧急报警按钮等都属于 24h 报警防区。

2.3.5 入侵报警系统性能测试及应用

【技能训练】 DS6MX-CHI 小型报警主机的性能及使用

DS6MX-CHI 是一个六防区的键盘，是专为住宅设计的。此类装置大多由普通的建筑直流电源（可提供备用电源）供电。DS6MX-CHI 可提供多种类型的报警输入和本地报警输出。

1. 实训目的

（1）熟悉 DS6MX-CHI 报警控制键盘的主要性能特点与技术指标。

（2）了解 DS6MX-CHI 报警控制键盘的结构原理与工作方式。

（3）熟悉 DS6MX-CHI 报警控制键盘的系统配置与连线要求。

（4）熟悉 DS6MX-CHI 报警控制键盘的各输入、输出端口功能特性与电气参数。

（5）熟悉 DS6MX-CHI 报警控制键盘的部分操作使用方法。

（6）能根据要求熟练掌握 DS6MX-CHI 报警控制键盘的程序编制方法。

2. 实训器材

（1）设备：

报警控制器 1 台。

闪光报警灯 1 个。

直流 12V 电源 1 个。

主动红外探测器 1 对。

被动红外/微波双鉴探测器 1 个。

紧急按钮 1 个。

玻璃破碎探测器 1 个。

（2）工具：

6 英寸十字螺丝刀 1 把。

6 英寸一字螺丝刀 1 把。

小号一字螺丝刀 1 把。

小号十字螺丝刀 1 把。

剪刀 1 把。

尖嘴钳 1 把。

万用表 1 台。

（3）材料：

4 芯线、2 芯线若干。

线尾电阻（10kΩ）6 个。

3. 实训内容

（1）输入、输出端口接线。防区输入端口如图 2-53 所示，报警输出端口如图 2-54 所示。探测器上带有常开（NO）或常闭（NC）接点，一般报警系统主要接常闭接点，每个防区必须接一个终端（尾）电阻（如图 2-53 所示控制器需要 10kΩ线尾电阻）。

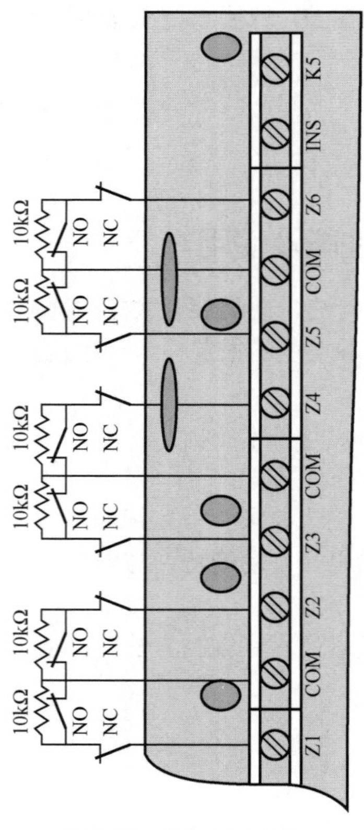

图 2-53 防区输入端口

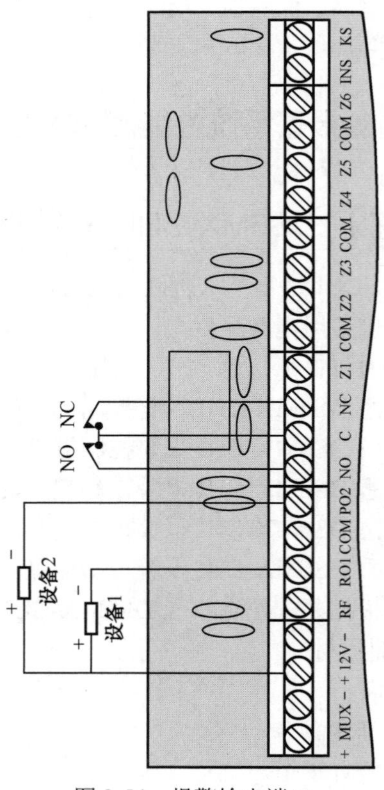

图 2-54 报警输出端口

（2）系统接线。按图 2-55 所示连接系统设备间连线，所有防区按图 2-55 连接要求接入终端（尾）电阻（视实训场实际情况可在接线端子排上连接），图中“NO”用开路线代替，“NC”用短路线代替。

（3）根据所给探测器的适用特点决定防区功能。

（4）检查设备原始状态，将结果填入表 2-9 中。

（5）编程操作。熟练操作系统编程软件，设置不同的防区类型、延时时间、报警输出时间等。

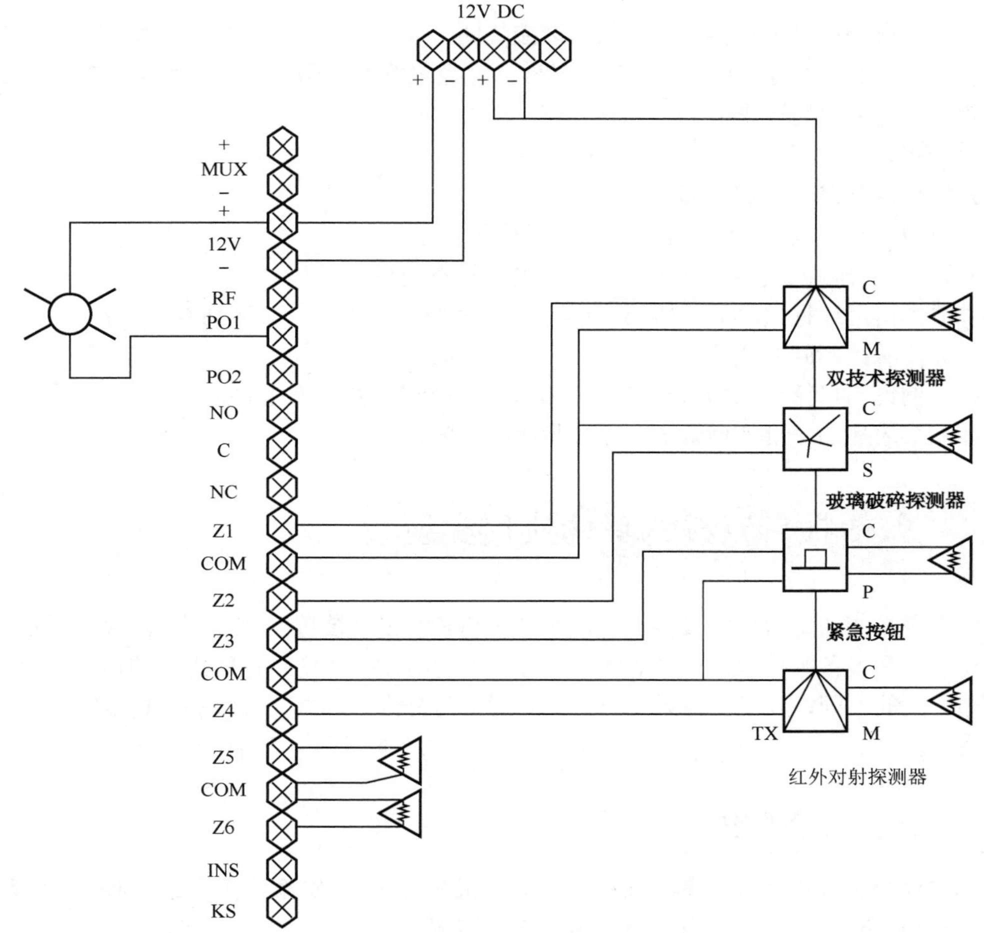

图 2-55 系统接线图

表 2-9 设备原始状态

端 口 性 质	工作电源输入	闪光报警输出
端口位置（标识）		
端口电压		

（6）使用操作。

① 布防：输入主码或用户码 + 布防键（红色指示灯亮，进入布防状态）。

② 撤防：输入主码或用户码 + 撤防键（红色指示灯闪烁，布防状态指示灯熄灭）。

③ 旁路防区：输入主码或用户码 + 旁路键 + 防区编号 + 布防键（相应指示灯闪烁，红色布防指示灯亮，进入布防状态）。

技能训练-报警控制器介绍

技能训练-报警控制器功能验证

4. 实训要求

（1）画出震动探测器连接控制器的防区接线图，以及报警灯连接继电器输出口的连接图。

（2）对上述电路进行编程，实现玻璃破碎探测器进行即时防区功能，实现报警灯跟随报警输出功能，写出编程的过程。

5. 讨论分析

（1）报警控制器的分类有哪些？

（2）小型报警控制器一般在什么情况下使用？

（3）为何报警输入端口需要接一个终端电阻？不接会怎样？

（4）输出口可编程端 PO1 和常闭接点 NC 在使用过程中有什么区别？

（5）如何看待不同方式的布防？

（6）举例说明报警控制器对探测器工作状态的控制是如何操作的。

（7）从实用化的角度如何认识一个小型报警控制器？

2.4 入侵报警系统的具体应用类型

入侵报警系统通常由前端设备（包括探测器和紧急报警装置）、传输设备、处理/控制/管理设备及显示记录设备等构成，其中不同传输方式的选用往往决定了系统组成的最大特点。按照信号传输方式的不同，入侵报警系统组建模式通常可分为一体式、分线制、总线制、无线制和公共网络式。

2.4.1 一体式报警装置

一体式报警装置将前端设备（探测器或紧急报警装置）、传输设备、处理/控制/管理/显示/记录设备的功能整合在一起，由一个设备完成“探测—处理—报警”全部功能。

一体式报警装置是最简单的报警系统构成方式（严格来讲还称不上报警系统，只能叫报警装置或报警器），其传输功能由设备内部的电路来完成。这种报警系统的设计与施工非常简单，当然其功能一般也很简单，往往只能防范一个地点，适用于非常简单的应用场所。

2.4.2 分线制报警系统

分线制报警系统的探测器通过多芯电缆与报警控制主机之间采用一对一专线相连，其优点是可靠性非常高。由于报警信号通过各自独立的专线进行传输，因而相互之间即便出现故障也互不干扰，且传输信号为开关信号，抗外界干扰强。另外通过连接电阻，其传输线路可获得优良的防破坏能力。但是当系统规模变大时，由于每个探测器都需要一根专用电缆连至报警主机，线材的使用量及敷设工程量将急剧增加，在主机端的线路接入也变得复杂，如图 2-56 所示。

一般分线制系统的覆盖范围在半径 1000m 左右，探测器传输线路数量控制在 20 路以下，比较适合单户家庭使用，并且其控制主机一般具有电话/短信/网络远程报警功能，可在此基础上实现区域联网报警服务。

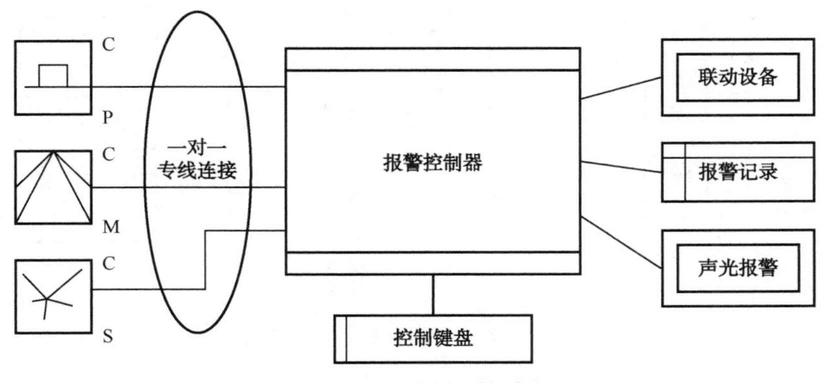

图 2-56　分线制报警系统

2.4.3　总线制报警系统

总线制报警系统中，探测器通过其相应的总线模块（编址模块）与报警控制主机之间采用报警总线（专线）相连，其优点在于探测器共用一条传输线路（总线），从而极大简化了传输部分的复杂度，特别是当系统探测器数量较多时优势更为明显。另外，总线中传输的编码信号可以表达更为复杂的信息（分线制传输的开关信号只能表达“正常-报警”二元信息），实现更高级的系统功能（如自检、心跳功能等）。总线制报警系统的覆盖范围半径在 1000m 左右，探测器传输线路数量控制在 200 路以下。其劣势在于总线部分的脆弱性，一旦总线某处断路，在断点之后所连的探测器都将无法与控制主机通信；一旦总线某处被短路，若没有分段安装短路保护装置，则全部探测器将无法与主机通信。

图 2-57 所示为采用总线型探测器的报警系统，探测器只需连接两个总线端口和两个电源端口即可（若采用总线馈电技术，则只需连接两个总线端口），施工安装非常简单。这种架构很难对敷设到前端的总线实现良好的保护，因此在不需要防人为破坏的弱电系统中比较适用。另外，探测器需要与控制主机有共同的通信协议，导致实际中往往需要购买同一厂家的设备，在探测器的选用上会受到限制。

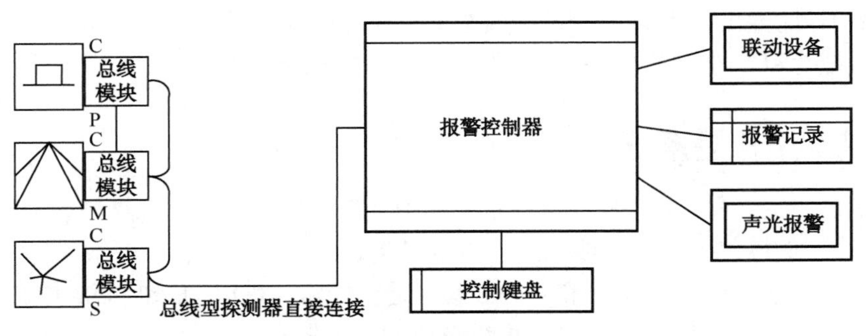

图 2-57　总线制报警系统

总线制报警系统一般选用探测器与总线模块分离的架构（见图 2-58），探测器与总线模块之间采用分线制的连接，总线模块再通过总线串接到报警控制主机，这样可以在前端利用分线制优良的防破坏能力，总线模块和总线可以通过设计与施工布置在安全的区域，提高了系统整体的安全性。同时，前端探测器可以选用通用型号，增加了探测器选用的灵活性。

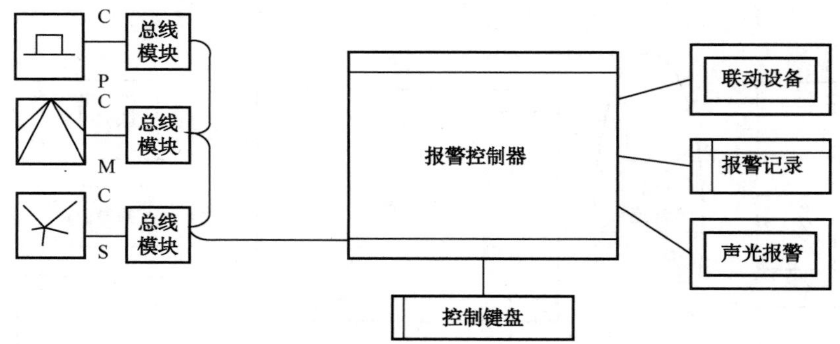

图 2-58　总线模块与探测器分离的报警系统

2.4.4　无线制报警系统

无线制报警系统中，探测器、紧急报警装置通过其相应的无线设备与报警控制主机通信，其系统构成如图 2-59 所示。由于取消了工程管线的施工，这种系统的安装非常简单，适用于许多布线困难、需要移动或者临时性布设的场合。

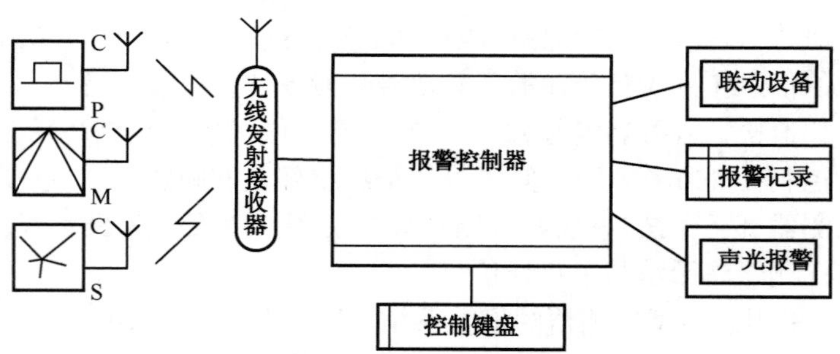

图 2-59　无线制报警系统

由于无线制报警系统取消了探测器的有线连接，探测器一般采用蓄电池供电（目前有采用太阳能电池供电的产品），为延长蓄电池使用时间（一般希望更换周期在一年以上），探测器的无线发射功率不可能很高，目前家用的无线报警系统一般覆盖半径为 20～30m。无线制报警系统的缺点是容易受到外界的电磁干扰，相对而言其系统稳定性最差。

2.4.5　公共网络报警系统

公共网络报警系统中，各个探测器与报警控制主机之间采用公共网络相连，其系统构成如图 2-60 所示。公共网络可以是有线网络，也可以是有线—无线—有线网络，目前较为常见的有 PSTN 公共交换电话网络、GSM 和 GPRS 移动通信网络、TD-LTE 和 FDD-LTE（4G）、局域网及因特网等。这种系统利用成熟的公共网络技术，可轻松实现远距离的探测覆盖、远距离可移动的系统操作与管理、大规模的前端设备和用户数，是组建远程报警、区域联网报警系统的优先选择。

如果用户自己没有建设有线电话、局域网等基础设施，则这类系统需建立在通信运营商提供的通信服务基础之上，这将涉及运营商的设备接入条件和日后运营费用等问题，系统运行的稳定性也有赖于运营商。另外，远程报警可能意味着处警人员距离报警现场较远，赶赴现场进行处置的时间较长，不适合需要快速反应的用户要求。

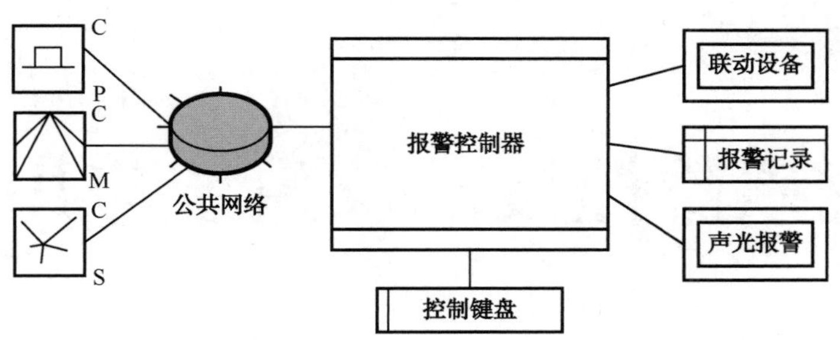

图 2-60　公共网络报警系统

前面提到的几种系统类型还有许多变种，各种系统之间也可相互组合，组成多级系统，有的甚至与智能家居、楼宇对讲等其他系统整合在一起，设计人员应根据实际家庭环境和用户的需求选择（或创新）合适的报警系统类型。

本章小结

本章主要针对报警系统的主要设备及具体系统应用进行了详细的介绍。首先概述了入侵报警系统的组成及功能，接着对常见的入侵报警系统工作原理、使用注意事项和性能测试进行了介绍，并明确了各类探测器的应用特点。最后对报警控制器的原理功能做了详细的说明，并详细介绍了各类报警系统的具体应用模式。

第3章 视频监控技术及系统应用

学习目标

通过本章的学习，了解视频监控系统的基本知识，熟悉视频监控系统的基本组成和工作原理，熟练掌握常见视频监控系统及设备的使用和操作要领，具备选用视频监控系统相关设备的能力及系统实际应用的能力。

学习内容

1. 视频监控系统的定义。
2. 视频监控系统的组成。
3. 视频监控系统中各设备的功能。
4. 视频监控系统的具体应用。

重点难点

视频监控系统的功能；系统典型设备的参数意义及具体配置；系统应用及操作要领。

3.1 视频监控系统概述

视频监控系统是利用视频技术探测，监视监控区域并实时显示，记录现场视频图像的电子系统。它是安全防范体系中防范能力极强的一个综合系统，其作用和地位日益突出。该系统从早期作为一种报警复核手段，到目前充分发挥其实时监控与智能检测、分析和预警的作用，成为安全防范体系中不可或缺的重要部分。

视频监控系统可以及时地传送活动图像信息。利用摄像设备，值班人员通过控制中心的监视器可以直接观察、监控摄像现场的情况。可以通过远程遥控装置，控制摄像机改变摄像角度、方位、镜头焦距等技术参数，从而实现对现场大区域的观察和近距离的特写，并可以通过录像设备进行记录取证。

视频监控是各行业重点部门或重要场所进行实时监控的物理基础，管理部门可通过它获得有效数据、图像或声音信息，对突发性异常事件的过程进行及时监视和记忆，以便高效、及时地指挥和调度布置警力、及时处置等。随着当前人工智能、大数据、物联网技术的迅速发展和推广，全世界掀起了一股强大的数字化、智能化浪潮，各种设备数字化、智能化已成为安全防护的首要目标。视频监控画面可实时显示，单路调节录像图像质量，每路录像速度可分别设置，快速检索，可以设定多种录像方式，自动备份，可控制云台/镜头，进行网络传输等。

视频监控系统可以通过遥控摄像机及其辅助设备（镜头、云台等）直接观看被监视场所的一切情况，做到对被监视场所的情况一目了然。在人们无法直接观察的场合，视频监控系统却能实时、形象、真实地反映被监视控制对象的画面，成为人们在现代化管理中一种极为有效的观察、记录手段。由于它具有在控制中心操作就可观察许多区域，甚至远距离区域的独特功能，因此在城市交通管理、公安、司法、金融、教育等行业得到了广泛应用。

3.1.1　视频监控系统的组成

典型的视频监控系统主要由摄像部分、传输部分、控制部分、显示和记录部分组成，如图 3-1 所示。

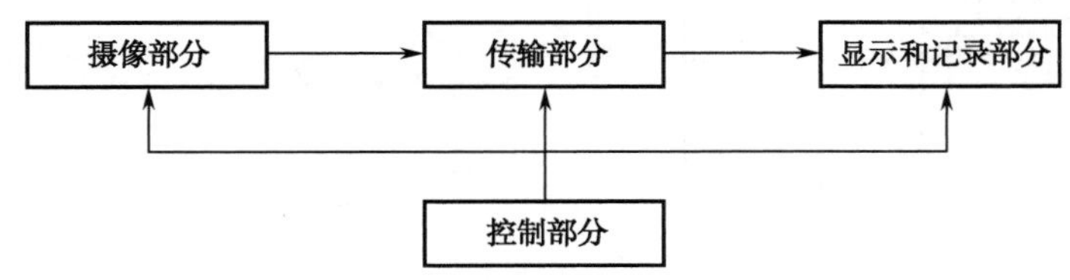

图 3-1　视频监控系统的组成

摄像部分是视频监控系统的前端部分，是整个系统的“眼睛”。当被监视场所区域较大时，在摄像机上加装变焦距镜头，可使摄像机所能观察的距离更远、图像更清晰。还可把摄像机安装在电动云台上，通过云台带动摄像机进行水平和垂直方向的转动，从而使摄像机能覆盖的角度更广。在某些情况下，特别是在室外应用的情况下，为了防尘、防雨、抗高/低温、抗腐蚀等，对摄像机及其镜头还应加装专门的防护罩，甚至对云台也要有相应的防护措施。

传输部分是系统的图像信号、控制信号的通路。传输部分的主要功能是完成系统中各种信号的传递。根据监视、监控点距离监控中心的距离采用不同的传输介质，大致可分为同轴线缆、网络、光缆、无线等传输方式。以上传输方式各有优缺点，在实际工程中可根据现场及用户需求采用。传输部分要求对前端摄像机拍摄的图像进行实时传输，同时要求传输损耗小，具有可靠的传输质量，图像在录像控制中心能够清晰地还原显示。

控制部分是视频监控系统的核心，它完成视频监视信号的采集、图像压缩、监控数据记录和检索、硬盘录像、给前端发送控制信息等功能。它的核心单元是采集、压缩、控制单元，其通道的可靠性、运算处理的快速性、录像检索的便利性直接影响整个系统的性能。控制部分也是实现智能化、报警视频联动的关键部分。

显示和记录部分一般由几台或多台监视器组成。在摄像机数量不是很多、要求不是很高的情况下，一般直接将监视器接在硬盘录像机上即可。如果摄像机数量很多，并要求多台监视器对画面进行复杂的切换显示，则须配备解码器来实现。

3.1.2　视频监控的结构模式

根据对视频图像信号处理/控制方式的不同，视频监控系统的结构可分为以下几种模式。

（1）简单对应模式：监视器和摄像机简单对应，如图 3-2 所示。

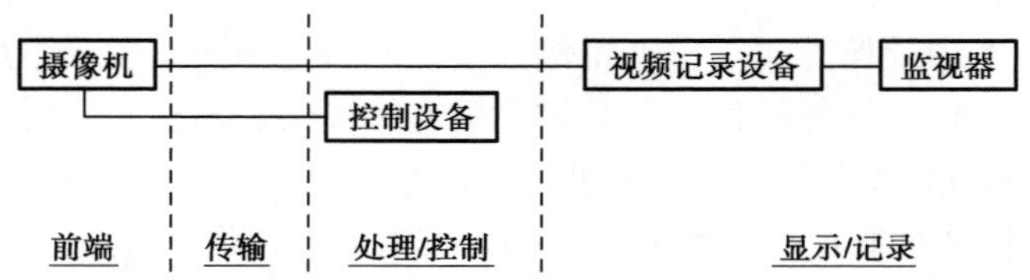

图 3-2 简单对应模式

（2）时序切换模式：视频输出中至少有一路可进行视频图像的时序切换，如图 3-3 所示。

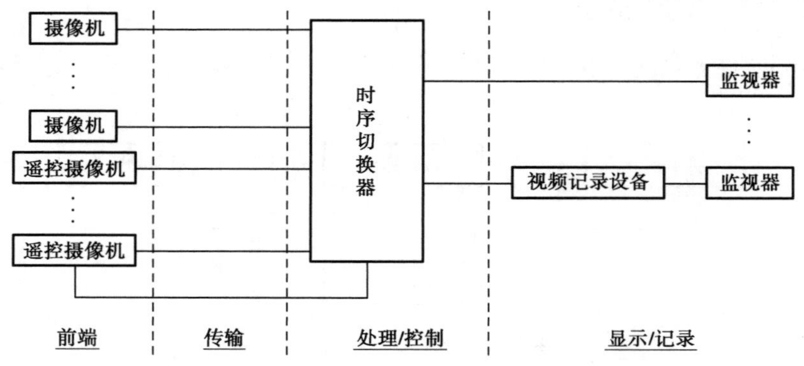

图 3-3 时序切换模式

（3）矩阵切换模式：可以通过任一控制键盘，将任意一路前端视频输入信号切换到任意一路输出监视器上，并可编制各种时序切换程序，如图 3-4 所示。

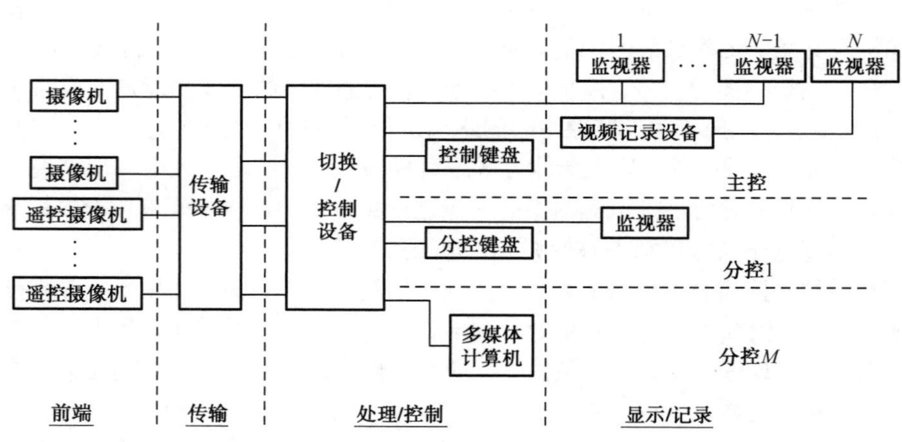

图 3-4 矩阵切换模式

（4）数字视频网络虚拟交换/切换模式：模拟摄像机增加数字编码功能，被称作网络摄像机，数字视频前端也可以是别的数字摄像机。数字交换传输网络可以是以太网和 DDN、SDH 等传输网络。数字编码设备可采用具有记录功能的 DVR 或视频服务器，数字视频的处理、控制和记录措施可以在前端、传输和显示的任何环节实施，如图 3-5 所示。

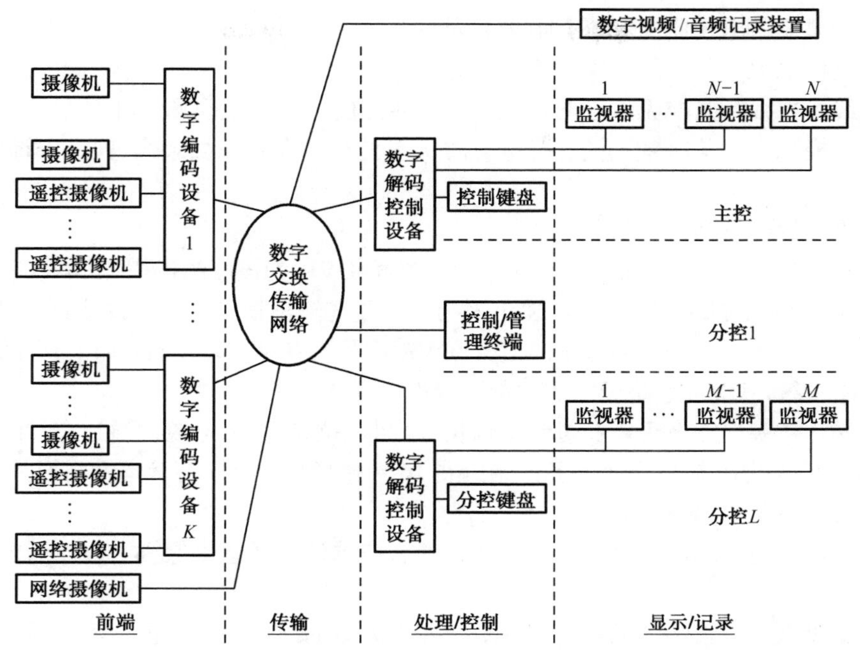

图 3-5　数字视频网络虚拟交换/切换模式

3.1.3　视频监控的演变历史

视频监控系统经过二十余年的发展，从最早的模拟监控到现在的智能视频监控，可以说发生了巨大的变化。从技术角度出发，视频监控系统的发展经历了三代，即第一代模拟视频监控系统（CCTV）；第二代基于“PC＋多媒体卡”的“模拟-数字”视频监控系统（基于 DVR）；第三代网络视频监控系统（基于 DVS）。目前，智能化监控也成为视频监控系统的重要应用主体。

1. 模拟视频监控系统

模拟视频监控系统主要由摄像机、视频矩阵、监视器、磁带录像机等组成，利用视频传输线将来自摄像机的视频连接到监视器上，利用视频矩阵主机，采用键盘进行切换和控制，录像采用使用磁带的长时间录像机，远距离图像传输采用模拟光纤，利用光端机进行视频传输。

在 20 世纪 90 年代以前，主要是以模拟设备为主的闭路电视监控系统，称为第一代模拟视频监控系统，其设备连接如图 3-6 所示。图像信息采用视频电缆以模拟方式传输，一般传输距离不能太远，主要应用于小范围内的监控，监控图像通常只能在控制中心查看。

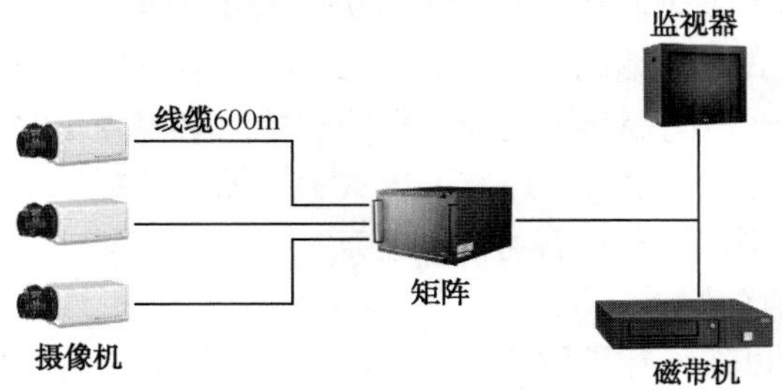

图 3-6　模拟视频监控设备连接图

传统的模拟闭路电视监控系统有很多局限性。

（1）有线模拟视频信号的传输对距离十分敏感。

（2）有线模拟视频监控无法连网，只能以点对点的方式监视现场，使得布线工程量极大。

（3）有线模拟视频信号数据的存储会耗费大量的存储介质（如录像带），查询取证时十分烦琐。

2. “模拟-数字”视频监控系统

“模拟-数字”视频监控系统是以数字硬盘录像机 DVR 为核心的半模拟-半数字方案，其设备连接如图 3-7 所示，从摄像机到 DVR 仍采用同轴线缆输出视频信号，通过 DVR 同时支持录像和回放，并可支持有限 IP 网络访问。由于 DVR 产品五花八门，没有标准，所以这一代系统是非标准封闭系统，DVR 系统仍存在大量局限性。

（1）“模拟-数字”方案仍需在每台摄像机上安装单独的视频电缆，导致布线复杂。

（2）DVR 的典型限制是一次最多只能扩展 16 台摄像机。有限可管理性需要外部服务器和管理软件来控制多个 DVR 或监控点。

（3）远程监视与控制能力有限，不能从任意客户端访问任意摄像机，只能通过 DVR 间接访问摄像机。

（4）存在磁盘发生故障的风险，“模拟-数字”方案的录像没有保护，容易导致丢失。

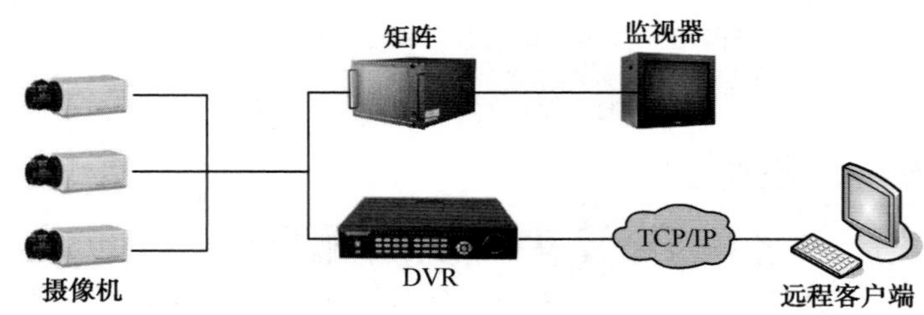

图 3-7 “模拟-数字”视频监控设备连接图

3. 网络视频监控系统

20 世纪 90 年代末，随着网络技术的发展，出现基于嵌入式 Web 服务器技术的远程网络视频监控，从而带来了网络视频监控技术的发展。其主要原理是：视频服务器（DVS）内置一个嵌入式 Web 服务器，采用嵌入式实时操作系统。摄像机等传感器传送来的视频信息，由高效压缩芯片压缩，通过内部总线传送到内置的 Web 服务器。网络上的用户可以直接利用浏览器观看 Web 服务器上的图像信息，授权用户还可以控制传感器的图像获取方式。这类系统可以直接连入以太网，省掉了各种复杂的电缆，具有方便灵活、即插即看等特点。同时，用户也无须使用专用软件，仅用浏览器即可。网络视频监控设备连接如图 3-8 所示。

基于嵌入式技术的网络视频监控系统不需要处理模拟视频信号的 PC，而是把摄像机输出的模拟视频信号通过嵌入式视频编码器直接转换成 IP 数字信号。嵌入式视频编码器具备视频编码处理、网络通信、自动控制等强大功能，直接支持网络视频传输和网络管理，使得监控范围达到前所未有的广度。除编码器外，还有嵌入式解码器、控制器、录像服务器等独立的硬件模块，它们可单独安装，不同厂家设备可实现互连。

网络视频监控系统的优势如下。

（1）网络视频监控可以在计算机网络（局域网或广域网）上传输图像数据，基本上不受距离限制，信号不易受干扰，可大幅提高图像品质和稳定性。

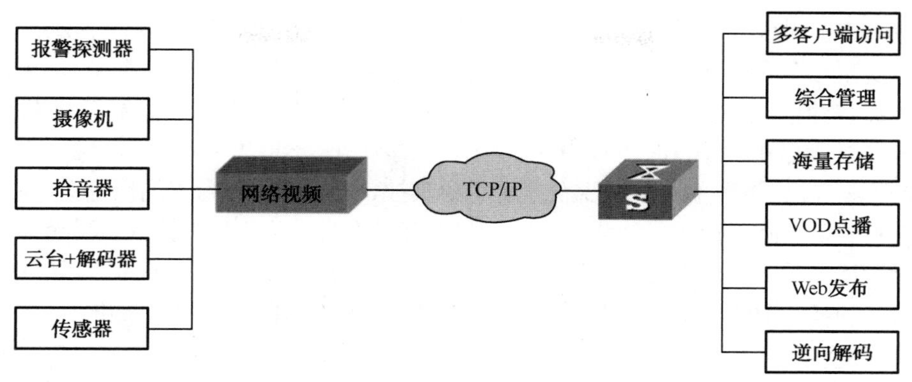

图 3-8 网络视频监控设备连接图

（2）网络视频监控可利用计算机网络连网，网络带宽可复用，无须重复布线。

（3）数字化存储，经过压缩的视频数据可存储在磁盘阵列中或保存在光盘中，查询十分简便快捷。

（4）可使用冗余存储器，可同时利用 SCSI、RAID 等备份存储技术永久保留监视图像，不受硬盘驱动器故障影响。

上述三种监控系统的产品及主要技术如表 3-1 所示。

表 3-1 监控产品及主要技术

监控发展演变	主 要 技 术	核 心 产 品
模拟监控	电视、电子技术	摄像机、矩阵主机
数字监控	视频编/解码技术	数字硬盘录像机（DVR）
网络监控	IT 技术	视频服务器（DVS）软件平台

4. 智能视频监控系统

常规视频监控系统完全靠人力来实现“监”与“控”，存在监控人员注意力不集中和易疲劳、只能事后查验不能预防或制止、存储要求高及检索困难等问题，智能视频监控系统则利用视频分析技术，代替人眼、人脑完成监控环节的工作，可实现实时预警、主动预警、全天候监控和按需监控等功能。

智能视频监控系统是采用图像处理、模式识别和计算机视觉技术，通过在监控系统中增加智能视频分析模块，借助计算机强大的数据处理能力过滤掉视频画面中的无用或干扰信息，自动识别不同物体，分析、抽取视频源中关键有用信息，快速、准确定位现场情况，判断监控画面中的异常情况，并科学、快速地发出警报或触发其他动作，从而有效进行事前预警、事中处理、事后查证的全自动、全天候、实时监控的智能系统。智能视频监控系统设备连接如图 3-9 所示。

图像技术应用研究为图像识别、内容分析提供了条件，图像内容智能分析通过图像关联来实现目标的识别、行为分析和预测等，通常以视频监控系统为基础平台，是监控系统智能化的方向和实现途径。目前智能分析技术已经广泛应用于各种安防领域，根据其实现的方式进行区分，可概括为以下几种类型。

1）诊断类智能分析

诊断类智能分析主要分为诊断和补偿，如环境的影响主要包括雨、雪、大雾等恶劣天气，夜间低照度情况，摄像头被遮挡或偏移，摄像头抖动等，智能视频监控系统能够做到在恶劣的视频环境下实现较正常的监控功能。当受环境影响视频不清楚时，尽早发现画面中的人，或者判断摄像头偏移的情况后发出报警。此类功能关键技术点是在各种应用场合下，均能够较稳定地输出智能分析的信息，尽量减少环境对视频监控的影响。诊断类智能分析主要针对视频图像出现的雪花、滚屏、模糊、偏色、增益失衡、云台失控、画面冻结等常见的摄像头故障、视频信号干扰、视频质量下降进行准确的分析、判断和报警。诊断类智能分析技术实现起来较为简单，通常以后端管理平台的形式出现，在大型的监控项目，特别是城市级监控的日常运维中作用十分明显。目前一些基于 DSP 的智能分析设备、DVR 和 DVS 等都自带该项辅助功能。

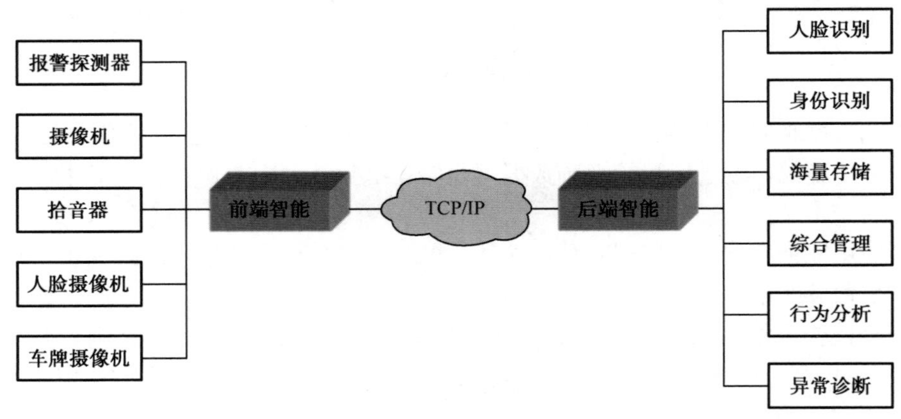

图 3-9　智能视频监控系统设备连接图

2）识别类智能分析

识别类智能分析就是识别监控系统中的人员和物品，其中包括目前广泛应用的人脸识别、车牌号识别、车辆类型识别、船只识别、红绿灯识别等。识别类的智能监控系统技术应用，最关键的要求是识别的准确率。该项技术偏向于对静态场景的分析处理，通过图像识别、图像比对及模式匹配等核心技术，实现对人、车、物等相关特征信息的提取与分析。在对车的识别分析应用上主要是车牌识别技术。车牌识别技术被广泛应用于各停车场出入口、高速公路收费站等地，近年来更是发展迅速：配合交通电子卡口系统，车牌识别技术被大量用于车辆交通违章的抓拍，有效降低了车辆交通违章数量，大大减少了交通事故的发生。识别类智能分析技术常常应用于道路监控、金融、航道管理等，主要是提供识别记录和分级管理的依据。

3）行为类智能分析

行为类智能分析侧重于对动态场景的分析处理，主要包括虚拟警戒线、虚拟警戒区域、自动 PTZ 跟踪、人数统计、车流统计、物体出现和消失、人员突然奔跑、人员突然聚集等。典型的功能有：车辆逆行及相关交通违章检测、防区入侵检测、围墙翻越检测、绊线穿越检测、物品偷盗检测、占道经营检测和客流统计等。移动侦测（VMD）是该类智能分析中的“早期智能”。随着技术的发展，行为类智能分析一般是对某个过程进行判断，一旦发现异常情况，如有人进入警戒区域、人员迅速聚集等，就发出报警信息，提醒值班监控人员关注相应热点区域。因此要求统计数据的准确率，尽量降低误差。运动轨迹识别处理类的技术，受实际监控应用场景的影响非常大。此类技术的关键是能够尽快发现异常，尽量避免遗漏，提高预报的准确率。此类功能主要应用于平安城市建设、商业监控等。

在技术进步的推动下，视频监控系统正在向网络化、智能化方向发展，具有智能分析功能的新一代监控系统将大大扩展视频监控的应用领域，除传统的安防应用外，人体行为和智能交通将开辟大量新兴应用市场。但也要看到，视频监控系统的智能化是逐步发展的过程，其不可能解决目前监控系统的所有问题，要经过不断的技术积累，特别是核心技术的突破。只有积极地选择合适的场合应用智能视频分析技术，让人们认识到它的作用，改进它的不足，才能促进其不断发展。

3.2　摄像机的原理与应用

3.2.1　摄像机的扫描制式

在视频监控系统中，摄像机是最重要的设备，其中作为生成图像信息的传感器在大多数情况下基本上决定了全系统的图像质量。摄像机作为系统的前端设备，在系统中使用量最大，要求在各种环境条件下（公开、隐蔽、光照、气候）都能获得良好的图像。

摄像机把现场景物的光学图像转变为电信号，传送到远端后，再由监视器还原为光学图像。在此，摄像机必须完成以下两个转换。

（1）将光学图像转换为电图像。通过光学系统将一个三维空间的光学图像成像在一个焦平面上，摄像机将光学图像转换为电信号。电信号的多少、大小与光信号的强弱、高低成比例。这一转换是由光电器件来完成的。

（2）把空间分布的电图像信号转换为时间顺序的电信号。由光学图像转换成的电图像信号还不是可以远距离传播的电信号，必须进一步转换，使之成为时间轴上连续的电信号，才能成为一种可变换、处理、传送的电信号。这个转换通过名为“扫描”的过程来实现。

扫描是把空间分布的电图像转换为时间连续的电信号的过程，同时也是对图像分解的过程。对图像的分解越细致，对图像细节的描述越充分，图像信号载有的信息量就越大。

1. 图像分解

扫描是对一帧图像的分解，通常是把一帧图像在垂直方向上分解成若干条线。因此，扫描是在水平方向上完成一行后，再向下移动一行，前者称为水平扫描（行扫描），后者称为垂直扫描（场扫描）。一帧图像分解成的线数越多，图像就越细致，图像的分辨能力也越高。

对一帧图像进行分解（扫描）仅是对一幅静止的图像的处理，对于运动（连续）的图像，必须用多个连续的单帧图像的组合来描述。根据人眼视觉暂留的生理特征，通常每秒有 20 几帧图像，就会感觉到是一个连续的图像效果。电视就是用每秒扫描 25 帧图像的方法描述运动的图像。单位时间内扫描图像的帧数称为帧频（场频）。单位时间图像的帧数和扫描对图像的分解，表示对图像信息的表达能力（空间分辨或图像细节、时间分辨或连续性）。图 3-10 所示为图像扫描示意图。

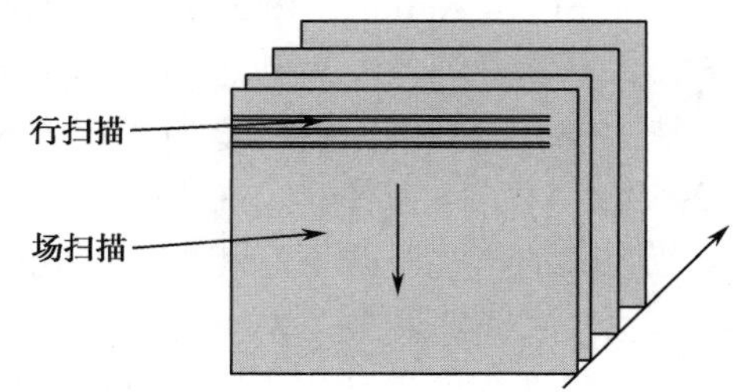

图 3-10　图像扫描示意图

2. 图像扫描

电视扫描由以下两个过程组成。

（1）行扫描：从左向右（水平方向）的扫描。

（2）场扫描：从上向下（垂直方向）的扫描。

图像扫描通常有以下两种方式。

（1）逐行扫描：垂直扫描是按水平扫描线逐行由上向下进行的。计算机显示器通常采用这种方式。

（2）隔行扫描：将一帧图像分为两场图像，一场由奇数行组成，称为奇数场；一场由偶数行组成，称为偶数场。两场分别进行图像扫描，完成奇数场扫描后，再进行偶数场扫描。两场扫描叠加起来，构成一帧图像。现行电视扫描就是这种方式，目的是减轻图像的闪烁现象。图3-11所示为隔行扫描的图像帧与图像场的关系。

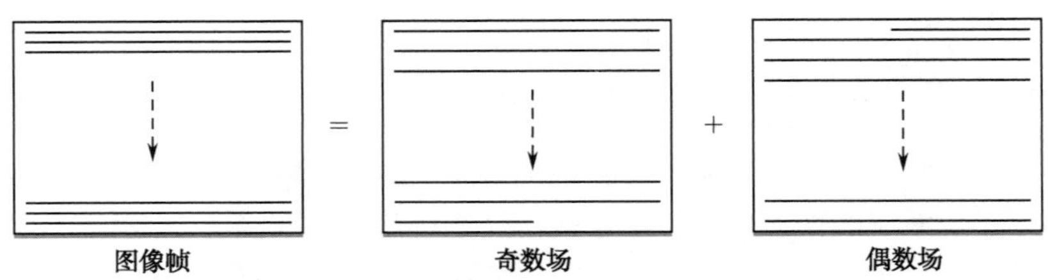

图3-11　隔行扫描（一帧两场）

电视系统有以下两个基本参数。

（1）行频：行扫描的频率，等于帧频乘以一帧图像的扫描行数。

（2）帧（场）频：每秒扫描图像的帧（场）数。

图像的分解表示对图像描述的细致程度，行数越多，对图像细节的表示越充分。描述得越细致，所需的频带越宽。显然，这要受到当时技术条件的限制。因此，在确定这些参数时要充分利用人视觉的生理特性，即根据视觉的空间分辨能力确定图像分解的线数，根据视觉的暂留特性确定每秒表示图像的帧数。

3. 电视制式

电视信号的标准简称制式，可以简单地理解为用来实现电视图像或声音信号所采用的一种技术标准（一个国家或地区播放节目时所采用的特定制度和技术标准）。

世界上主要使用的电视制式有PAL、NTSC、SECAM三种，中国大部分地区使用PAL制式，日本、韩国及东南亚地区与美国等国家使用NTSC制式，俄罗斯则使用SECAM制式。

NTSC和PAL属于全球两大主要的电视制式。

NTSC是National Television System Committee的缩写，其标准主要应用于日本、美国、加拿大、墨西哥等，PAL则是Phase Alternating Line的缩写，主要应用于中国、中东地区和欧洲一带。PAL制式画面解析度为720×576，约40万像素，25帧，而NTSC制式的画面解析度为720×480，约34万像素，30帧。

各国的电视制式不尽相同，制式的区分主要在于其帧频（场频）、分解率、信号带宽及载频、色彩空间的转换关系不同等。

我国现行电视制式规定：每帧图像分解为625线，每秒有25帧图像。因此，其行频为15 625Hz，帧频为25Hz，场频为50Hz。可以说，在当时的技术条件下，这是最好的了。随着技术的发展，人们对图像又提出了更高的要求，希望采用最新的技术，去获得更好的视觉效果。于是出现了高清晰度电视，它要求帧频加倍、每帧图像的扫描线数加倍。

新的视频技术，特别是数字视频都是采用像素的阵列来表示图像的，一帧图像可以分解为若干成矩形阵列排列的有一定几何尺寸的微小单元，这些微小单元称为像素。

3.2.2 图像传感器

图像传感器是一种将光学图像转换成电子信号的设备，又叫感光元件，是安防摄像机的核心传感器件。图像传感器在摄像机中将光信号转换为图像电信号。自从 20 世纪 60 年代末期，美国贝尔实验室提出固态成像器件概念后，固体图像传感器便得到了迅速发展，成为传感技术中的一个重要分支，它是 PC 多媒体不可缺少的外设，也是监控中的核心器件。图像传感器有互补金属氧化物半导体（CMOS）图像传感器与电荷耦合器件（CCD）图像传感器两种。图像传感器芯片外形如图 3-12 所示。

图 3-12 图像传感器芯片外形

1. CCD 图像传感器

CCD（Charge Coupled Device）称为电荷耦合器件，它是 20 世纪 70 年代初受磁泡存储器的启发作为金属氧化物半导体（Metal Oxide Semiconductor，MOS）技术的延伸而产生的一种半导体器件。

CCD 是由一行行紧密排列在硅衬底上的 MOS 电容器构成的。它是一种把信息转化为电荷包形式并进行存储、转移的器件，可作为移位寄存器和模拟延时线来用。在摄像机中，CCD 起转换器的作用，它把光强度随空间分布的变化（在 CCD 靶面上各像素点的光照度不同）转换成电信号随时间的变化（以时间轴为基准，CCD 传感器在不同时刻输出的电压值是不同的）。

CCD 就像传统摄像机的底片一样，是感应光线的电路装置，好比一颗颗微小的感应粒子，铺满在光学镜头后方，当光线从镜头透过投射到 CCD 表面时，CCD 就会产生电流，将感应到的内容转换成数码资料存储起来。CCD 像素越多、单一像素尺寸越小，收集到的图像就会越清晰。

CCD 主要由一个类似马赛克的网格、聚光镜片及垫于底部的电子线路矩阵组成，如图 3-13 所示。

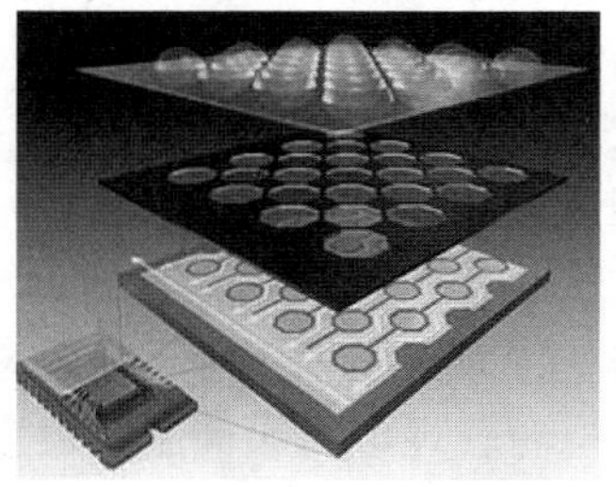

图 3-13 CCD 组成示意图

2. CMOS 图像传感器

CMOS 图像传感器的主要组成部分是像敏单元阵列和 MOS 场效应管集成电路，而且这两部分是集成在同一硅片上的。像敏单元阵列实际上是光电二极管阵列，它也有线阵和面阵之分。像敏单元阵列按 H 和 V 方向排列成方阵，方阵中的每一个像敏单元都有它在 H、V 方向上的地址，并可分别由两个方向的地址译码器进行选择。图 3-14 所示为 CMOS 图像传感器像素阵列。每一列像敏单元都对应一个列放大器，列放大器的输出信号分别接到由 H 方向地址译码控制器选择的模拟多路开关，并输出至输出放大器；输出放大器的输出信号送往 A/D 转换器进行模数转换，经预处理电路处理后通过接口电路输出。图 3-14 中所示的时序信号发生器为整个 CMOS 图像传感器提供各种工作脉冲，这些脉冲均可受控于接口电路发来的同步控制信号。

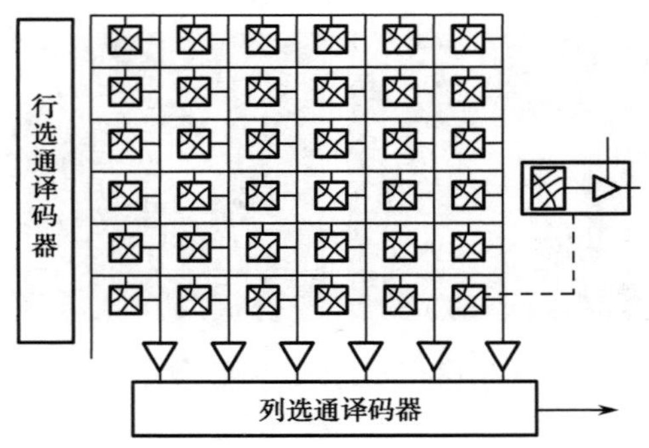

图 3-14　CMOS 图像传感器像素阵列

CMOS 图像传感器采用一般半导体电路最常用的 CMOS 工艺，具有集成度高、功耗小、速度快、成本低等特点，最近几年在宽动态、低照度方面发展迅速。CMOS 即互补性金属氧化物半导体，主要是利用硅和锗两种元素做成的半导体，通过 CMOS 上带负电和带正电的晶体管来实现基本的功能。这两个互补效应所产生的电流可被处理芯片记录和解读成影像。

3. CCD 图像传感器与 CMOS 图像传感器的对比

目前，CCD 图像传感器的技术比较成熟，在尺寸方面也具有一定的优势，但其工艺复杂、成本高、耗电量大、像素提升难度大等问题也是不可忽略的。而 CMOS 图像传感器由于制造工艺简单，因此可以在普通半导体生产线上生产，其制造成本比较低廉。

在模拟摄像机和标清网络摄像机中，CCD 图像传感器的应用最为广泛，长期以来都在市场上占有主导地位。CCD 图像传感器的特点是灵敏度高，但响应速度较低，不适用于高清监控摄像机采用的高分辨率逐行扫描方式，因此进入高清监控时代以后，高清监控摄像机普遍采用 CMOS 感光器件。

CMOS 图像传感器和 CCD 图像传感器两者之间的差异已经讨论得非常多了，主要体现在灵敏度、成本、噪声、功耗等几个方面。

（1）在像素尺寸相同的情况下，CMOS 图像传感器的灵敏度要低于 CCD 图像传感器。

（2）CCD 图像传感器的成本比 CMOS 图像传感器高。

（3）相同尺寸的 CCD 图像传感器分辨率通常优于 CMOS 图像传感器。

（4）与 CCD 图像传感器相比，CMOS 图像传感器的噪声更大。

（5）CCD 图像传感器除了在电源管理电路设计上的难度更高之外，高驱动电压更使其功耗远高于 CMOS 图像传感器的水平。

表 3-2 列出了 CCD 和 CMOS 两种图像传感器的性能比较。

表 3-2 CCD 与 CMOS 图像传感器性能比较

类　别	CCD 图像传感器	CMOS 图像传感器
生产线	专用	通用
成本	高	低
集成状况	低，需要外接芯片	单片高度集成
系统功耗	高（1）	低（1/100～1/10）
电源	多电源	单一电源
电路结构	复杂	简单
灵敏度	优	良
信噪比	优	良
图像	顺次扫描	同时读取
模块体积	大	小

CMOS 图像传感器与 CCD 图像传感器相比最主要的优势就是非常省电。不像由二极管组成的 CCD 图像传感器，CMOS 图像传感器电路几乎没有静态电量消耗，这就使得 CMOS 图像传感器的耗电量只有普通 CCD 图像传感器的 1/3 左右。CMOS 图像传感器重要的问题在于处理快速变换的影像时，由于电流变换太频繁而过热，所以需要对暗电流进行控制，避免出现噪点。

虽然以 CMOS 技术为基础的百万像素摄像机产品在低照度环境和信噪处理方面存在不足，但这并不会从根本上影响它的应用前景。CMOS 图像传感器的效果会越来越接近 CCD 图像传感器的效果，并且 CMOS 设备的价格会低于 CCD 设备。

目前安防行业摄像机使用的 CMOS 图像传感器多于 CCD 图像传感器，尽管相同尺寸的 CCD 图像传感器分辨率优于 CMOS 图像传感器，但如果不考虑尺寸限制，CMOS 图像传感器在良率上的优势可以有效克服大尺寸感光元件制造的困难，这样 CMOS 图像传感器在更高分辨率下将更有优势。另外，CMOS 图像传感器的响应速度比 CCD 图像传感器快，因此更适合高清监控中大数据量的特点。

CCD 图像传感器提供了很好的图像质量、抗噪能力和相机设计时的灵活性。尽管由于增加了外部电路使得系统的尺寸变大，复杂性提高，但在电路设计时可更加灵活，可以尽可能地提升 CCD 相机的某些特别关注的性能。CCD 图像传感器更适合于对相机性能要求非常高而对成本控制不太严格的应用领域，如天文、高清晰度的医疗 X 光影像，以及其他需要长时间曝光、对图像噪声要求严格的科学应用。

CMOS 图像传感器是能应用当代大规模半导体集成电路生产工艺来生产的图像传感器，具有成品率高、集成度高、功耗小、价格低等特点。CMOS 技术是世界上许多图像传感器半导体研发企业试图用来替代 CCD 的技术。经过多年的努力，CMOS 图像传感器已经克服早期的许多缺点，发展到了在图像品质方面可以与 CCD 图像传感器较量的水平。CMOS 图像传感器更适合应用于要求空间小、体积小、功耗低而对图像噪声和质量要求不是特别高的场合，如大部分有辅助光照明的工业检测应用、安防保安应用和大多数消费型商业数码相机应用。

3.2.3 摄像机的工作原理及参数

1. 黑白 CCD 摄像机

摄像机有黑白和彩色之分，下面主要介绍 CCD 摄像机的电路原理和目前应用最普遍的 CCD 摄像机。

黑白 CCD 摄像机电路如图 3-15 所示。

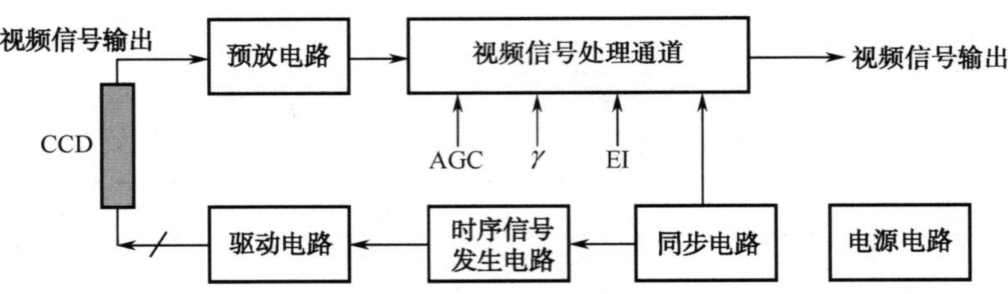

图 3-15 黑白 CCD 摄像机电路

1）CCD 的外围电路

CCD 的外围电路包括时序信号发生电路和驱动电路，它要提供 CCD 各电极的工作电压，使 CCD 处于正常的工作状态。在同步信号的控制下产生各驱动电极所需电压的波形和相位，并通过驱动电路按额定值供给相应的电极，使 CCD 按电视扫描的时间顺序进行电荷转移，顺序读出各像素的信息，形成图像信号。驱动电压有两组，一组是供给 MOS 单元和垂直移位寄存器的垂直转换电压（VD），另一组是供给水平移位寄存器的水平转换电压（HD）。

2）同步电路

同步电路的功能是产生同步信号，并与图像信号复合产生符合电视制式规定的电视信号。它的作用是使图像信号带有空间位置信息，使接收设备能够正确地还原图像。通常是由时钟的分频电路产生系统的场频脉冲和行频脉冲，再按电视扫描的时序关系，产生极性、幅度、宽度符合规定的复合同步信号（包括场同步、行同步及消隐信号）。与图像信号复合后的电视信号又称复合电视信号或全电视信号。彩色复合电视信号还包含色度信号和色同步信号。彩色摄像机的彩色副载波也是由同步电路产生的。摄像机如具有电源锁相功能（又称电源同步方式），则同步电路应与摄像机供电电源（交流）的相位锁定。

3）预放电路

由 CCD 输出的图像信号是很微弱的，首先要进行放大处理，预放电路对图像信号的 S/N 有较大的影响，因此在设计时要十分慎重。CCD 摄像机的预放电路必须具备取样保持功能，因为 CCD 输出的图像信号是离散的，也就是说 CCD 输出电路输出的波形只有一部分是图像信号，其余是复位电平和干扰，必须通过取样和保持电路使之平滑成连续的，并真实表示像素光电转换状态的图像信号，相关双取样技术（CDS）是最常用的方式。为保证取样的精确性，取样脉冲是由驱动电路提供的。

4）图像信号处理电路

图像信号处理电路又称视频信号处理通道。它将预放后的图像信号进行适当的处理，最后与同步信号复合，经输出电路产生摄像机的输出——复合电视信号（视频信号）。摄像机对图像信号所做的处理主要有以下几种。

（1）自动增益控制（AGC）。这是视频通道增益的控制，摄像机输出的视频信号必须达到电视传输规定的标准电平，即 0.7Vp-p。为了在不同的景物照度条件下都能输出标准视频信号，必须使放大器的增益能够在较大的范围内进行调节。这种增益调节通常都是通过检测视频信号的平均电平而自动完成的，实现此功能的电路称为自动增益控制电路，简称 AGC（Automatic Gain Control）电路。它根据摄像机输出信号电平的高低，通过负反馈自动调节通道放大器的增益，保证摄像机有一个相对稳定的输出。由于摄像机的输出信号与摄像机的进光量成正比，因此，视频通道的增益调整起到补偿摄像机进光量变化、扩大摄像机动态范围的作用。

（2）γ 校正。它是电视系统的一种预失真处理，是对显示设备电/光转换非线性的补偿。由于在广播电视系统中，信号源（摄像机端）是少量设备，而接收显示设备为大量的设备，因此对后者的失真，采用前者的预失真进行补偿是经济、方便的方法。所谓预失真，就是按显像管的电/光转换特性的相反特性，设定摄像机的光/电转换特性，两个特征曲线复合在一起，使整个电视系统得到一个线性的光/电特性。系统能够真实地还原图像，而且人的视觉效果为最佳。摄像机预失真的光/电转换特征曲线通常为 2^{γ}，γ 值一般取 0.4～1。

（3）电子光圈（EI）。这是 CCD 摄像机特有的功能，也是它的特点之一。CCD 势阱在场扫描的正程期间进行电荷的存储和积累，在场扫描的逆程期间进行转移，如果景物的亮度过高，CCD 感光面接收的光强过大，积累电荷过多，会造成图像过饱和（白），这种情况通常超出了 AGC 的调整范围。如果整个感光面都是如此，甚至出现势阱容不下过多的电荷而溢出，图像将失去层次感，无法观察。CCD 的溢出控制功能可以解决这个问题，通过泄放部分积累的电荷，避免出现过饱和现象。这种调节相当于控制每场周期内电荷积累的时间（等同于摄影的曝光时间），起到相当于改变镜头光圈的作用，因此称为电子光圈（快门）。图像信号处理电路主要根据图像信号的电平来生成控制脉冲，通过驱动电路改变 CCD 的电荷积累时间。EI 的调节范围要比 AGC 大，在光照条件变化不是很大的情况下，可以代替自动光圈镜头的作用，而且减少了积累时间，有利于拍摄清晰的运动图像。

目前，视频通道采用 DSP（数字信号处理器）非常普遍。在处理视频信号时，先通过 A/D 转换将模拟图像信号数字化，然后在数字方式下进行上述各种处理，最后经 D/A 转换，还原为模拟视频信号，作为摄像机的输出信号。这种摄像机不是数字摄像机，只是采用数字处理技术的模拟摄像机。

5）电源电路

电源电路向摄像机所有电路供电。CCD 摄像机的供电方式主要有直流、低压交流（AC 24V）和高压交流（AC 220V）。电源电路将输出电源电压转换成不同电路所需的、各种幅度的直流电压，并保证提供足够的功率。

2. 彩色 CCD 摄像机

为了能输出彩色电视信号，摄像机电路中要处理红（R）、绿（G）、蓝（B）三种基色信号。因此，首先要对景物的光学图像进行分光（色），把一帧图像分解为三个基色分量图像。仿照早期的三个摄像管式的摄像机工作原理，最初的彩色 CCD 摄像机都是由三片 CCD 图像传感器配合彩色分光棱镜及彩色编码器等部分组成的。随着技术的不断进步，通过在 CCD 靶面前覆盖特定的彩色滤光材料，用两片甚至单片 CCD 图像传感器也可以输出红、绿、蓝三种基色信号，从而构成两片式或单片式彩色 CCD 摄像机。目前的三片式彩色 CCD 摄像机属于高档产品，几乎全部用于广播电视系统及高档民用系统，而应用于视频监控系统中的彩色摄像机则绝大多数都是单片式的。

1）三片式彩色 CCD 摄像机

图 3-16 所示为三片式彩色 CCD 数字摄像机框图。

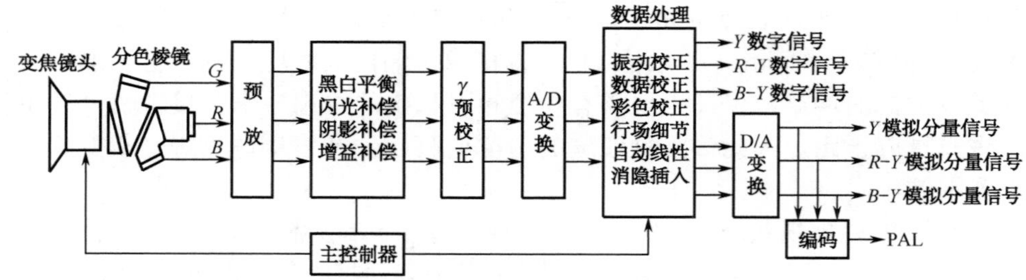

图 3-16　三片式彩色 CCD 数字摄像机框图

被摄物体的光线从镜头进入摄像机后被分色棱镜分为红、绿、蓝三路光线投射到三片 CCD 传感器上，分别进行光电转换后变为三路电信号 *R*、*G*、*B*。该信号经预先放大和补偿后送入 A/D 变换器，变换成相应的三路数字信号，再送入数字处理器进行各种校正、补偿等处理，最后输出三路数字信号 *Y*、*R*-*Y*、*B*-*Y*（*Y* 为亮度信号）。为了使数字摄像机适应其他模拟设备，经 D/A 变换后输出的三路模拟分量信号，最后经彩色编码后输出一路 PAL 制式全电视信号。由于每种基色光都有一片 CCD 传感器，因此可以得到较高的分辨率。

2）单片式彩色 CCD 摄像机

在监控系统中所用的彩色摄像机都是单片式彩色 CCD 摄像机。由于一片 CCD 传感器要对三种基色光感光，因而单片式彩色 CCD 摄像机的分辨率较低，但成本也降低了许多。

单片式彩色 CCD 摄像机用一个 CCD 传感器产生 R、G、B 三种颜色的信号，必须用彩色滤色器阵列（CFA）将光进行分色。

从物理结构上看，CFA 相当于在 CCD 晶片表面覆盖数十万个像素般大小的三基色滤色片，而这些微小的滤色片是按一定的规律排列的。图 3-17 列出了拜尔提出的 CFA 结构，图中标注 R、G、B 的小方块分别表示红、绿、蓝三基色滤色片。由该结构可以看出，绿色的滤色片占了全部滤色片的一半，而红色和蓝色的滤色片分别占全部滤色片的 1/4，这是因为人眼对绿色的敏感度要比对红色、蓝色的敏感度高。

R	G	R	G	R	G	R	G
G	B	G	B	G	B	G	B
R	G	R	G	R	G	R	G
G	B	G	B	G	B	G	B
R	G	R	G	R	G	R	G
G	B	G	B	G	B	G	B
R	G	R	G	R	G	R	G
G	B	G	B	G	B	G	B

图 3-17　拜尔的 CFA 结构

从各小滤色片的空间分布上看，拜尔 CFA 结构中各小滤色片的分布还是比较均匀的，但用在隔行扫描的电视摄像系统中就会出现问题。当奇数场到来时，只有奇数行的各像素被依次读出，即仅有红色和绿色信号的行被读出，画面呈黄色；当偶数场到来时，只有偶数行的各像素被依次读出，即仅有蓝色和绿色信号的行被读出，画面呈青色。因而从时间上看，画面一会儿为黄色，一会儿为青色，产生了半场频的黄青色闪烁。

实际应用中多采用图 3-18 所示的行间排列方式的 CFA 结构。在这种结构中，绿色小滤色片的排列方式不变，而红色、蓝色小滤色片被安排成每行都有，因而无论是奇数场还是偶数场，红色、蓝色信号都被均匀读出，消除了半场频的黄青色闪烁。

R	G	B	G	R	G	B	G
G	R	G	B	G	R	G	B
R	G	B	G	R	G	B	G
G	R	G	B	G	R	G	B
R	G	B	G	R	G	B	G
G	R	G	B	G	R	G	B
R	G	B	G	R	G	B	G
G	R	G	B	G	R	G	B

图 3-18　行间排列方式的 CFA 结构

图 3-19 是采用滤色器的单片式彩色 CCD 摄像机框图。单片 CCD 图像传感器输出信号为红、绿、蓝混合信号，必须通过彩色信号分离电路分解出红、绿、蓝基色信号。由于 CCD 图像传感器的输出信号是由时钟驱动脉冲控制的，与时钟脉冲有严格的对应关系，因而在取样保持电路中采用由时钟驱动脉冲形成的相位与时钟脉冲一致的脉冲取样，可分离出相应的基色信号。

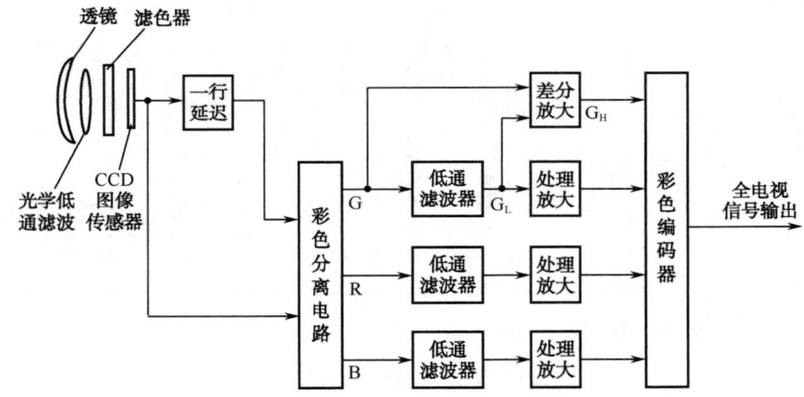

图 3-19　单片式彩色 CCD 摄像机框图

对于这种结构的摄像器件，进行隔行扫描时，光敏单元和滤色器的排列关系如图 3-20 所示。在垂直方向上，每个滤色器对应两个光敏单元；在水平方向上，每个滤色器对应一个光敏单元。而且，奇数场由各滤色器单元的上部像素承担，偶数场由各滤色器单元的下部像素承担，两个扫描合起来就可得到对应于行间排列的电信号。

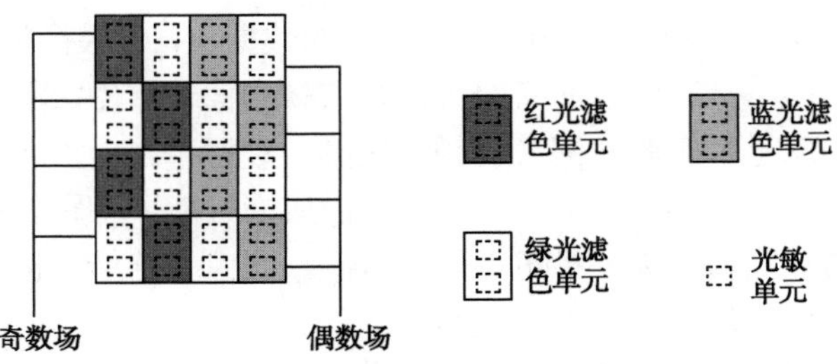

图 3-20　光敏单元和滤色器的排列关系

3. 网络摄像机

网络摄像机除具备一般传统摄像机所有的图像捕捉功能外，还内置了数字化压缩控制器和基于 Web 的操作系统，使得视频数据经压缩加密后，通过局域网、Internet 或无线网络送至终端用户。网络摄像机可以直接接入 TCP/IP 的数字化网络中，因此这种系统主要的功能就是在联网上面，通过互联网或者内部局域网进行视频和音频的传输。

网络摄像机又叫 IP Camera（简称 IPC），由网络编码模块和模拟摄像机组合而成。网络编码模块将模拟摄像机采集到的模拟视频信号编码压缩成数字信号，从而可以直接接入网络交换及路由设备。网络摄像机内置一个嵌入式芯片，采用嵌入式实时操作系统。被摄物体经镜头成像在影像传感器表面，形成微弱电荷并积累，在相关电路控制下，积累电荷逐点移出，经过滤波、放大后输入 DSP 进行图像信号处理和编码压缩，最后形成数字信号输出。另外，IPC 还可支持 Wi-Fi 无线接入、POE 供电（网络供电）和光纤接入等多种方式。网络摄像机的内部结构如图 3-21 所示。

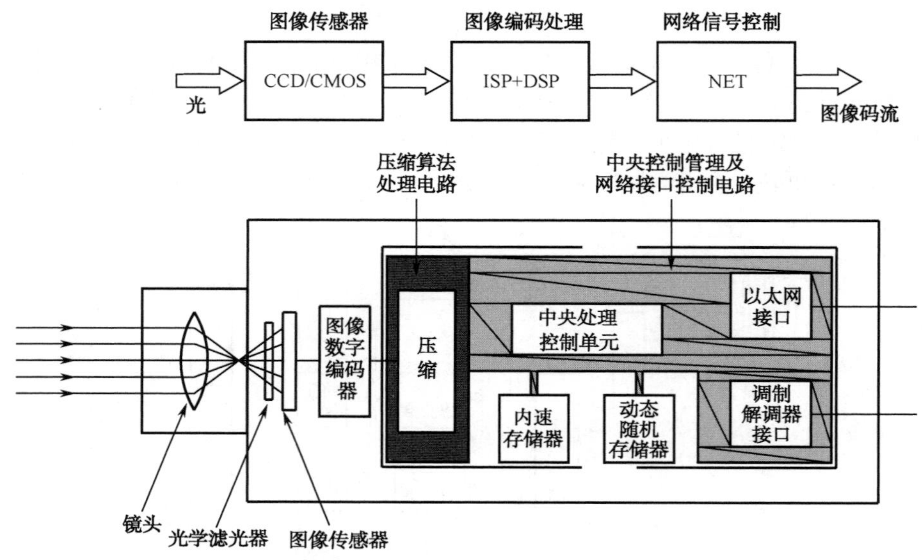

图 3-21　网络摄像机的内部结构

网络摄像机是基于网络传输的数字化设备，除具有普通复合视频信号输出接口 BNC 外，还有网络输出接口，可直接将摄像机接入本地局域网。

1）网络摄像机的原理

网络摄像机结合了传统摄像机和网络视频的技术，除具备一般的摄像机图像捕捉功能外，还能让用户通过网络实现远程视频监视、存储及对采集到的图像信息做出分析和采取相关的措施。网络摄像机将图像转换为基于 TCP/IP 网络标准的数据包，使摄像机所摄的画面通过 RJ-45 以太网接口直接传送到网络上，通过网络即可远端监视画面。首先，网络的综合布线代替了传统的视频模拟布线，实现了真正的三网（视频、音频、数据）合一，网络摄像机即插即用，工程实施简便，系统扩充方便；其次，跨区域远程监控成为可能，特别是利用互联网，图像监控已经没有距离限制，而且图像清晰，稳定可靠；再次，图像的存储、检索十分安全、方便，可异地存储、多机备份存储及快速非线性查找等。

网络摄像机一般由镜头、图像传感器、声音传感器、A/D 转换器、存储器、视频编码器、外部报警、控制接口等部分组成。

其中，ISP 为图像信号处理单元，DSP 为数字信号处理单元。

镜头作为网络摄像机的前端部件，有固定光圈、自动光圈、自动变焦、自动变倍等种类，与模拟摄像机相同。

图像传感器有 CMOS 和 CCD 两种模式。

声音传感器（即拾音器或麦克风）与传统的话筒原理一样。

A/D 转换器的功能是将图像和声音等模拟信号转换成数字信号。

基于 CMOS 模式的图像传感器模块有直接数字信号输出的接口，无须 A/D 转换器；而基于 CCD 模式的图像传感器模块若有直接数字输出的接口，也无须 A/D 转换器，但由于此模块主要针对模拟摄像机设计，只有模拟输出接口，故需要进行 A/D 转换。

图像、声音编码器将经 A/D 转换后的图像、声音数字信号，按一定的格式或标准进行编码压缩。编码压缩的目的是便于实现音/视频信号与多媒体信号的数字化，便于在计算机系统、网络上不失真地传输。

目前，图像编码压缩技术有两种：一种是硬件编码压缩，即将编码压缩算法固化在芯片上；另一种是基于 DSP 的软件编码压缩，即软件运行在 DSP 上进行图像的编码压缩。同样，声音的压缩也可采用硬件编码压缩和软件编码压缩，编码标准有 MP3 等格式。

控制器是网络摄像机的心脏，它肩负着网络摄像机的管理和控制工作。如果是硬件编码压缩，控制器是一个独立部件；如果是软件编码压缩，控制器是运行编码压缩软件的 DSP，即二者合二为一。

网络视频服务器提供网络摄像机的网络功能，它采用了 RTP/RTCP、UDP、HTTP、TCP/IP 等相关网络协议，允许用户从自己的 PC 中使用标准的浏览器，根据网络摄像机的 IP 地址对网络摄像机进行访问，观看实时图像及控制摄像机的镜头和云台。

外部报警、控制接口、网络摄像机为工程应用提供了实用的外部接口，如控制云台的 485 接口、用于报警信号输入/输出的 I/O 口。一方面，当红外探头发现有目标出现时，向网络摄像机发出报警信号，网络摄像机自动调整镜头方向并实时录像；另一方面，当网络摄像机侦测到有移动目标出现时，也可向外发出报警信号。

2）网络摄像机的功能

（1）用户管理。

① 每个组有不同的管理权限并可以任意编辑，每个用户隶属于一个组。

② 在无用户登录状态下，可以任意设定监视权限。

（2）存储功能。

① 根据用户的配置和策略，比如通过报警和定时设置将相应的视频数据集中存储到中心服务器上。

② 用户可以根据需要通过本地客户端进行录像，录像文件存放在客户端运行的计算机中。

③ 支持本地热插拔 SD 卡存储功能，支持断网情况下短时存储。

（3）报警功能。

① 实时响应外部报警输入（200ms 以内），根据用户预先定义的联动设置进行正确处理，并能给出相应的屏幕及语音提示（允许用户预先录制语音）。

② 提供一个中心报警受理服务器的设置选项，使报警信息能够主动远程通知，报警输入可以来自连接的各种外设。

③ 对视频丢失可以根据用户的预先设置进行提示或报警。

④ 保留内存空间预录声音、图像。

⑤ 报警信息通过邮件等方式通知用户。

（4）网络监视功能。

① 通过网络，将 IPC 经过压缩的一路音/视频数据传输到网络终端，网络终端解压后予以呈现。

② 以 Web 方式访问系统，应用于广域网环境。

（5）网络管理功能。

① 通过以太网实现对 IPC 的配置管理及控制权限管理。

② 支持 Web 方式和客户端方式。

（6）外设控制功能。

① 支持外设的控制功能，可自由设定每种外设的控制协议及连接接口。

② 支持串行接口（RS-485）的透明数据传输。

（7）辅助功能。

① 自动彩黑转换。

② 系统资源信息及运行状态实时显示。

③ 日志功能等。

4．摄像机主要参数

在视频监控系统中选择摄像机，一般要看几个主要的参数，即分辨率、最低照度和信噪比等，另外还要考虑摄像机的附带功能及价格和售后服务等因素。下面介绍摄像机的几个主要参数。

1）CCD 尺寸及像素数

CCD 尺寸指的是 CCD 图像传感器感光面（靶面）的对角线尺寸，早期的 CCD 尺寸比较大，为 1in、2/3in 和 1/2in 等几种，近年来用于电视监控摄像机的 CCD 尺寸以 1/3in 为主流。

像素数指的是摄像机 CCD 图像传感器的最大像素数，有些给出了水平及垂直方向的像素数，如 500H×582V，有些则给出了前两者的乘积值，如 30 万像素。对于一定尺寸的 CCD 芯片，像素数越多意味着每一像素单元的面积越小，因而由该芯片构成的摄像机的分辨率也就越高。

2）分辨率

分辨率是衡量摄像机优劣的一个重要参数，最初模拟监控时它指的是当摄像机摄取等间隔排列的黑白相间条纹时，在监视器（应比摄像机的分辨率高）上能够看到的最多线数。当超过这一线数时，屏幕上就只能看到灰蒙蒙的一片而不能再辨别出黑白相间的线条。

CCD 摄像机的分辨率（分辨率的单位为 TVL）在保证镜头的分辨率与视频信号带宽（6MHz）的前提下，主要取决于图像传感器的像素数。分辨率与 CCD 图像传感器和镜头有关，还与摄像头电路通道的频带宽度直接相关，通常规律是 1MHz 的频带宽度相当于清晰度为 80TVL。频带越宽图像越清晰，线数值相对越大。

通常，摄像机按分辨率高低可分为低档型、中档型和高档型，其中影像像素在 25 万像素左右、彩色分辨率为 330 线、黑白分辨率为 400 线左右的为低档型；影像像素在 25 万～38 万之间、彩色分辨率为 420 线、黑白分辨率在 500 线左右的为中档型；影像像素在 38 万以上、彩色分辨率大于或等于 480 线、黑白分辨率在 600 线以上的为高档型。工业监视用摄像机的分辨率通常在 380～460 线之间，广播级摄像机的分辨率则可达到 700 线左右。

对于网络摄像机而言，分辨率是指单位长度中所存在的像素点数。而监控摄像机的分辨率指的是图像分辨率，表示每英寸图像内的像素点数，单位是像素/英寸（ppi）。图像分辨率越高，像素的点密度越高，图像越清晰。视频监控中常用的一些分辨率，如 CIF、D1、720P 和 1080P 等，具体描述如下。

- CIF：早期视频监控中用得较多的分辨率，PAL 制式的分辨率为 352×288=101 376，约 10W 像素，NTSC 制式的分辨率为 352×240。
- D1：标清视频监控分辨率，PAL 制式的分辨率为 720×576=414 720，约 40W 像素，NTSC 制式的分辨率为 720×480。
- 960H：也称 WD1，模拟视频监控能达到的最高分辨率，PAL 制式的分辨率为 960×576=552 960，约 50W 像素，NTSC 制式的分辨率为 960×480。
- 720P：720P 分辨率以上的视频称为高清视频，PAL 制式和 NTSC 制式的分辨率不再有差别。720P 的分辨率为 1280×720=921 600，约 100W 像素，我们常说的 100 万像素摄像机就是指 720P 的摄像机。
- 960P：网络高清视频监控的产物，早期的高清视频主要是 720P 和 1080P，因为网络的灵活性，很多厂家推出了 130 万像素的产品，也就是 960P，分辨率为 1280×960=1 228 800，约 130W 像素。
- 1080P：也称全高清（FHD）视频，分辨率为 1920×1080=2 073 600，约 200W 像素。
- 4K：4K 分辨率属于超高清分辨率，分辨率为 4096×2160=8 847 360，约 800W 像素。

分辨率的三个字母表示的含义如下。

- P：表示纵向有多少行像素，例如，1080P 表示纵向有 1080 行像素。
- K：表示横向大约有几个 1000 列（等效）像素，例如，2K 就是 2000，4K 就是 4000，依次类推。
- W：表示摄像机横向和纵向像素的乘积，多少 W 就是多少万像素的意思。例如，200W 就是 1920×1080≈200W，400W 就是 2560×1440≈400W。

3）最低照度（灵敏度）

最低照度也是衡量摄像机优劣的一个重要参数，也叫照度。最低照度是指在镜头光圈大小一定的情况下，当被摄景物的光亮度低到一定程度而使摄像机输出的视频信号电平低到某一规定值时的景物光亮度值。例如，使用 F1.2 的镜头，当被摄景物的光亮度值低到 0.04lx 时，摄像机输出的视频信号幅值为最大幅值的 50%，即达到 350mV（标准视频信号最大幅值 700mV），则称此摄像机的最低照度（灵敏度）为 0.04lx/F1.2。如果被摄景物的光亮度值更低，摄像机输出的视频信号的幅值就达不到 350mV 了，反映在监视器的屏幕上，将是一幅很难分辨出层次的、灰暗的图像。根据经验，一般所选摄像机的灵敏度为被摄物体表面照度的 1/10 时较为合适。

下面给出常见被摄景物的参考环境照度［单位：lx（勒克斯）］。

夏日阳光下：100 000	阴天室外：10 000
电视台演播室：1000	60W 台灯距桌面 60cm：300
室内日光灯：100	黄昏室内：10
20cm 处烛光：10～15	夜间路灯：0.1

4）信噪比

信噪比也是摄像机的一个主要参数，指信号电压对于噪声电压的比值，通常用 S/N 来表示。当摄像机摄取较亮场景时，监视器显示的画面通常比较明快，观察者不易看出画面中的干扰噪点；而当摄像机摄取较暗的场景时，监视器显示的画面就比较昏暗，观察者此时很容易看到画面中雪花状的干扰噪点。干扰噪点的强弱（也即干扰噪点对画面的影响程度）与摄像机信噪比指标的好坏有直接关系，即摄像机的信噪比越高，干扰噪点对画面的影响就越小。

实际摄像机的信噪比通常是信号电压对于噪声电压的比值取以 10 为底的对数再乘以 20，一般摄像机给出的信噪比值均是在 AGC（自动增益控制）关闭时的值，因为当 AGC 接通时，会对小信号进行提升，使得噪声电平也相应提高。CCD 摄像机的信噪比的典型值一般为 45～55dB。

5）白平衡（White Balance）

白平衡是彩色摄像机的重要参数，它直接影响重现图像的彩色效果。白平衡是指用彩色摄像机摄取纯白色景物（如白色的墙壁或纸片）时，应使其输出的视频信号中所含的“彩色信息”恰好能使在监视器屏幕上重现的景物颜色为纯白色，此时摄像机输出的红、绿、蓝信号电压是相等的。

人们把拍摄白色物体时摄像机输出的红、绿、蓝三基色信号电压 $U_R=U_G=U_B$ 的现象称为白平衡。

当摄像机的白平衡设置不当时，重现图像就会出现偏色现象，特别是会使本来不带彩色的景物也着上了颜色。通常，在光源色温变化时，人们用调节红、绿、蓝三路增益的方法来维持 $U_R=U_G=U_B$ 的关系，这种调节就叫白平衡调整。

在视频监控系统的实际应用中，摄像机通常都是长时间工作的，有些是 24 小时连续工作，光源色温及电路参数（尤其是在室外使用时）都会发生一定的变化，因而在其间多次进行白平衡的调整是不现实的。自动白平衡（Auto White Balance，AWB）则可以在摄像机的连续工作中随时校正白平衡，因而现行彩色摄像机几乎百分之百地应用了自动白平衡技术。

6）电子快门

电子快门也是视频监控系统中摄像机的基本必备功能之一。对于仅选配手动光圈镜头的摄像机来说，必须具有自动电子快门功能，以通过调整快门速度而实现对摄像机曝光量的自动控制。

对于需要监视快速运动物体的应用场合，要求摄像机的电子快门时间尽可能短；而对于低照度环境的应用场合，则应特别注意选配具有场积累曝光模式的摄像机，以实现对低照度场景的高清晰监视。

7）逆光补偿

逆光补偿也是选择摄像机时需要考虑的一个因素。不过是否强调该功能与摄像机在实际系统中的安装位置有直接关系。例如，当摄像机安装在室内而对向门窗时则大都处于逆光环境；另外，室外安装的摄像机受太阳东升西落的影响，一天中也会有几个小时的逆光时间。

在选择具有逆光补偿功能的摄像机时，应优先考虑其是否有自动逆光补偿功能，因为该功能可随着太阳的东升西落而自动开启或关闭摄像机的逆光补偿功能。还要优先考虑是否采用数字处理技术来实现逆光补偿功能，因为该技术对整个监视画面分区域进行处理，可以使逆光补偿效果更为理想。

8）宽动态

摄像机采用宽动态技术可在很宽的光照度变化范围内使摄像机清晰成像，特别是可使同一场景中特别亮及特别暗的景物能够同时有层次地显示出来，因此在室内外光照度跨度比较大的应用场合，应优先选择具有宽动态功能的摄像机。

3.2.4　摄像机的分类

根据不同监控摄像机的特点和主要用途，监控摄像机的种类大概分为以下几种。

根据工作原理分为网络摄像机和模拟摄像机（工程中很少应用），网络摄像机通过网络传输压缩的数字视频信号，模拟摄像机通过同轴电缆传输模拟视频信号。

根据摄像机外观可分为枪机、半球、球机等。枪机多用于户外，对防水防尘等级要求较高；半球多用于室内，体积小巧，外形美观，一般镜头较小，可视范围广；球机可以实现 360°无死角监控，广泛应用于开阔区域。

根据摄像机功能分为宽动态、强光抑制、道路监控专用、红外摄像机、一体机、人脸识别摄像机等，可以根据安装环境的具体需求选择合适的监控摄像机。

根据特殊应用环境，摄像机还可分为针孔摄像机、摄像笔、烟感摄像机等，主要适用于特殊环境下的图像采集。

根据成像色彩可以分为彩色和黑白摄像机。彩色摄像机适用于景物细部辨别，如辨别衣着或景物的颜色；黑白摄像机适用于光线不足地区及夜间无法安装照明设备的地区。

对于一体化摄像机，一直以来有几种不同的理解，有指半球形一体机、快速球形一体机、结合云台的一体化摄像机和镜头内建的一体机。严格来说，快速球形摄像机、半球形摄像机与一般的一体化摄像机不是一个概念，但所用摄像机技术是一样的，因而一般也会将其归为一体化范畴。现在通常所说的一体化摄像机应专指镜头内建、可自动聚焦的一体化摄像机，一体化摄像机体积小巧、美观，安装、使用方便，监控范围广，性价比高，在安防监控系统中得到广泛应用。

1．一体化摄像机

与传统摄像机相比，一体化摄像机体积小巧、美观，安装方便，其电源、视频、控制信号均有直接插口，不像传统摄像机那样有烦琐的连线。一体化摄像机监控范围广、性价比高，如图 3-22 所示。一体化摄像机最大的优点是具有自动聚焦功能，可以做到良好的防水也是一体化摄像机的特色之一。

图 3-22　一体化摄像机

1）一体化摄像机的类型

一体化摄像机种类繁多，目前的市场上主要可分为彩色高解型和日夜转换型，以 16、18、20、22 倍变倍最多，其他 6 倍、10 倍应用较少。总体来说，一体化摄像机的趋势是照度越来越低，倍数越来越高。

2）一体化摄像机的发展

一体化摄像机在数字化及网络功能上也有新的进展，主要是数字化处理技术。可以在一体化摄像机内部嵌入 IP 处理模块，使其具备网络功能。另外就是目标锁定、自动跟踪功能。理论上来说，自动跟踪功能可以很好地实现，但是实际应用中在多目标跟踪时一体化摄像机只能自动选择最大的目标进行锁定。网络功能与自动跟踪功能也是未来摄像机（包括一体化摄像机和普通摄像机）发展的方向。

3）一体化摄像机与传统摄像机的比较

传统摄像机有它自身的优势，如传统摄像机聚焦与变倍同步，可以跟踪运动物体，可用于高速公路车辆跟踪；而一体化摄像机是自动聚焦，当摄像机自动变倍时，聚焦需要经过一个调节时间，聚焦总比变倍要慢一拍，那么在监控高速运动物体时，倍数不断变化，就不能做到精确定焦。理论上来说，一体化摄像机的技术较传统摄像机高，传统摄像机能做到的一体化摄像机都能做到，当一体化摄像机的电动机速度足够快，聚焦速度与变倍速度时间差缩到足够小时，也可以做到对运动物体的跟踪监控。

2. 高速球形摄像机

高速球形摄像机（High Speed Dome）也被称为“快球”，还被称为一体化球形摄像机。一般以转速划分为高速球、中速球、匀速球。

高速球形摄像机是一种智能化摄像机前端，全名叫智能高速球形摄像机，简称高速球。如图 3-23 所示，高速球是一种集成度相当高的摄像机，集成了云台系统、通信系统和摄像机系统。云台系统是指电动机带动的旋转部分，通信系统是指对电动机进行控制及对图像和信号进行处理的部分，摄像机系统是指采用的一体机机芯。

图 3-23　高速球形摄像机

快速云台是高速球形摄像机的核心机械部件，它的可靠性决定了高速球形摄像机的稳定且不间断使用的性能。高速球形摄像机的大脑是解码器，它也是和外界控制系统连接的唯一部件，其所有的功能都是通过它的解码来实现的。解码器同控制系统命令的握手方式，是通过相同的内部约定来实现的，也就是通常所说的通信协议。使用者应根据使用控制器的控制协议类型，来选择不同通信协议类型的球机。控制器的协议类型必须与球机的协议类型一致，方能实现控制，否则球机将不受控制。

高速球的形状有全球形、圆柱形和半球形，安装方式有垂挂式、壁挂式、嵌入式等。智能高速球速度快并且智能化，因此在国家平安城市系统建设中得到了广泛的应用。相信随着技术的不断发展，智能高速球将会在城市安防建设中发挥更大、更好的作用。

3. 高清摄像机

高清网络摄像机指的是基于数字化、网络化传输方式的视频监控系统摄像机，拍摄出来的画面达 720P，分辨率为 1280×720，或达 1080i，分辨率为 1920×1080。其中，字母 i 代表隔行扫描，字母 P 代表逐行扫描，而 1080、720 则代表垂直方向所能达到的分辨率。

最早来源于数字电视领域的高清电视，又叫 HDTV，是由美国电影电视工程师协会（SMPTE）确定的高清晰度电视标准格式。电视的清晰度是以水平扫描线数来计量的，它的高清划分方式如下。

（1）1080i 格式：是标准数字电视显示模式，1125 条垂直扫描线，1080 条可见垂直扫描线，16:9 宽屏显示，分辨率为 1920×1080，隔行/60Hz，行频为 33.75kHz。

（2）720P 格式：是标准数字电视显示模式，750 条垂直扫描线，720 条可见垂直扫描线，16:9 宽屏显示，分辨率为 1280×720，逐行/60Hz，行频为 45kHz。

衡量图像清晰度的标准是分辨率。所谓高清，分辨率必须达到百万像素或 720P，即 720 线逐行扫描方式、分辨率 1280×720，或达到 1080 线隔行扫描方式、分辨率 1920×1080。

720P 源自美国电影电视工程师协会制定的 HDTV 标准。根据该标准，真正符合高清视频的格式主要有以下三种。

- 720P：1280×720 分辨率，16:9 宽屏显示，逐行扫描/60Hz。
- 1080i：1920×1080 分辨率，16:9 宽屏显示，隔行扫描/60Hz。
- 1080P：1920×1080 分辨率，16:9 宽屏显示，逐行扫描/60Hz。

此外，该标准还详细定义了每一种分辨率所对应的帧率等数据。因此，满足任何给定 HDTV 标准的网络高清摄像机必然支持一个或多个特定分辨率、帧率及色彩保真度，从而始终能够确保规定的视频质量。而百万像素并不是一个公认的标准，它仅仅是代表一个行业最佳实践的概念，具体指的是网络摄像机的图像传感器元素数量。

传统的标清分辨率的图像对于多数的监控场景，基本上无法对细节进行分辨。而当发生案件时，从录像资料中很难对监控现场涉案的人员、物品准确认定，不具备很好的对侦破工作的指导性和法律质证能力。采用高清摄像机可以获取高清晰度的监控画面，能更清楚地呈现监控原貌。高清视频监控图像与标清视频图像清晰度的直观比较如图 3-24 所示。

图 3-24　清晰度对比

从视频监控应用的角度来说，分辨率过低或过高都将直接影响系统的正常使用、建设成本、带宽及存储等各方面的压力。一般品质优良的高清网络摄像机都会使用更高像素的感光芯片，高清摄像机采用先进的感光器，可以使图像细节更加清晰、更加细腻；逐行扫描方式有更好的图像质量，有效解决了隔行扫描带来的梳状模糊现象；红外灯方面采用优良产品，镜头采用高像素的镜头，并配有滤光片自动切换装置，从而能够提高网络摄像机的监控性能，给智能分析等应用提供有利的前提条件，这对于车牌和人脸识别等智能分析应用具有重要意义。

3.2.5 网络监控中交换机的选择

随着高清网络摄像机的使用越来越多，满足监控整体网络架构性能的交换机也成了高清监控系统中很重要的部分。选择好交换机，不仅能够发挥监控网络应有的功能，而且能够有效减少资源的浪费。

一般监控网络有三层架构方式，包括核心层、汇聚层和接入层，如图 3-25 所示。

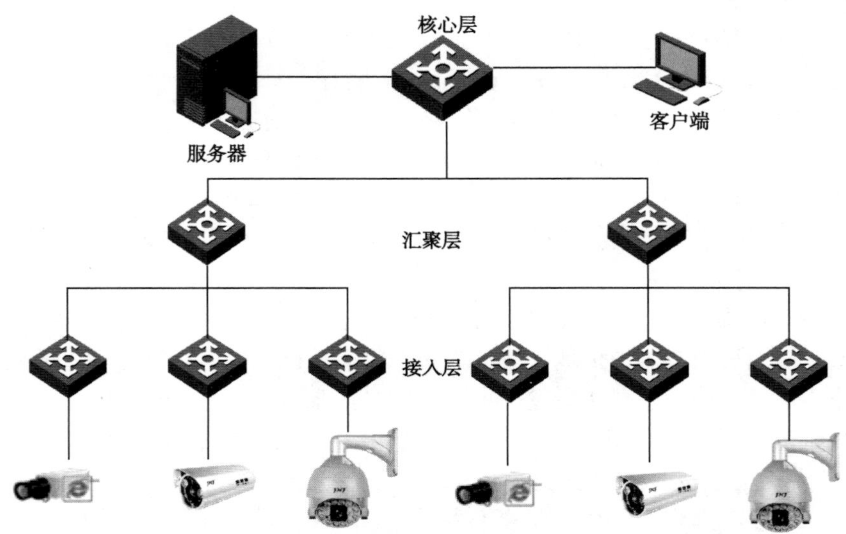

图 3-25 网络视频监控交换机连接拓扑图

以选用 720P 的摄像机为例，分别选择对应交换机（前端 20 路 720P 接入 1 个接入层交换机）。

1）接入层交换机的选择

条件 1：摄像机码流为 4.5Mbps，20 个摄像机是 20×4.5=90Mbps，也就是说，接入层交换机上传端口必须满足 90Mbps 的传输速率要求，考虑到交换机实际传输速率（通常为标称值的 30%，100Mbps 的也就 30Mbps 左右），所以接入层交换机应选用具有 1000Mbps 上传口的交换机。

条件 2：交换机的背板带宽。若选择 24 口交换机，自带两个 1000Mbps 口，总共 26 口，则接入层的交换机背板带宽要求为（24×100Mbps×2+1000×2×2）/1000=8.8Gbps。

条件 3：包转发率。一个 1000Mbps 口的包转发率为 1.488Mbps，则接入层的交换机交换速率为（24×100Mbps/1000Mbps+2）×1.488≈6.55Mbps。

通常将满足条件 2 和 3 的交换机称为线速交换机。

根据以上条件得出：当有 20 路 720P 摄像机接入一个交换机时，此交换机必须具有 1 个 1000Mbps 上传口、20 个以上的 100Mbps 接入端口。

2）汇聚层交换机的选择

总共 5 个 H3C S1026T 交换机接入，如果汇聚层的流量为 90×5=450Mbps，则汇聚层的上传端口必须是 1000Mbps 以上的。

如果 5 个 IPCAM 接入一个交换机，一般情况下使用一个 8 口交换机，那么这个 8 口交换机能否满足要求？我们至少要计算这个交换机以下三个方面的能力。

（1）背板带宽：端口数×端口速度×2=背板带宽，即 8×100×2=1.6Gbps。

（2）包交换率：端口数×端口速度/1000×1.488Mbps=包交换率，即 8×100/1000×1.488≈1.20Mbps。有些交换机的包交换率有时计算出来达不到此要求，那么就是非线速交换机，当进行大容量数量吞吐时，易造成延时。

（3）级联口带宽：IPCAM 的码流×数量=上传口的最小带宽，即 4.5×5=22.5Mbps。通常情况下，当 IPCAM 带宽超过 45Mbps 时，建议使用 1000Mbps 级联口。

能满足以上要求的交换机就是合适的交换机。

3.2.6 网络摄像机参数的配置与应用

1. 网络摄像机的配置流程

视频监控系统的前端设备网络摄像机安装后，为了达到设计和防范的应用效果，需要登录设备，通过激活或初始化的方式，修改登录用户名和密码并对安装的各类网络摄像机进行包括设备网络参数、视频参数、图像参数、告警参数、智能参数等的设置及配置。具体的调试配置流程如图 3-26 所示。

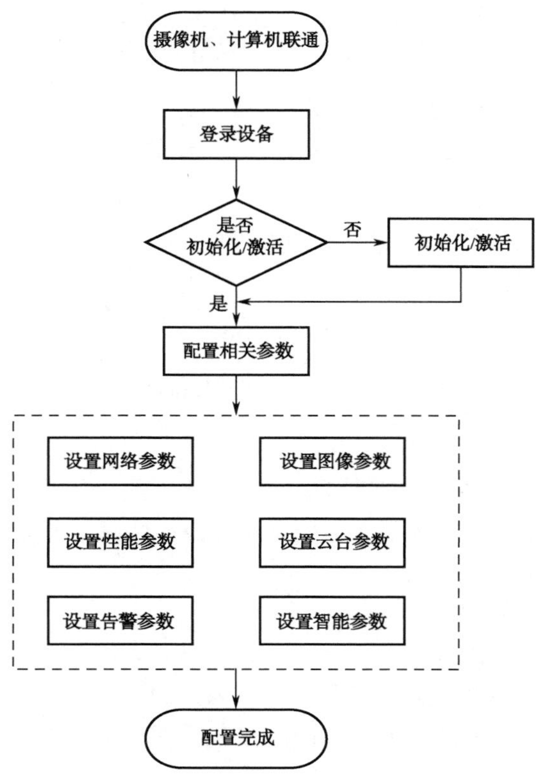

图 3-26 摄像机调试配置参数流程

网络摄像机首次使用或做出恢复出厂配置后，需要对设备进行初始化或激活操作，不同厂家稍有区别，但都是对设备进行客户安全配置，即设置或修改有别于设备出厂默认的登录用户名和密码。

一般网络摄像机都支持三种登录修改设置方式，分别为通过厂家提供的设备搜索软件修改、客户端软件激活、浏览器或 NVR 等登录访问修改。网络摄像机登录界面如图 3-27 所示。

图 3-27　网络摄像机登录界面

网络摄像机登录成功后，可以对其具体修改各类参数、设置合适的参数值，如设置码流大小、开启/关闭白平衡、宽动态、背光补偿等参数。具体的参数设置界面如图 3-28 所示。

图 3-28　网络摄像机参数设置界面

2. 网络摄像机工程实施

网络摄像机在工程实施方面主要有三项内容：一是布线，利用网络布线来传输图像；二是互联网接入，实现远程监控；三是参数设置，主要涉及一些网络参数。网络摄像机的前视图和后视图分别如图 3-29 和图 3-30 所示。

1）布线

安装网络摄像机要充分利用建筑内外已有的网线架构，首先考察监控现场的环境，选择最佳的安装点，然后铺设一条从安装点到最近网络接入点的网线，采用 RJ-45 接口。网络摄像机到最近网络接入点的距离应控制在 100m 以内。在布线时，还要考虑安装点的供电。

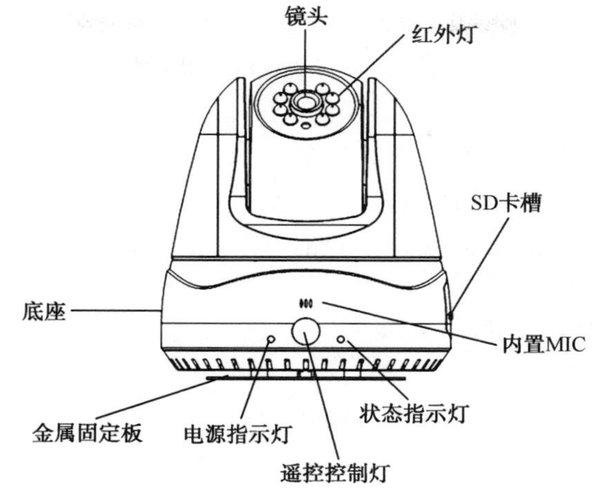

图 3-29 前视图

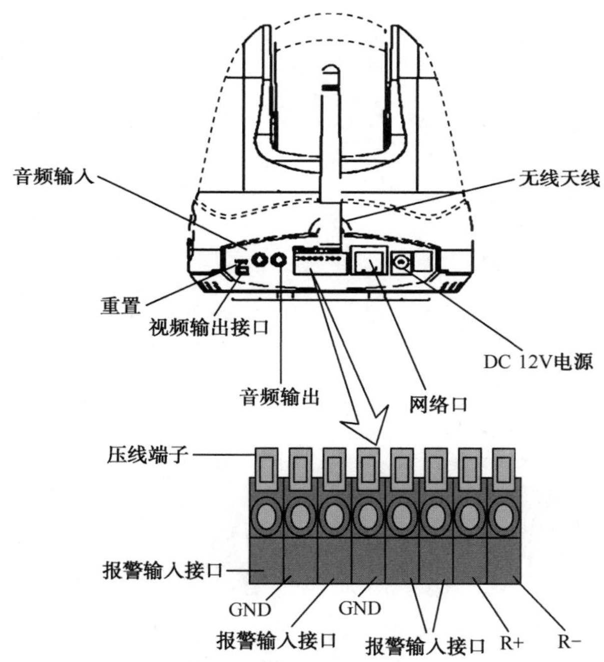

图 3-30 后视图

2）互联网接入

网络摄像机要通过互联网进行远程监控，就需要在被监控的现场有一条可接到互联网的网线，比如 ADSL，还需要一个互联网接入设备，如宽带路由器或防火墙。

3）参数设置

网络摄像机要设置 IP 地址、授权账户和视频参数等，应按照菜单进行设置。可以用 IE 浏览器来设置网络摄像机。网络摄像机出厂时都有一个默认 IP 地址和管理账户，一般安装完毕后，客户可把管理员密码改成自己容易记住的密码，以增强安全性。

如果要在本地进行监控录像，就需要 1 台计算机和 1 套客户端的软件，可以进行 24 小时监控录像。计算机可使用普通办公用的计算机，需要录像就要多配硬盘，一路视频图像每小时所需的存储量根据压缩格式的不同而不同。对宽带路由器或防火墙要设置 ADSL 用户名、密码，可以自动拨号；如果没有固定的 IP 地址，要设置 DNS 动态域名解析；要设置端口映射，为每台网络摄像机映射一个端口。

远程用户在计算机上用 IE 浏览器访问摄像机，要求计算机能登录互联网，用户有合法的授权账户。远程监控就像访问某网站一样，输入提供的二级域名、管理员授权的用户名和密码就可以看到监控现场的视频图像。再复杂一点的可以设计一个网站，建立超级链接，单击不同链接能访问不同的网络摄像机。

3. 网络摄像机主要参数配置

1）网络参数

网络摄像机的网络参数包括 TCP/IP、端口、DDNS、PPPoE、SNMP、802.1X、QoS、端口映射、平台接入、FTP、邮件、HTTPS 等，设置界面如图 3-31 所示。

图 3-31　网络参数设置界面

- TCP/IP：修改设备的 IP 地址等通信参数，便于摄像机与外部其他设备正常通信。
- 端口：常用的业务端口，可以根据实际的组网需要进行修改，即 HTTP 端口默认 80，设备的 HTTP 端口与 ONVIF 服务端口实现合一化。默认情况下，设备未修改 HTTP 端口时，ONVIF 对接可同时兼容 80/81 端口；设备修改 HTTP 端口后，Web 页面登录时需要以输入 IP+端口的方式登录。
- 端口映射：从外网访问局域网设备时，需要启用端口映射。
- DDNS：动态域名服务，用来将动态的 IP 地址绑定到固定的域名上，通过固定的域名地址访问原本不断变化的 IP 地址。
- PPPoE：点对点协议，是以太网和拨号网络之间的一个中继协议，可以不依赖于操作系统的拨号网络直接独立工作。
- SNMP：简单网络管理协议。简单摄像机需要与中心服务器进行特定配置信息的传输时，需要摄像机和中心服务器同时支持 SNMP。

- 802.1X：该协议是基于客户端/服务器的访问控制和认证协议，用于设备接入网络时的认证。在安全要求较高的场合，IPC 作为网络设备接入到用户网络时，需要进行接入认证，只有认证通过的设备才能接入网络，进行常规通信。
- QoS：服务质量（Quality of Service），指一个网络能够利用各种基础技术，为指定的网络通信提供更好的服务能力，是网络的一种安全机制，是用来解决网络延迟和阻塞等问题的一种技术。当网络过载或拥塞时，QoS 能确保重要业务不受延迟或丢弃，同时保证网络的高效运行。
- 邮件：设置邮件参数后，当有报警发生时，可以将相应信息发送到指定邮箱。

2）音/视频参数

音/视频参数配置包含图像视频帧率配置和码流配置。网络摄像机的分辨率不同，对应的码率上限也不一样，如图 3-32 所示，摄像机支持 720P 25 帧。

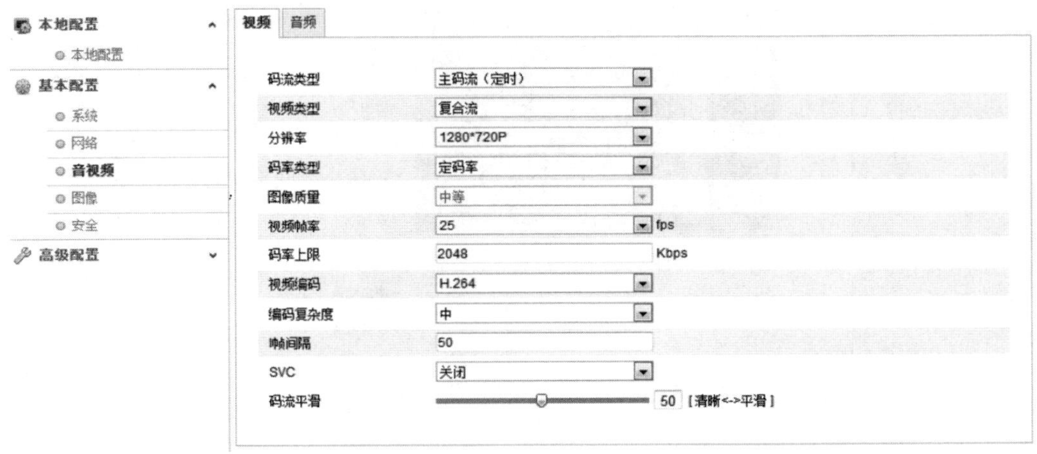

图 3-32　音/视频参数设置

各参数的含义如下。

- 码流类型：码流分为主码流、辅码流和可变码流。
- 视频类型：视频类型分为纯视频流和音/视频复合流。
- 码率类型：定码率（CBR），即设备将以恒定的编码码率发送数据；变码率（VBR），即设备将根据图像质量动态地调整码率。
- 视频帧率：图像编码帧率，单位为 fps（帧/秒）。当需要设置快门时间时，为保证图像质量，帧率值不能大于快门时间的倒数。
- 码率上限：根据需求设置码率，当编码模式为 VBR 时，此参数是指最大码率。
- 分辨率：视频图像的像素数量，有不同的数值可用于选择，图中为 720P 的分辨率。
- 图像质量：有不同的等级可以选择，对应好坏的级别。
- 码流平滑：设置码流平滑的级别。“清晰”表示不启用码流平滑，数值越接近“平滑”表示码流平滑的级别越高，但会影响图像的清晰度。网络环境较差时，启用码流平滑可以让图像更流畅。
- SVC：可以进行时间域上的码流分层，提取部分帧流实现分数帧率，大大缩小视频存储空间而不影响视频回放质量。

3）图像参数

摄像机的应用环境是多种多样的，不同的图像参数会呈现出不同的监视图像效果，默认的图像参数仅能满足大部分的使用场景，为了在不同的环境下让摄像机图像效果达到最佳，需要对图像参数进行设置。图像参数调节主要包括场景选择、曝光参数、智能补光、白平衡参数和其他特殊功能参数的调节。如图 3-33 所示的摄像机包括安装场景选择、图像调节、曝光、聚焦、日夜转换、背光、白平衡、图像增强等参数的设置，这些可调选项因摄像机的功能不同而不同。

图 3-33　图像参数调节界面

（1）安装场景。

可以选用室外、室内和低照度应用场景。不同色温环境下可能需要不同的图像参数，此时只需在场景模式中选择合适的默认场景即可；设备预置了几种场景模式，选择某个场景模式时，图像参数会自动切换到该模式对应的参数。

（2）图像调节。

图像调节包括要配置图像的亮度、对比度、饱和度、锐度、2D 降噪、3D 降噪等，不同产品型号支持的图像参数及取值范围可能会有所不同，以实际 Web 界面显示为准。

- 亮度：图像的明亮程度，默认值为 128，可在 0～255 之间调节，通过调节亮度值来提高或降低画面整体亮度。当设置为自动曝光时亮度值调节生效，通过调节快门和增益来调节图像画面亮度；当设置为手动曝光时该参数值调节无效。亮度值的调节不会出现使图像全黑或全白的情形，可在一定的范围内调节图像画面亮度。
- 对比度：图像中黑与白的比值，也就是从黑到白的渐变层次。
- 饱和度：图像中色彩的鲜艳程度。
- 锐度：图像边缘的对比度。
- 图像镜像：图像不同方向的翻转，如垂直、水平、水平+垂直等。

- 2D 降噪：对图像进行去噪处理，会导致画面细节模糊化。
- 3D 降噪：对图像进行去噪处理，会导致画面中的运动物体有拖影。

（3）曝光。

曝光参数也是影响图像效果的重要因素，IPC 关于曝光参数的调节项一般包括曝光模式、光圈、快门、增益等，调节界面如图 3-34 所示。

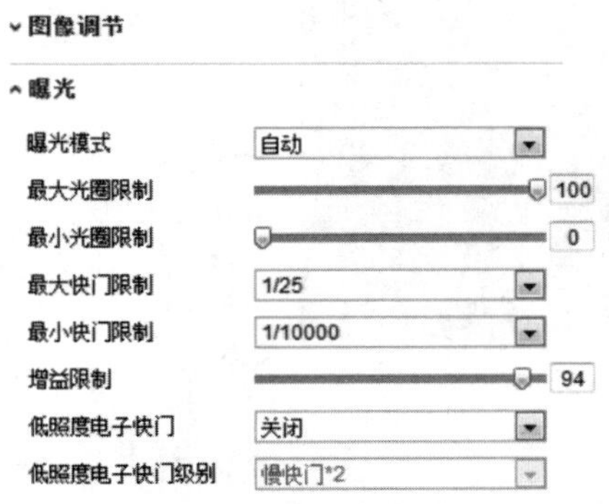

图 3-34 曝光调节界面

- 曝光模式：默认自动曝光，选择不同模式，可达到所需的曝光效果。
- 快门时间调整：快门是设备镜头前阻挡光线进来的装置，快门时间短，适合运动中的场景；快门时间长，适合变化较慢的场景。在其他参数不变的情况下，调节快门值也可达到调节亮度的目的。
- 光圈调节：当曝光模式为手动曝光或光圈优先时，可手动调节光圈大小，如果使用手动光圈镜头，也可通过手动调节镜头光圈大小、改变进光量来调节画面亮度。除调整亮度以外，需要注意光圈还有一个非常重要的影响，光圈打开得越大，景深越小，从而聚焦可能越困难。
- 增益：调整增益大小控制图像信号，可使其在不同的光照环境中输出标准视频信号。增益在一定数值之间调节，值越大，亮度越高，但随之而来的一个缺陷就是噪点也会越明显，因此增益需要适当设置。是否能设置增益取决于选择的曝光模式。

（4）日夜转换。

日夜转换模式包含自动、白天、夜晚、定时等多个选择项。自动即设备可根据光照环境的变化输出最佳图像，可在黑白模式和彩色模式之间切换；夜晚即设备利用当前光照环境提供高质量黑白图像；白天即设备利用当前光照环境提供高质量彩色图像。日夜转换设置界面如图 3-35 所示。

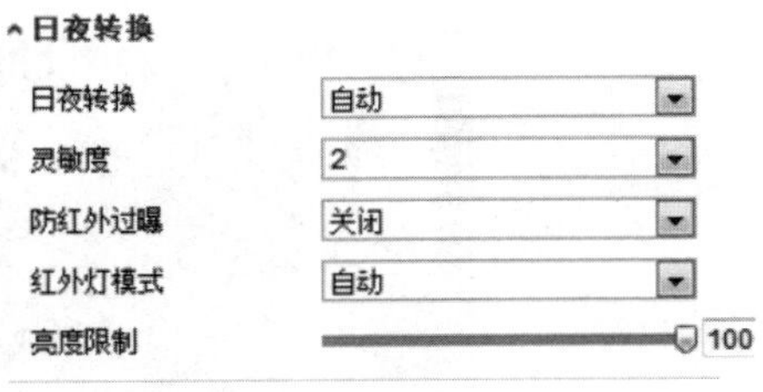

日夜转换
日夜转换 自动
灵敏度 2
防红外过曝 关闭
红外灯模式 自动
亮度限制 100

图 3-35 日夜转换设置界面

- 灵敏度：设备在彩色和黑白模式之间切换时对应的光照阈值。灵敏度越高，表示设备越容易在彩色和黑白模式之间切换。

摄像机还可进行防红外过曝和红外灯模式设置。

（5）背光。

背光补偿也称作逆光补偿或逆光补正，它可以有效补偿摄像机在逆光环境下拍摄时画面主体黑暗的缺陷，即在光线较弱的环境下，在背景较暗的区域也能得到比较清晰的画面。如图 3-36 所示为背光补偿关闭和开启时的对比图。

（a）背光补偿关闭

（b）背光补偿开启

图 3-36　背光补偿关闭和开启时的对比图

- 宽动态：适合明暗反差较大的场景，如窗户、走廊、大门等室外光线强烈、室内光线暗淡的场景。宽动态开启后，便于同时看清图像上亮与暗的区域。宽动态可以看作背光补偿的升级版。宽动态不同等级调整效果对比图如图 3-37 所示。

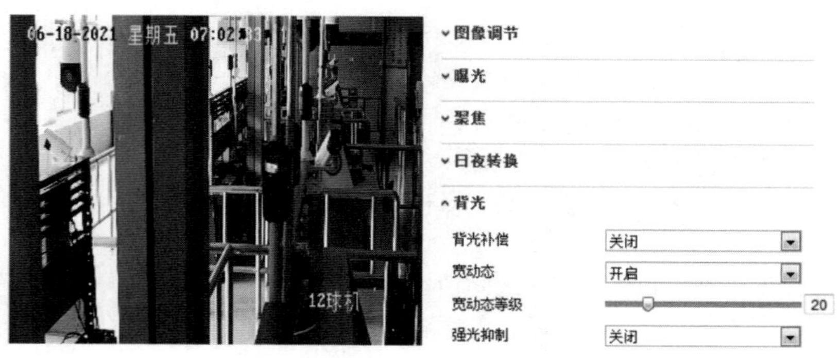

（a）宽动态等级 20 效果图

图 3-37　宽动态不同等级调整效果对比图

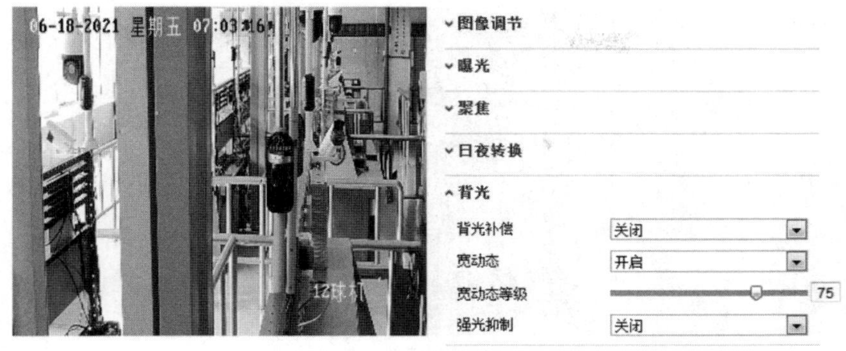

（b）宽动态等级 75 效果图

图 3-37 宽动态不同等级调整效果对比图（续）

- 强光抑制：能抑制强光，包括道路强光抑制和园区强光抑制，以获取清晰图像，适合道路上抑制车灯抓取车牌的场景。强光抑制开启和关闭时的对比图如图 3-38 所示。

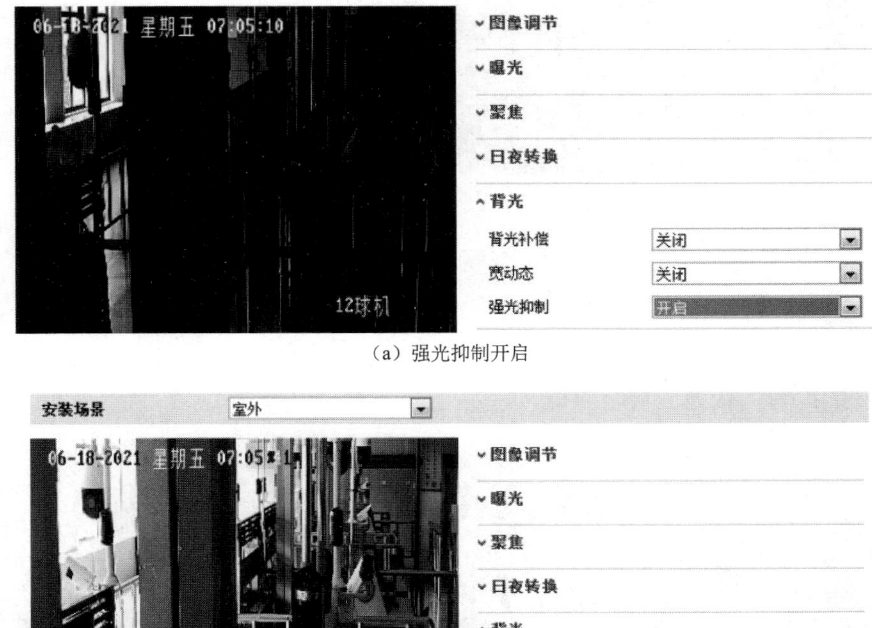

（a）强光抑制开启

（b）强光抑制关闭

图 3-38 强光抑制开启和关闭时的对比图

（6）白平衡。

白平衡就是针对不同色温条件，通过调整摄像机内部的色彩电路使拍摄出来的影像抵消偏色，更接近人眼的视觉习惯。图 3-39 为色温一定的条件下，选择不同光源的白平衡效果对比图。

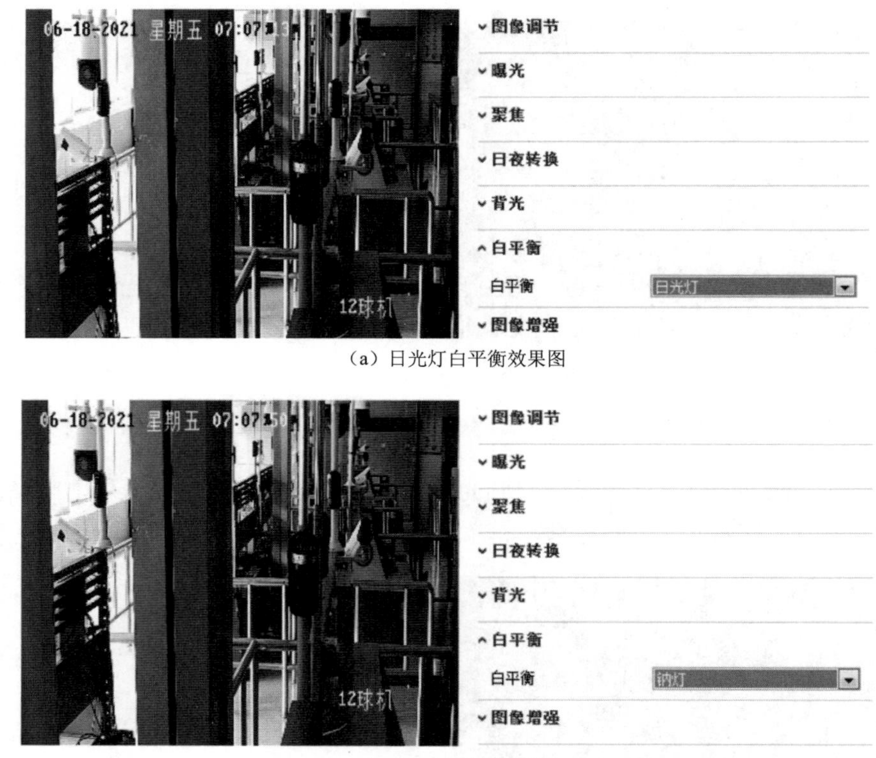

（a）日光灯白平衡效果图

（b）钠灯白平衡效果图

图 3-39　不同光源的白平衡效果对比图

4）云台参数

对于球形摄像机或带电动云台的摄像机一般都会设置 PTZ，PTZ 在视频监控系统应用中是 Pan/Tilt/Zoom 的简写，代表云台全方位（左右/上下）移动及镜头变倍、变焦控制。云台参数配置界面如图 3-40 所示。

图 3-40　云台参数配置界面

预置位指事先设置好监控目标区域，即角度和方位的固定。在预置位设置界面单击“添加”按钮，进行预置位的添加，然后正确填写预置位编号和预置位名称，单击“保存”按钮，即可将摄像机当前所处的位置设为预置位。

巡航是指云台摄像机转动的路线，常见有三种巡航方式：普通巡航、预置位巡航、录制巡航。

普通巡航即扫描巡航，巡航类型选择扫描巡航。首先设置路线编号、路线名称，设置速度、梯度、初始巡航方向、起始预置位和结束预置位。设置完成后，单击“开始”按钮即可进行扫描巡航。当云台从起始预置位扫描到结束预置位后会重新回到起始预置位进行扫描。

预置位巡航的配置步骤与普通巡航相同，只是在动作类型中选择转到预置位（需要提前添加预置位）。

在录制巡航中，可以转动云台的方向、调整镜头的变倍等，系统会记录每一个运动轨迹参数，并自动添加到动作列表中。

云台守望：云台在设定的时间范围内没有任何动作，则自动回到预置位。

5）告警参数

摄像机可以通过 I/O 连接入侵报警探测器，也可以通过对监视画面区域的绘制设置视频报警，如移动侦测、区域入侵、隐私遮挡、遮挡检测等。通过设置视频报警参数联动报警输出，实现条件开启录像或警示提示的功能。如图 3-41 所示为越界侦测配置界面。

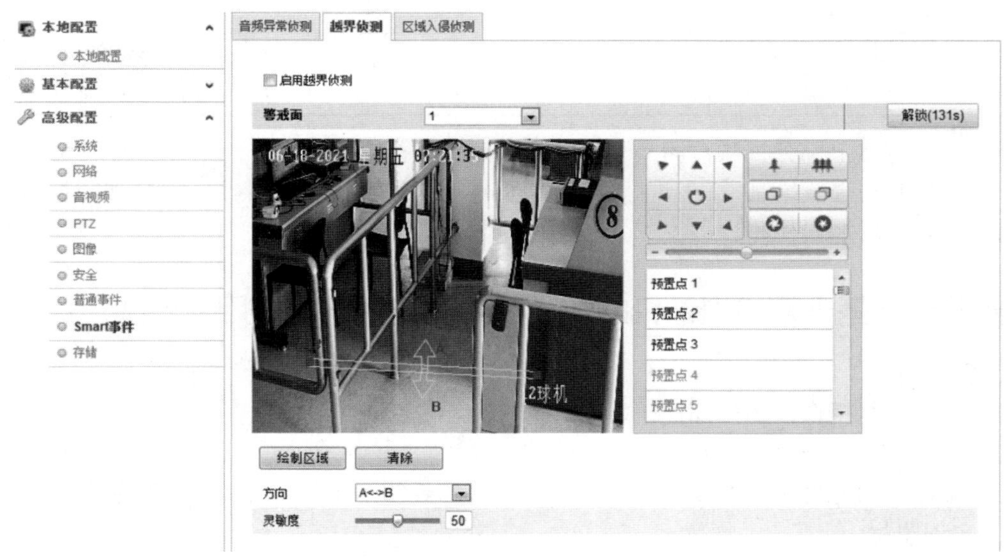

图 3-41 越界侦测配置界面

- 越界侦测：指视频中是否有判断物体跨越设置的一条界限，根据判断结果联动报警。勾选可启用越界侦测功能，穿越界限方向可以调整。
- 移动侦测：指定监控范围内有物体移动就触发报警或录像等。在移动侦测设置界面，通过勾选页面下部的选项框启用相应的功能。
- 声音视频检测：对输入网络摄像机的音频进行异常音量检测，当音量变化幅值超过一定数值或音量本身已超过一定阈值时，摄像机将产生报警并触发相应的联动动作。
- 遮挡检测：当摄像机的镜头被遮挡时，发出相应的报警，以提醒注意。
- 报警输入：接收外接第三方设备的报警信息，实现告警联动。
- 报警输出：连接第三方告警设备，能向第三方设备输出告警信息，实现告警。

6）智能参数

智能监控在嵌入式视频服务器中集成了智能行为识别算法，能够对画面场景中的行人或车辆的行为进行识别、判断，并在适当的条件下产生报警提示用户。智能监控包括异常检测、周界布防、人脸检测、统计分析、自动跟踪五大类，不同设备支持的功能有所差别。智能检测类型及报警阈值如表 3-3 所示。

表 3-3　智能检测类型及报警阈值

检测类型	报警阈值	检测类型	报警阈值
人脸检测	区域内检测人脸，包括身份核验、人脸记录、触发报警	徘徊检测	区域内目标徘徊时间超过设定值触发报警
车辆检测	车辆进入区域或停留时间超时记录和报警	场景变更	摄像机监视发生变化触发报警
自动跟踪	当有物体触发跟踪规则时，设备自动跟踪启动	物品遗留	区域内发现遗留物触发报警
区域入侵	区域入侵侦测是进入或离开区域检测，系统将自动检测人或者车辆进入或离开指定警戒区域的行为	物品搬移	区域内发现物品丢失触发报警
客流量统计	实时统计出入口进出人员情况	人员聚集	区域内人员聚集达到一定程度触发报警
越界检测	目标穿越警戒线触发报警	快速移动	区域内有目标快速移动触发报警

在配置具有以上部分视频检测类型的摄像机时，一般检测区域分为全屏和指定区域，可以在配置摄像机时勾选或绘制；目标检测灵敏度可调，灵敏度越高，检测越精细，可以减少漏检，但会消耗性能，增加误检测。

【技能训练】 基于网络摄像机的数字视频监控系统的应用

1. 实训目的

（1）熟悉网络摄像机的外部连接端口。

（2）熟悉网络摄像机组成系统的电气连接。

（3）掌握网络摄像机的图像浏览、记录与回放等系统操作并实现相关参数配置。

2. 实训器材

（1）设备：

枪式网络摄像机 1 台。

球形网络摄像机 1 台。

本地计算机 1 台。

彩色监视器 1 台。

交换机 1 台。

（2）工具：

小号十字螺丝刀 1 把。

万用表 1 台。

（3）材料：

前端摄像机视频电缆 1 根。

AC 220V/DC 12V 电源适配器 1 个。

网线 1 根。

3. 实训原理

实训原理图如图 3-42 所示。

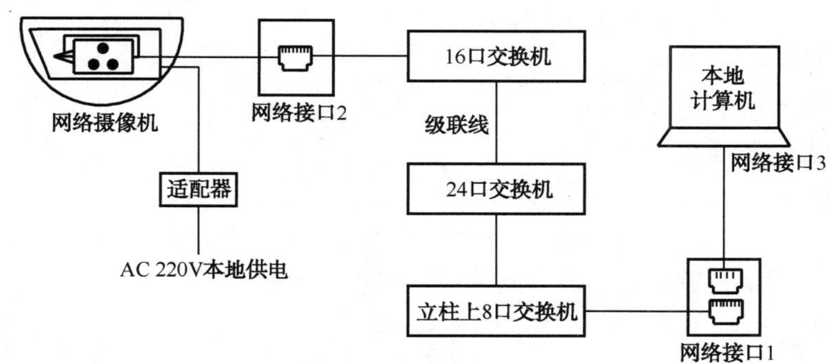

图 3-42　实训原理图

4. 实训内容

1）构建视频网络监控系统

根据实训原理图，按照以下信号和相关设备进行接线。

（1）视频信号：摄像机、监视器。

（2）网络信号：网络摄像机、交换机、计算机、网络插座。

（3）电源：网络摄像机、计算机、监视器。

2）网络摄像机参数的设置

必须配置的参数包括网络摄像机的 IP 地址、子网掩码、端口号等网络参数，可以通过多种方式进行配置，在配置前请确认 PC 与网络摄像机接通了网络连线，并且能够 Ping 通需要设置的网络摄像机。

（1）设置网络参数。

在浏览器中输入需要访问的网络摄像机的地址，通过设备用户名和密码登录设备，配置网络摄像机的 IP 地址、子网掩码、默认网关等参数。

（2）通过 Web 界面浏览网络摄像机的系统、图像、音/视频、安全、事件、PTZ 等各项参数。

（3）进行画面预览、配置切换，实现通过网络的基本配置切换。

（4）完成摄像机网络参数、图像参数、云台参数、报警参数、系统参数等的设置及验证。写出每个参数的调整效果并分析归纳具体应用场景。

（5）通过网络控制云台，并设置预置点、守望位、巡航与扫描等相关操作，写出操作步骤。

（6）进行多用户访问，通过网络浏览。

思考并操作：如何实现多用户访问？有何体会？写出操作步骤。

3）采用 C/S（客户端/服务器）方式访问

（1）通过客户端软件添加工位上的两台网络摄像机。

打开桌面网络视频监控软件，登录系统。

（2）通过客户端软件完成有关操作。

① 实现多画面和单画面的监视，写出操作步骤。

② 控制录像的启动和停止，写出操作步骤。

③ 修改通道名称，使观察的视频有一个确定的场景名称，写出操作步骤。
④ 如果需要对网络摄像机通道进行云台的控制，如何操作？写出操作步骤。
⑤ 查询当前课堂时间的录像和抓图，写出操作步骤。

4）按以下步骤关机

（1）关闭计算机所有软件后关闭计算机。
（2）关闭网络摄像机电源开关。
（3）关闭实训台后面电源插座的总开关。
（4）拔除所有电源插头。

5. 讨论分析

（1）讨论如何修改网络摄像机的 IP 地址及其相关参数，并描述各参数的功能。
（2）简要写出网络视频监控必要的硬件连接和软件设置。

摄像机基本配置界面

网络摄像机基本参数配置

网络摄像机特殊参数配置

3.3 镜头

镜头是摄像机实现光电转换、产生图像信号必不可少的光学部件。图像技术是用于处理焦平面上的光学图像的，这个焦平面既是摄像器件的成像面，也是摄像镜头的焦平面。如果没有镜头，那么摄像头所输出的图像就是白茫茫的一片，没有清晰的图像输出。

3.3.1 镜头的参数

镜头的光学特性包括成像尺寸、焦距、相对孔径、视场角、接口形式等基本参数，一般在镜头所附的说明书中都有注明，以下分别介绍。

1. 成像尺寸

镜头的成像尺寸是指镜头在像方焦平面上成像的大小。镜头一般可分为 25.4mm（1in）、16.9mm（2/3in）、12.7mm（1/2in）、8.47mm（1/3in）和 6.35mm（1/4in）等几种规格，它们分别对应着不同的成像尺寸，选用镜头时，应使镜头的成像尺寸与摄像机的靶面尺寸大小相吻合。表 3-4 列出了镜头规格与 CCD 芯片相应规格的尺寸，表中单位为 mm。镜头成像是圆形的，因此其规格用成像的直径来表示，通常以 in（英寸）为单位。传统摄像器件的感光面是圆形的（尽管电视图像是矩形的），所以也是用直径来表示成像尺寸的规格。CCD 器件的感光面是矩形的，可以用芯片的边长表示成像尺寸，出于习惯还是用相对应的圆形直径来表示芯片规格，这个直径要比芯片的对角线大。

由表 3-4 可知，12.7mm（1/2in）的镜头应配 12.7mm（1/2in）靶面的摄像机，当镜头的成像尺寸比摄像机靶面的尺寸大时，不会影响成像，但实际成像的视场角要比该镜头的标称视场角小［参见图 3-43（a）］；而当镜头的成像尺寸比摄像机靶面的尺寸小时，就会影响成像，表现为成像的画面四周被镜筒遮挡，在画面的 4 个角上出现黑角［参见图 3-43（b）］。

表 3-4　镜头规格与对应的 CCD 芯片规格　　（单位：mm）

感光靶面尺寸	镜头规格				
	25.4 （1in）	16.9 （2/3in）	12.7 （1/2in）	8.47 （1/3in）	6.35 （1/4in）
对角线	16	11	8	6	4.5
垂直	9.6	6.6	4.8	3.6	2.7
水平	12.7	8.8	6.4	4.8	3.6

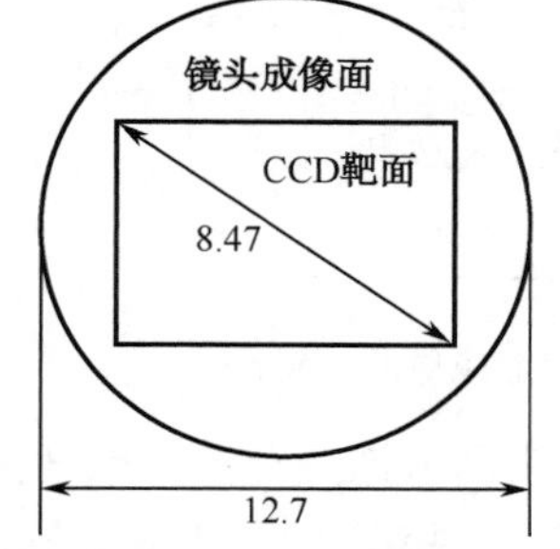

（a）镜头成像尺寸比CCD靶面尺寸大

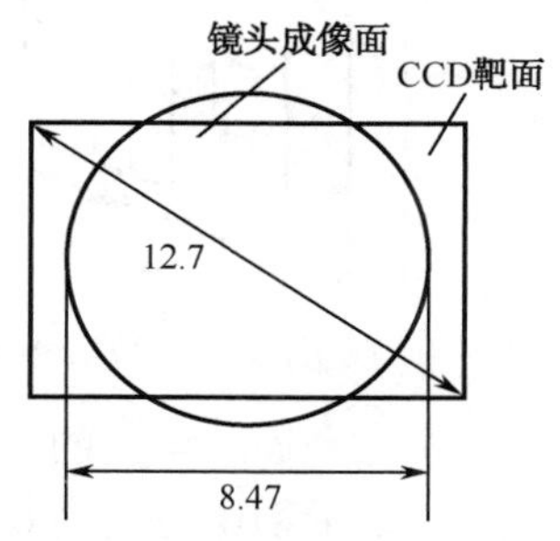

（b）镜头成像尺寸比CCD靶面尺寸小

图 3-43　镜头成像尺寸与 CCD 靶面尺寸的关系

2. 焦距

由物方射入一束平行且接近光轴的光，经过镜头的多组透镜，出射光线交于光轴 F 点，称为焦点。焦点到镜头中心的距离是焦距（将入射光线与出射光线的交点作垂直于光轴的平面，平面与光轴的交点是镜头的中心），焦距一般用 f 表示，单位是 mm（参见图 3-44）。焦点到镜头最后一面的距离称为镜头的后截距。

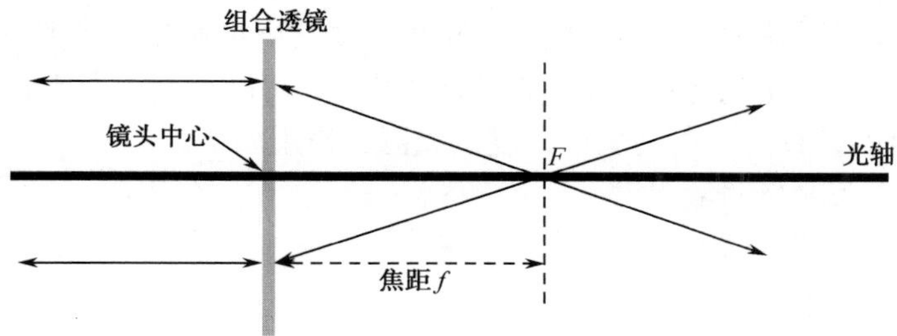

图 3-44　镜头焦距示意图

焦距决定了摄取图像的大小，用不同焦距的镜头对同一位置的某物体摄像时，配长焦距镜头的摄像机所摄取的景物尺寸就大；反之，配短焦距镜头的摄像机所摄取的景物尺寸就小。

当已知被摄物体的大小及该物体到镜头的距离时，可根据式（3-1）、式（3-2）估算所选配镜头的焦距。

$$f = hD/H \tag{3-1}$$

$$f = vD/V \tag{3-2}$$

式中，D 为镜头中心到被摄物体的距离，H 和 V 分别为被摄物体的水平尺寸和垂直尺寸，h 和 v 分别为摄像机靶面的水平尺寸和垂直尺寸。

例如，要求把距离镜头 3m、高度为 1.8m 的人完整地摄入画面，并得到最大的比例，所用的摄像机 CCD 靶面为 1/2in。由表 3-4 查得，其对应的靶面垂直尺寸为 4.8mm，则镜头的选配应根据下式来求：

$$f = vD/V = 4.8 \times 3000 \div 1800 = 8.02\text{mm}$$

于是，该现场摄像机的镜头应选配焦距为 8mm 的镜头。图 3-45 所示为被摄物体在 CCD 靶面上成像的示意图。

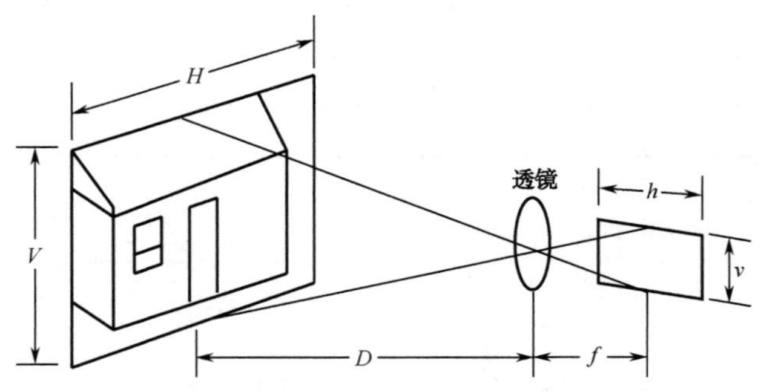

图 3-45　被摄物体在 CCD 靶面上成像的示意图

只有变焦镜头的焦距是连续可变的，手动调焦镜头调节调焦环并不改变焦距。调焦环上标有 0.5、1、2、4、∞，表示物体距离为 0.5m、1m、2m、4m、∞时调焦最好，图像最清晰。

3. 相对孔径

相对孔径 A 是入射光瞳直径 D（镜头实际的有效孔径）与焦距 f 之比，即

$$A = D/f \tag{3-3}$$

镜头都会标出相对孔径最大值，如一个镜头标有“TV LENS 8mm 1 : 1.4”，表示这是一个电视镜头，焦距为 8mm，最大相对孔径是 1 : 1.4，也就是说镜头允许的最大入射光束直径为 5.7mm。光圈是相对孔径的倒数，用 F 表示，F16 就是相对孔径 D/f =1 : 16，在镜头的调节环上将字母 F 省略，光圈调节环上常标有的 1.4、2、2.8、4、5.6、8……C 是光圈数。

光圈是摄像机光学系统中专门设计的一个可以改变其中央通光孔径大小的孔径光阑。它一般由一组光圈叶片构成，调节摄像镜头上的光圈调节环，可以改变该光孔的直径大小，控制通过镜头的光通量，使 CCD 上获得适宜的照度。光圈的作用如下。

（1）控制通过镜头的光通量的大小。

（2）控制所摄画面的景深大小。

（3）改善像质。

光圈 F 值是光圈“系数”，是相对光圈，并非光圈的物理孔径，与光圈的物理孔径及镜头到感光器件的距离有关。

光圈大小用 F 值表示，即

$$\text{光圈 } F \text{ 值} = \text{镜头的焦距 } f / \text{镜头口径 } D$$

从上式可知，要达到相同的光圈 F 值，长焦距镜头的口径要比短焦距镜头的口径大。

因为像面照度与相对孔径的平方成正比，要使像面照度为原来的 1/2，入射光瞳就应是原来的 $1/\sqrt{2}$，因此每挡的 F 数相差 $1/\sqrt{2}$ 倍，光圈增大一挡，像场照度提高一倍。例如，光圈从 F8 调整到 F5.6，进光量便多一倍，我们也说光圈开大了一级。当光瞳直径为零时叫全关闭，用 Close 的词头 C 来表示。

4. 视场角

镜头有一个确定的视野，镜头对这个视野的高度和宽度的张角称为视场角。视场角与镜头

的焦距 f 及摄像机靶面尺寸的大小有关，镜头的水平视场角 α_h 及垂直视场角 α_v 可分别由以下公式来计算：

$$\alpha_v = 2\arctan(v/2f) \tag{3-4}$$

$$\alpha_h = 2\arctan(h/2f) \tag{3-5}$$

如图 3-46 所示为垂直方向视场角示意图。

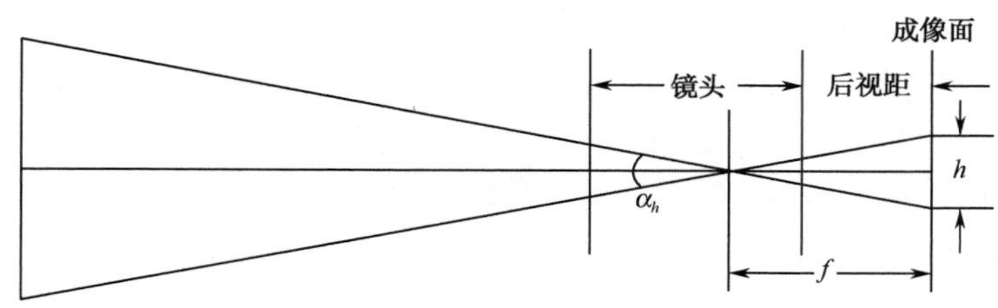

图 3-46　垂直方向视场角示意图

由此可知，镜头的焦距 f 越短，其视场角越大。或者说，摄像机靶面尺寸 h 或 v 越大，其视场角也越大。如果所选择的镜头的视场角太小，可能会因出现监视死角而漏监；而若所选择的镜头的视场角太大，又可能造成被监视的主体画面尺寸太小，难以辨认，且画面边缘出现畸变。因此，只有根据具体的应用环境选择视场角合适的镜头，才能保证既不出现监视死角，又能使被监视的主体画面尽可能大而清晰。

5. C 和 CS 安装接口

C 和 CS 安装接口是国际标准接口，对螺纹的长度、制造精度、公差都有详细的规定。C 和 CS 安装都是 25.4mm（1in）-32UN 英制螺纹连接，C 型接口的装座距离（安装基准面至成像面的空气光程）为 17.526mm，CS 型接口的装座距离为 12.5mm。

C 接口的镜头可以通过一个 C 型接口适配器安装在 CS 接口的摄像机上，如图 3-47 所示。如果不用适配器强行安装会损坏摄像机的光电传感器。CS 接口的镜头不能安装在 C 接口的摄像机上。有的摄像机有后截距调整环，允许使用 C 接口或 CS 接口的镜头。使用 C 接口镜头时，松开侧面的紧固螺钉后，面对镜头将后截距调整环顺时针旋转调整。若用力逆时针旋转会损坏摄像机的光电传感器。使用 CS 接口镜头时，将后截距调整环逆时针旋转调整。

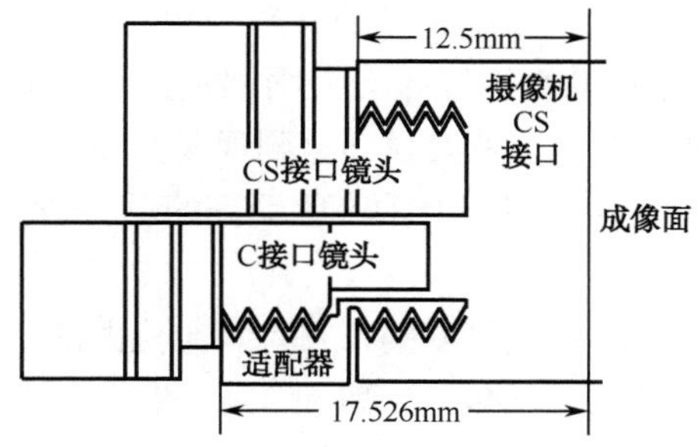

图 3-47　C 接口和 CS 接口镜头安装示意图

3.3.2　镜头的种类

镜头的主要技术参数是光圈、焦距和聚焦，这些参数的调节方式、调节范围及它们之间不同的组合，构成了丰富多彩的镜头类型。镜头选择合适与否，直接关系到摄像质量的优劣，因此，在实际应用中必须根据监控场景的需求合理选择镜头。

1. 固定光圈定焦镜头

固定光圈定焦镜头是相对较为简单的一种镜头，该镜头上只有一个可手动调整的对焦调整环（环上标有若干距离参考值），左右旋转该环可使成在CCD靶面上的像最为清晰，此时在监视器屏幕上得到的图像也最为清晰。

由于是固定光圈镜头，因此在镜头上没有光圈调整环，也就是说该镜头的光圈是不可调整的，因而进入镜头的光通量是不能通过简单地改变镜头因素而改变的，只能通过改变被摄现场的光照度来调整，如增减被摄现场的照明灯光等。这种镜头一般应用于光照度比较均匀的场合，如室内全天以灯光照明为主的场合，在其他场合则需与带有自动电子快门功能的CCD摄像机合用，通过电子快门的调整来模拟光通量的改变。

2. 手动光圈定焦镜头

手动光圈定焦镜头比固定光圈定焦镜头增加了光圈调整环，其光圈调整范围一般可从F1.2或F1.4到全关闭，能很方便地适应被摄现场的光照度。然而，由于光圈的调整是通过手动人为地进行的，一旦摄像机安装完毕，位置固定下来，再频繁地调整光圈就不是那么容易了。因此，这种镜头一般也是应用于光照度比较均匀的场合，而在其他场合则也需与带有自动电子快门功能的CCD摄像机合用，如早晚与中午、晴天与阴天等光照度变化比较大的场合，通过电子快门的调整来模拟光通量的改变。

3. 自动光圈定焦镜头

自动光圈定焦镜头在结构上有了比较大的改变，它相当于在手动光圈定焦镜头的光圈调整环上增加一个由齿轮啮合传动的微型电动机，并从其驱动电路上引出3芯或4芯线传送给自动光圈镜头，使镜头内的微型电动机相应地做正向或反向转动，从而控制光圈的大小。自动光圈镜头又分为含放大器（视频驱动型）与不含放大器（直流驱动型）两种规格。

在室外，环境照度是变化的，变化范围远大于摄像机的自动增益控制范围，所以摄像机在室外应用时应该采用自动光圈镜头。

自动光圈镜头的控制原理与人眼控制进光的原理是相同的，可变孔径光阑相当于人眼的瞳孔，CCD光电传感器相当于人眼的视网膜。当人眼感觉到现场光线过强时，大脑控制肌肉动作会使瞳孔收缩，以减少眼球的进光；当人眼感觉到现场光线太暗时，大脑控制肌肉动作使瞳孔扩张，以增加眼球的进光。这样视网膜上始终感受到的是合适的光强。

4. 手动变焦镜头

顾名思义，手动变焦镜头的焦距是可变的，它有一个焦距调整环，可以在一定范围内调整镜头的焦距，其变比一般为2倍以上，焦距一般在3.6～8mm。在实际工程应用中，通过手动调节镜头的变焦环，可以方便地选择监视现场的视场角，例如，可选择对整个房间的监视或选择对房间内某个局部区域的监视。当对于监视现场的环境情况不是十分了解时，采用这种镜头显然是非常重要的。

对于大多数视频监控系统工程来说，当摄像机安装位置固定下来后，再频繁地手动变焦是很不方便的。因此，工程完工后，手动变焦镜头的焦距一般很少再去调整，而仅仅起到定焦镜头的作用。因而手动变焦镜头一般用在要求较为严格而用定焦镜头又不易满足要求的场合。但这种镜头却受到工程人员的青睐，因为在施工调试过程中使用这种镜头，通过在一定范围的焦距调节，一般总可以找到一个可使用户满意的观测范围（不用反复更换不同焦距的镜头），这一点在外地施工中尤为方便。

5. 自动光圈电动变焦镜头

此种镜头与前述的自动光圈定焦镜头相比另外增加了两个微型电动机，其中一个电动机与镜头的变焦环啮合，当其受控而转动时可改变镜头的焦距（Zoom）；另一个电动机与镜头的对焦环啮合，当其受控而转动时可完成镜头的对焦（Focus）。由于该镜头增加了两个可遥控调整的功能，因而此种镜头也称作电动两可变镜头。

自动光圈电动变焦镜头一般引出两组多芯线，其中一组为自动光圈控制线，其原理和接法与前述的自动光圈定焦镜头的控制线完全相同；另一组为控制镜头变焦及对焦的控制线，一般与云台镜头控制器及解码器相连。当操作远程控制室内云台镜头控制器及解码器的变焦或对焦按钮时，将会在此变焦或对焦的控制线上施加一个或正或负的直流电压，该电压加在相应的微型电动机上，使镜头完成变焦及对焦调整功能。图 3-48 为该镜头控制线的接线图。

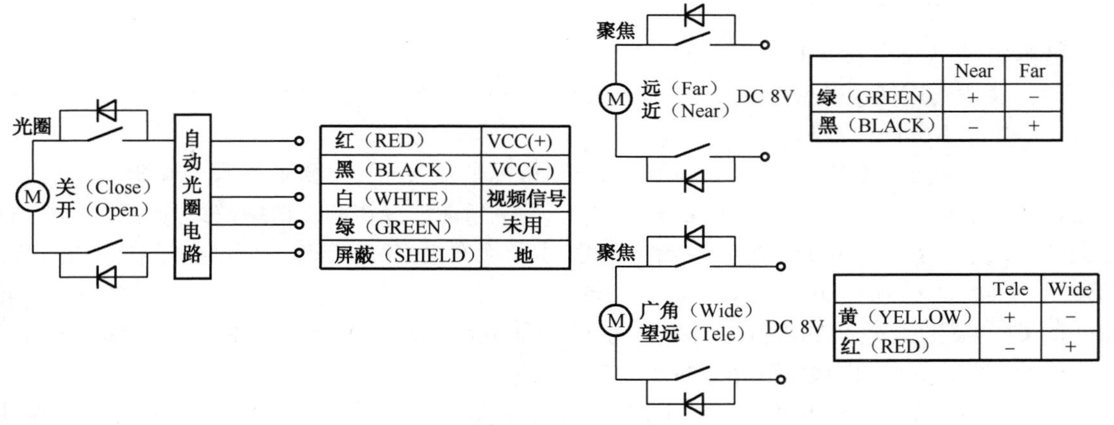

图 3-48 自动光圈电动变焦镜头控制线接线图

6. 电动三可变镜头

此种镜头与前述电动两可变镜头结构差不多，只是将对光圈调整电动机的控制由自动控制方式改为通过控制器手动控制，因此它也包含 3 个微型电动机，引出一组 6 芯控制线与云台镜头控制器及解码器相连。常见的有 6 倍、10 倍和 12 倍等几种规格。图 3-49 所示为该镜头控制线的接线图。

需要说明的是，变焦镜头的“倍率”与焦距是两个不同的概念，有些人往往混淆两者的含义，认为倍率越高则看得越远。其实，倍率是变焦镜头的最长焦距与最短焦距之比，是一个相对值。例如，同样是 6 倍镜头，市面上常见的就有 6～36mm、7～42mm、8～48mm 和 8.5～51mm 等多种不同厂家的不同品种，其中 8.5～51mm 镜头的远视特性显然比 6～36mm 镜头的远视特性要好，但它的近视（广角）特性却不如 6～36mm 镜头好。

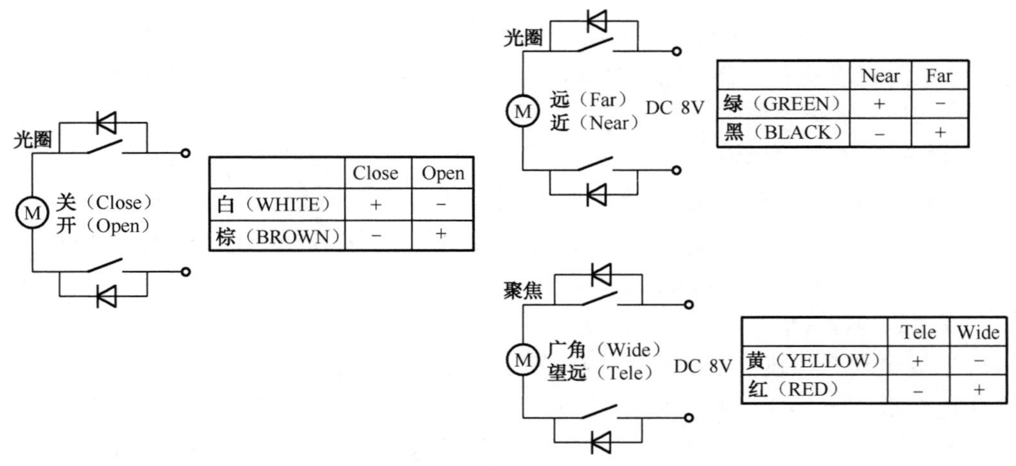

图 3-49　电动三可变镜头控制线接线图

3.3.3　镜头的选择

选择镜头时应注意以下几个方面。

（1）镜头的成像尺寸应与摄像机 CCD 靶面尺寸相一致，如前所述，有 1in、2/3in、1/2in、1/3in、1/4in、1/5in 等规格。

（2）镜头的分辨率描述镜头成像质量的内在指标是镜头的光学传递函数与畸变，但对用户而言，需要了解的仅仅是镜头的空间分辨率，以每毫米能够分辨的黑白条纹数为计量单位，计算公式为：镜头分辨率 N=180/画幅格式的高度。由于摄像机 CCD 靶面大小已经标准化，如 1/2in 摄像机，其靶面宽 6.4mm、高 4.8mm，1/3in 摄像机靶面宽 4.8mm、高 3.6mm。因此对 1/2in 格式的 CCD 靶面，镜头的最低分辨率应为 38 对线/mm，对 1/3in 格式摄像机，镜头的分辨率应大于 50 对线/mm，摄像机的靶面越小，对镜头的分辨率要求越高。

（3）镜头焦距与视野角度。首先根据摄像机到被监控目标的距离，选择镜头的焦距，镜头焦距 f 确定后，则由摄像机靶面决定视野。

（4）光圈或通光量。镜头的通光量以镜头的焦距和通光孔径的比值来衡量，用 F 标记，每个镜头上均标有其最大的 F 值，通光量与 F 值的平方成反比关系，F 值越小，则光圈越大。所以应根据被监控部分的光线变化程度来选择使用手动光圈还是自动光圈镜头。

3.3.4　镜头的调整

在实际的视频监控工程中，镜头的正确调整是十分重要的，如果没有真正注意到这一环节，而是只满足于“图像已经调清楚了”，那么镜头的真正工作状态就很可能并非最佳工作状态，并因此使该系统在全天候监视应用时的成像质量大打折扣。另外需要注意的是，1/3in 的镜头由于其有效成像面积小，不能用于 1/2in 的摄像机，而 1/2in 的镜头则可用于 1/3in 的摄像机，但它比同样焦距的 1/3in 镜头的成本要高一些。

镜头的调整是在摄像机安装完毕并进行系统调试的过程中进行的，即镜头已按要求正确地安装在摄像机前端，同时摄像机也已接通电源，并已将视频信号经视频电缆传到监视器或其他终端监视器设备上。这样，就可以边看着监视器上的图像边调整镜头，使监视器上的图像达到最佳显示效果（清晰度达到最佳且图像明暗适中）。

1. 固定光圈/手动光圈定焦镜头的调整

定焦镜头有固定光圈、手动光圈和自动光圈三种。其中固定光圈定焦镜头只需进行聚焦调整：轻轻旋动镜头的聚焦环，使监视器上的图像清晰度达到最佳即可。不过，由于此种镜头的光圈是固定不可调的，如果图像的明暗程度不合适，则只能通过摄像机的电子快门设定进行调节，并尽可能保证监视现场的环境照度均匀且稳定。

对于手动光圈定焦镜头来说，具有光圈及聚焦两个调整参数。通过调整光圈可使图像的明暗适中，而调整聚焦则可使图像变清晰，景物的边缘更加分明。需要注意的是，为了使镜头能准确对焦，应保证在图像不至于过白的前提下尽可能地开大镜头的光圈，以尽可能减小镜头的景深范围，这样聚焦的结果才比较真实。否则，如果镜头的光圈开度比较小，则镜头的景深范围就比较大，此时再调整镜头的聚焦环便会感觉不那么灵敏了，因为此时的图像在较宽的纵深范围内都会比较清晰（聚焦环在某个小范围内变化时不再影响图像的清晰度）。但实际上此时的聚焦环可能并非在最佳位置，成像之所以能清晰，仅仅是因为被摄景物落在了镜头的景深范围之内。不过，为了保证摄像机在大光圈时不致曝光过度，还必须使摄像机工作于高速电子快门或自动电子快门状态，从而用很短的电荷积累时间使图像传感器不至于输出过于饱和的图像信号。

实际上，大光圈还有一个好处，即镜头的通光孔径大，这就保证了 CCD 或 CMOS 图像传感器在监视现场环境光照度不足时仍能获得一定的光通量，从而使摄像机输出较为清晰的图像，这对于夜间监视的应用系统来说是十分重要的。当然，大光圈的弊端是镜头的景深范围变小，使得纵深方向上远近不同的景物不能同时成清晰的像，这在实际应用中也是必须注意的。另外需要提醒的是，由于手动光圈镜头在系统安装调试完毕后就不再进行调整了，也就是说，镜头的通光孔径此后就固定不变了。因此，如果在长时间监视过程中，监视现场的环境光照度有较大的变化，就只能借助摄像机的自动电子快门功能进行曝光量的自动调节了。

2. 自动光圈定焦镜头的调整

对于自动光圈定焦镜头来说，聚焦调整过程与前面固定/手动光圈定焦镜头的调整过程一样，但其光圈调整则不能由手动实现了。摄像机会根据光照环境（实际上是视频信号的幅度）来输出控制或驱动电压，再由镜头的光圈驱动机构对光圈进行调整。

一般情况下，自动光圈镜头的光圈部分并不需要调整，但在实际应用环境中，如果不是因为聚焦问题而是因为光圈问题影响了摄像机的成像质量（如画面过亮或画面过暗），就需要对自动光圈镜头的起控点进行调整了。

3. 变焦镜头的调整

变焦镜头分为手动变焦镜头和电动变焦镜头两种。其中，手动变焦镜头在工程调试过程中需一次性地调整到合适的焦距，而电动变焦镜头的焦距则无须固定，因为在实际应用中系统操作人员会经常通过人工控制来调整焦距，以在较大的视野范围内对场景进行监视。不过，电动变焦镜头在工程调试（初次使用）时，一般都需进行后焦距的调整。

对于手动变焦镜头，在进行焦距调整时，在监视器上显示的画面可能会变模糊，有人因此而将变焦调整环回调，但这样就达不到变焦效果了，因为焦距又复原了。实际上，第一步的变焦过程主要是为了获得合适的监视视场，可在随后通过适当调整聚焦环而使画面变得清晰。不过，在聚焦调整过程中，视场也会有少许变化，可在变焦、聚焦这一先后过程中逐步实现最终效果。至于变焦镜头的光圈调整，无论是手动还是自动，都与前述手动与自动光圈的调整方法一样。

3.4 其他前端设备

视频监控系统中除了摄像机、镜头外还有一些辅助设备，图 3-50 所示为典型的前端辅助设备，主要用于保护前端视频信号采集设备。

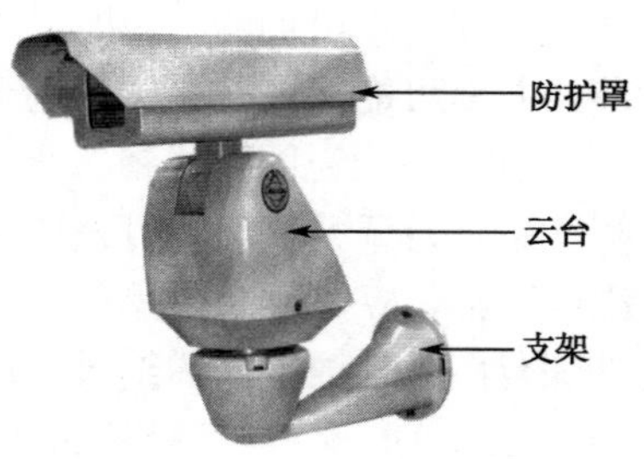

图 3-50 前端辅助设备

3.4.1 防护罩

摄像机防护罩是为了保护摄像机、镜头，使其在有灰尘、雨水、高低温等情况下正常使用的防护装置。摄像机防护罩一般分为室内型防护罩和室外型防护罩两类。

1. 室内防护罩

室内防护罩的主要功能是确保摄像机的密封防尘，并有一定的安全防护作用，如防盗、防破坏等；同时还起着隐蔽和装饰摄像机镜头的作用，以减轻人们的反感心理。室内防护罩必须能够保护摄像机和镜头，使其免受灰尘、杂质和腐蚀性气体的污染，同时还要能够配合安装地点达到防破坏的目的。室内防护罩一般使用涂漆或经氧化处理的铝材、涂漆钢材或塑料制成。如果使用塑料，应当使用耐火型或阻燃型。防护罩必须有足够的强度，安装界面必须牢固，视窗应该是清晰透明的安全玻璃或塑料（聚碳酸酯）。电气连接口的设计位置应该便于安装和维护。

外形美观是室内防护罩的基本要求。摄像机室内防护罩一般都比较小且轻，制作材料有塑料、铁皮、铝合金及不锈钢等；外形有筒形、楔形、半球形和球形等；安装方式有架装、吊装和吸顶等。室内防护罩结构简单，安装方便，价格低廉。

2. 室外防护罩

用于露天环境的摄像机室外防护罩也称全天候防护罩，要求全天候防护罩能适应各种恶劣的气候。为了能保证安装在防护罩内的摄像机在室外各种自然环境下正常工作，室外防护罩必须具有防热防晒、防冷除霜、防水防尘等功能。许多全天候摄像机防护罩都带有自动加热和风冷降温装置，有的还配有刮水器和喷淋器等设备。因此，全天候摄像机防护罩在体积、重量上都比室内型的防护罩大许多。

（1）防热防晒。室外防护罩的散热通常采用轴流风扇强迫对流自然冷却方式，由温度继电器进行自动控制。温度继电器的温控点在 35℃左右，当防护罩的内部温度高于温控点时，继电器触点导通，轴流风扇工作；当防护罩内的温度低于温控点时，继电器触点断开，轴流风扇停止工作。室外防护罩往往附有遮阳罩，防止太阳直晒使防护罩内温度升高。

（2）防冷除霜。室外防护罩在低温状态下采用电热丝或半导体加热器加热，由温度继电器进行自动控制。温度继电器的温控点在 5℃左右，当防护罩内温度低于温控点时，继电器触点导通，加热器通电加热；当防护罩内温度高于温控点时，继电器触点断开，加热器停止加热。室外防护罩的防护玻璃可采用除霜玻璃。除霜玻璃是在光学玻璃上蒸镀一层导电镀膜，导电镀膜通电后产生热量，可以除霜和防凝露。

（3）防水防尘。室外防护罩通常还配有刮水器和喷淋器设备。刮水器在下雨时除去防护玻璃上的雨珠，喷淋器可除去防护玻璃上的尘土。为了防雨淋需要有更强的密封性，在各机械连接处和出线口都采用防渗水橡胶带密封。使用前最好能做一次淋雨水模拟试验，淋雨的角度为45°和90°，罩内不能有漏水、渗水现象。

自动加热和风冷降温功能实际上是由温感器件配以自动温度监测与控制电路在防护罩内部完成的，而刮水器和喷淋器的工作是由前端设备控制器对供电电路进行开关量手动控制来完成的。

3. 防爆防护罩

在化工厂、油田、煤矿等易燃、易爆场所进行视频监控时必须使用防爆型防护罩。这种防护罩的筒身及前脸玻璃均采用高抗冲击材料制成，并具有良好的密封性，可保证在爆炸发生时仍能对现场情况进行正常的监视。

图3-51所示是几种常用防护罩。图3-51（a）所示是铝合金型材质的室内型防护罩；图3-51（b）所示是室内吸顶安装的楔形防护罩，摄像机的大部分在天花板之上；图 3-51（c）所示是室外型防护罩，上有可拆卸的遮阳板，内装冷却风扇和加热器，还有除霜器和雨刷，体积较大，可装各种长镜头的摄像机。

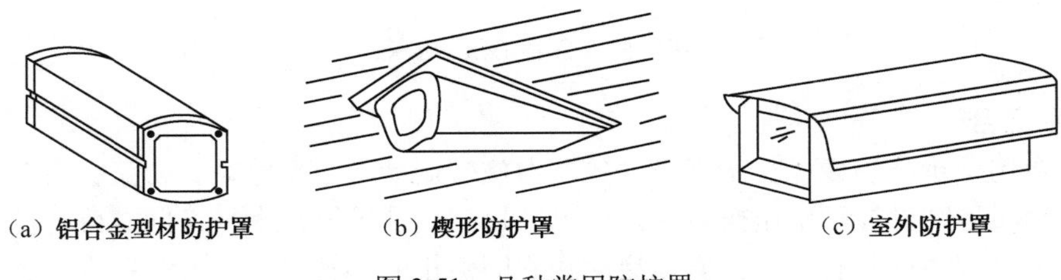

（a）铝合金型材防护罩　（b）楔形防护罩　（c）室外防护罩

图3-51　几种常用防护罩

图 3-52 所示是常用的半球形和球形防护罩，一般采用优质透明的聚丙烯颗粒热铸成型，光学性能好，机械强度大，经日晒雨淋不易变形，外形美观，有多种规格可供选配。图 3-52（a）所示是一种半球形防护罩，宜吸顶安装，上面的柱体藏在天花板内；图 3-52（b）所示是球形防护罩，体积较大，可装半球形、球形云台，内装风扇和加热器，宜在室外使用。

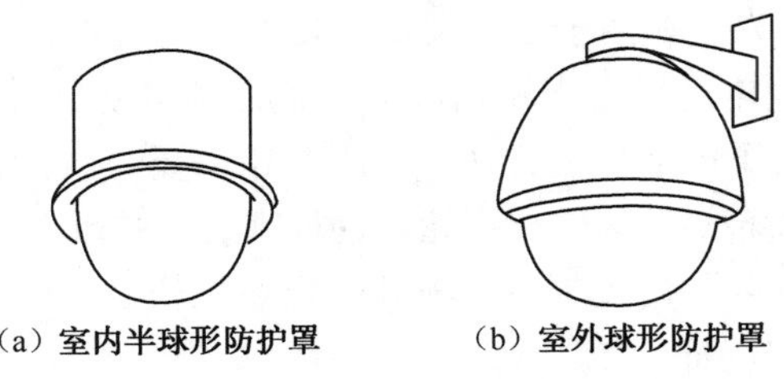

（a）室内半球形防护罩　（b）室外球形防护罩

图3-52　半球形和球形防护罩

3.4.2 云台

云台的种类很多，如图3-53所示。按使用环境分为室内型云台、室外型云台和防爆云台，其主要区别是室外型密封性能好，防水、防尘，负载大；按安装方式分为侧装云台、吊装云台和吸顶云台，其区别是把云台安装在天花板上还是安装在墙壁上；按外形分为普通型云台和球形云台，球形云台是把云台安装在一个半球形、球形防护罩中，除了防止灰尘干扰图像外，还隐蔽、美观、快速；云台根据其回转的特点可分为只能左右旋转的水平旋转云台和既能左右旋转又能上下旋转的全方位云台。

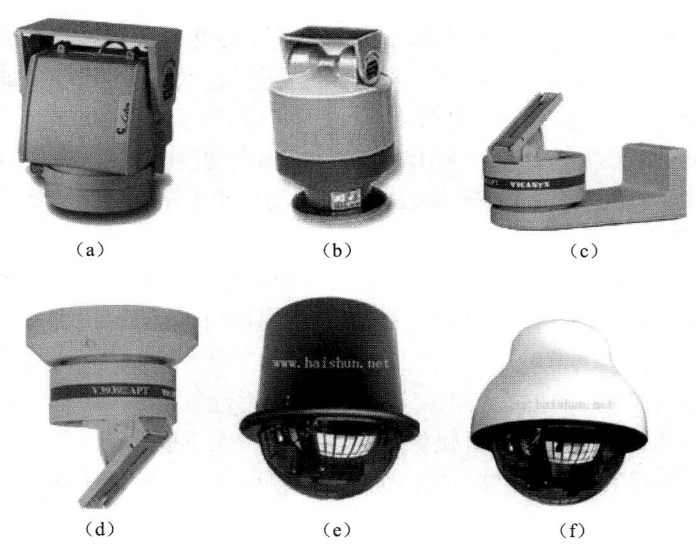

（a）　（b）　（c）

（d）　（e）　（f）

图 3-53　各种形状的云台

1. 水平云台

水平云台用于承载摄像机在水平方向的左右旋转运动。水平电动云台又称自动扫描云台，除了其左右旋转运动受控制电压操纵外，还可由控制电压操纵在水平方向做自动往复旋转。

在水平云台底座内部有一个能紧急启动和立即停止的低转速、大扭矩驱动电动机，通过机械传动装置带动台面可快速启动和紧急停止，而不发生惯性滑动。水平云台体积小、重量轻，大多数用于室内，很少用于室外。

水平云台由以下几部分组成。

（1）驱动电动机。电动机是电动云台的基本部件，可以是 12V、24V 直流伺服电动机，也可以是 24V 或 220V 交流伺服电动机。直流电动机容易干扰其他电气设备，所以大多数电动云台以 220V 交流伺服电动机为主。由于云台要做正反两个方向的运动，因此驱动电动机一般都有两个绕组，其中一组控制电动机正向转动，另一组控制电动机反向转动。

（2）机械传动装置。由于电动机的转速高，因此还需要一个大传动比的机械传动装置，以降低驱动齿轮的转速，提高转矩。齿轮、蜗轮、蜗杆啮合的传动装置将电动机的高速旋转变为摄像机安装座的缓慢转动。为了使控制电压断开时摄像机安装座能立即停止转动，必须至少采用一对有自锁能力的蜗轮和蜗杆。

（3）摄像机座板。水平云台的水平方向转动受电压控制，垂直方向相当于支架。在水平云台的旋转台面上有安装摄像机的安装座板，座板能在垂直方向 90° 范围内手工调节并由螺钉固定。因此，水平云台上的摄像机有一定的仰俯角，使得其可调节摄像机观察范围的远近。

（4）定位卡销。在水平云台固定机身部分设有左右两个定位卡销，用于调整云台旋转角度的限位点。云台定位卡销的限位位置是可以调节的，定位卡销靠在一起的最小夹角为 5°，左右两个卡销之间的夹角即为云台的实际旋转角度。因此，水平云台的最大旋转范围为 0°～355°。可以调节的定位卡销设在云台外部使用起来比较方便，有些定位卡销设在云台内部，就必须打开云台外壳才能调整，使用时不是很方便。

（5）行程开关。为了限制电动云台的旋转角度，在水平云台旋转台面下都设有行程开关。行程开关由一个拨杆和两个微动开关组成。当水平云台旋转角度到达限位时，其定位卡销触及行程开关，电动机驱动电路利用行程开关的信号来控制水平云台电动机的限停和换向。

水平云台的工作原理如下。

水平云台的动作实现由其驱动电路接收控制信号，给驱动电动机的两个绕组分别独立供电和轮流转换供电。所以，水平云台与其控制器的接口一般有 4 个接线端子，分别为公共端、自动扫描控制端、左旋转控制端和右旋转控制端。

水平云台的运行状态有两种：手动控制状态和自动扫描状态。当水平云台工作在手动控制状态时，云台在旋转过程中定位卡销触及行程开关，就会通过云台内部的继电器切断电动机电压而停止旋转；当水平云台工作在自动扫描状态时，云台在旋转过程中定位卡销触及行程开关，就会通过云台内部的继电器接通反向电压使电动机回转，沿着与刚才相反的方向扫描。

云台的扫描及自动回扫是由一个双稳态继电器来控制的。双稳态是指继电器具有自锁功能：通电一次自锁吸合并一直保持这种状态，再通电一次则继电器触点释放。目前双稳态继电器有两种类型：采用机械方式自锁和利用剩磁自锁。这两种均用脉冲方式驱动。吸合与释放脉冲宽度在 20～30ms 之间，吸合自锁后，几年都不会改变状态，且耐冲击性能极好。

在云台接线端子的旁边一般都有一个 BNC 插座，另外在云台台面上还伸出一段螺旋状视频软线并配有 BNC 插头，且这一对 BNC 插头插座是连通的。它实际上是一段视频延伸线。其作用是避免视频电缆长期随云台一起转动，造成接触不良；当视频电缆留得过短时，可能会因电缆绷紧造成云台不能继续转动，而留得过长时，还可能会因电缆松弛而发生缠绕。

2. 全方位云台

全方位云台又称为万向云台，其台面既可以水平旋转，也可以垂直转动。因此，它可带动摄像机在三维立体空间对监视场合进行全方位的观察。根据使用环境的不同，全方位电动云台一般可分为室内型和室外型两大类。

全方位云台的结构如图 3-54 所示。与水平云台相比，全方位云台内部增加了一台驱动电动机。该电动机可带动摄像机座板在垂直方向±45°、10°～60°和 0°～90°范围内做仰俯运动。

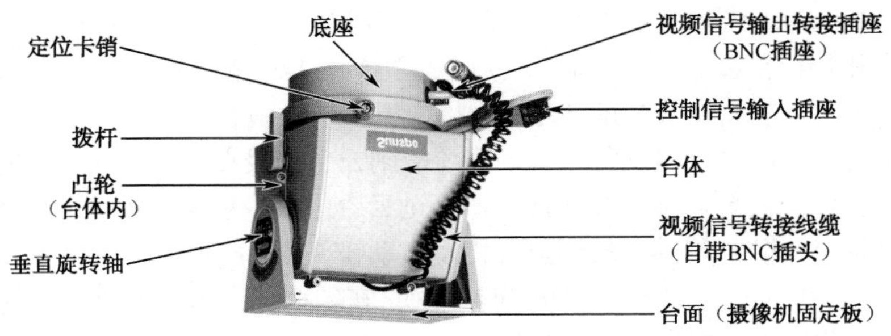

图 3-54　全方位云台的结构

全方位云台为了防止台面和安装在上面的设备在垂直方向做大角度仰俯运动时碰到云台主体而造成损坏或电动机堵转而烧毁，在垂直的仰俯行程中设有限位装置。其限位装置是两个与台面垂直旋转轴同心的凸轮和相应的两个行程开关，当任一凸轮的凸缘触及相应的行程开关时，驱动电路即利用行程开关的信号切断垂直电动机的电源。全方位云台的水平旋转行程限位装置与水平云台原理相同。

全方位云台的驱动电路接收控制信号，向水平驱动电动机和垂直驱动电动机各自的两个绕组分别供电，而使两个电动机能独立地正转和反转，带动全方位云台在水平方向左、右旋转和在垂直方向上仰、下俯。

绝大多数的全方位云台都有水平自动扫描功能，但没有垂直自动运动的功能。所以，全方位云台与其控制器的接线端子排一般有 6 个接线端子：自动端（水平）、公共端（水平、垂直合用）、左转端、右转端、上仰端和下俯端。

云台虽外观造型不同，但其内部结构却是完全一样的。图 3-53（a）和图 3-53（d）所示的两种云台在其底座上增加了一块接线板，用于连接云台控制器或解码器。该接线板分别固定在图中墙壁安装板及吸顶式安装盘上。图 3-55 为该接线板的示意图。

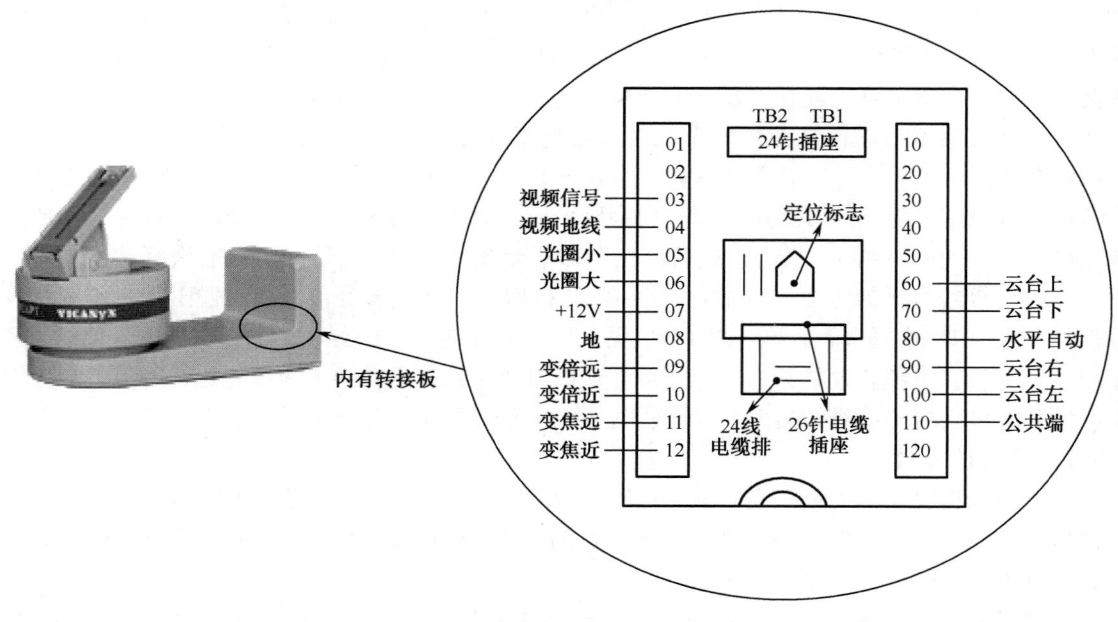

图 3-55　云台控制接线板

在图 3-55 中，右边一列接线端子为云台控制接线端子，必须与云台控制器或解码器的相应控制输出端子相接；左边一列接线端子为视频、电源及电动镜头控制线的环接端子，可以不接线而将视频、电源、镜头控制线直接连接到摄像机及电动镜头上，但从美观及减少线缆缠绕的角度出发，在实际应用中仍建议将上述各线缆接到云台接线端子上。这样可使视频线、电源线及电动镜头控制线经云台内部连线转接后，通过云台中摄像机固定板下面的出线孔伸出来，这些线缆可方便地进入防护罩并连接到摄像机及电动镜头上。

全方位电动云台既可用于室内，也可用于室外。在结构上室内全方位云台与室外全方位云台基本相似，两者的最大区别主要体现在是否具有全天候功能。室外全方位云台往往还用于易燃、易爆等特殊场合，因此有的室外全方位云台还要求具有防爆功能。室外云台机壳往往用铝合金整体铸造，这样可以减少自重。

（1）防侵蚀密封。由于室外全方位云台要求能在恶劣的工作环境下正常工作，为了防止驱动电动机遭受雨水或潮湿的侵蚀，室外全方位云台一般都设计成具有密封防雨功能。室外云台电缆插头/座须采用防水型的或者有防雨橡胶护套，而其垂直输出轴处垫有防水密封圈，装卸时应该注意。

（2）超负荷保护。由于冬季冰雪会将室外全方位云台冻结，从而造成难以启动，因此还要求室外云台驱动电动机具有高转矩及扼流保护功能，以防止室外云台严重冻结时强行启动而烧毁电动机。如采用热敏切换开关，一旦电动机温度超出允许工作范围，热敏电阻可自行切断电动机电源。

（3）承载量较大。由于在室外使用时一般要配置中、大型室外摄像机防护罩，因此要求室外全方位云台具有较大的承重能力。室外全方位云台要求承重在 10kg 以上，其自身的体积要比室内全方位云台大得多。

（4）预置功能。高档云台还具有预置功能，其驱动电动机应选用伺服电动机并配有相应的伺服电路。所谓预置，相当于云台可以“记忆”某几个事先设定好的位置（水平方位角及垂直俯仰角）。具有预置功能的全方位云台，在伺服电动机的驱动下，可在设定的重要监视点停留 10s 并准确地对重要监视点进行轮流监视。

3. 球形电动云台

球形电动云台的机电原理与普通全方位云台是一样的，其特征是配有球形或半球形的防护罩。使用球形云台是为了美观和隐蔽，球形或半球形防护罩常采用优质透明的聚丙烯颗粒热铸成型。

一般球形云台都采用吊装式，设有固定摄像机的托架。当云台在水平和垂直两个方向任意转动时，其摄像机镜头前端的运动轨迹恰好构成一个球面。

有的球形云台还能进行高速、变速运转，可对监视目标实施快速搜索和精确跟踪，有的球形云台还能瞬时反转，运行时平稳、无声，常常用 24V 交流电压进行控制。

智能化球形云台是将全方位云台、摄像机、电动镜头、解码控制器等集为一体密封在球形防护罩内，因此也称为球形摄像机。不过，由于这种球形云台内置的解码控制器通常只接收相应品牌系统控制主机的控制信号，因此它只能应用于系统控制主机通信协议所支持的视频监控系统中。

4. 云台的正确安装与使用

云台的电气结构较为简单，接线也相对容易，只要按照说明书的要求将控制器或解码器的云台控制电压输出端的 4 芯（水平云台）或 6 芯（全方位云台）连线一一对应地连接到云台的控制接线端，即可使云台工作。在对云台进行安装时，既可以借助支架，也可以不要支架，因而云台可以有托装、侧装或吊装等多种安装方式。不过，不同安装方式的云台在工作时的承载能力是不完全一样的，这在实际应用中需要特别注意。另外，云台自身并不需要额外的供电电压，因此，云台在非受控转动的状态下是不耗电的。但在实际应用中，应特别注意对云台输入电压的确认。对于 24V AC 的云台，必须使用 24V AC 的云台控制器。

在实际工程中，云台的安装位置和走线方式都要认真规划。如果安装位置不合理，则很有可能使云台在转动过程中，其台面上的防护罩碰撞到墙壁或其他障碍物上，导致云台走不完整个扫描行程便因受阻而停止运动。如果此时仍去控制云台的运动，云台内部的电动机便可能因电流过载而烧毁（中高档云台会有过流保护电路）。

还有一种情况，如果从防护罩中引出的镜头控制线、视频线及摄像机电源线等拖得不够长，也会使云台在转动过程中因受这些线缆的牵动而不能顺畅地转动。实际中，从防护罩中引出的线缆也不宜过长。此外，为了防止云台转动时台面上摄像机的视频线缆发生缠绕，在云台后面及台身下部的接线端之间一般均内置一段视频线缆的延伸装置，使摄像机的输出信号直接从可旋转的台面接入，而从云台台身下部的固定接线端输出，这就保证了摄像机随云台转动时线缆及其接插件的相对稳定，有效地防止了云台在转动时抻扭视频电缆的副作用。

3.4.3 支架

摄像机支架是用于固定摄像机的部件，根据应用环境的不同，支架的形状也各异。按材质可分为金属监控支架、塑料监控支架等；按使用类型可分为监控器支架、摄像机支架、探头支架、外墙角支架、云台支架等；按形状可分为万向支架、I 形支架、L 形支架、T 形支架及鸭嘴支架等。

1. 摄像机支架

摄像机支架一般为小型支架，有注塑型和金属型两类，可直接固定摄像机，也可通过防护罩固定摄像机。所有的摄像机支架都具有万向调节功能，通过对支架的调整，即可将摄像机的镜头准确地对向被摄现场。

2. 云台支架

由于承重要求高，云台支架一般均为金属结构，且尺寸也比摄像机支架大。考虑到云台自身已具有方向调节功能，因此，云台支架一般不再有方向调节的功能。有些支架为配合无云台场合的中大型防护罩使用，在支架的前端配有一个可上下调节的底座。大型室外云台一般采用摄像机大型支架。

3. 支架的使用

支架是用于固定摄像机或云台的部件，在实际工程应用中，由于现场环境不同，所需支架的形状也不尽相同。另外，由于需要承载的重量不同，支架的结构与体积也不尽相同。

1）摄像机支架的使用

摄像机支架一般均为小型支架，有注塑型和金属型产品，可直接安装摄像机，也可通过防护罩安装摄像机，但一般不能承载云台。摄像机支架又称手动云台，所以摄像机支架的摄像机安装座具有手工万向调节头，可方便地调整摄像机水平位置和垂直方位来对准监视目标。

2）云台支架的使用

云台支架由于承重要求高，通常都为金属结构，且尺寸要比摄像机支架尺寸大。云台支架一般不设计方位调节功能，有些云台支架在支架的前端还配有可上下调节的底座。

图 3-56 所示是各种常用的支架。

图 3-56（a）所示是一种墙壁或天花板安装支架，可以通过基座上的 4 个安装孔固定在墙壁或天花板上，旋松紧固螺钉后可以自由调节摄像机安装座的水平、垂直方位，调节好合适的方位后，拧紧螺钉固定方位。

图 3-56（b）所示是一种利用万向球调节水平、垂直方位的壁装支架，摄像机上的螺孔直接与万向球顶端螺钉拧紧，放松中间支撑杆和基座螺纹，万向球可以自由转动；将摄像机调整到合适的方位，拧紧中间支撑杆和基座螺纹，万向球不能转动，摄像机被固定。注意，万向球与其外部的紧固装置必须有较大的接触面才能保证万向球的长期固定，若万向球靠个别点固定，遇有震动，位置就容易移动。

图 3-56（c）所示是一种安装云台用的壁装支架，用铸铝制造，有较大的载重能力，尺寸也比摄像机支架大。

图 3-56（d）所示是一种可以在室外使用的壁装支架，一般用来吊装摄像机。这种支架用金属制造，有一定的防潮能力，但仍应尽量安装在屋檐下，减少雨淋，延长使用寿命。

图 3-56（e）所示是一种可以在室外使用的载重支架，用钢板制造，有较大的负荷能力。松开螺钉后，可以将摄像机安装座方位进行一定的调节，调节到合适的方位后，拧紧螺钉固定方位。常将这种支架固定在自制的基座上。

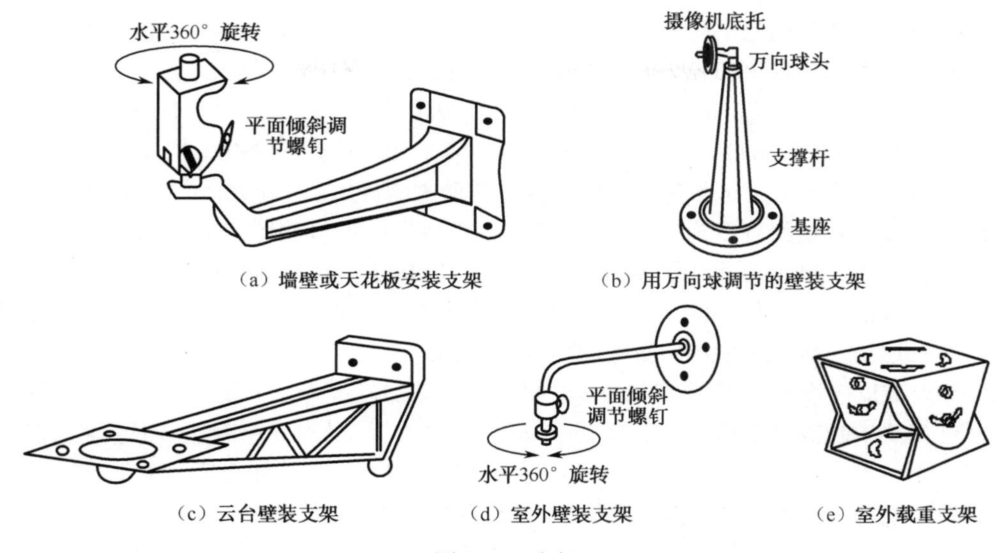

（a）墙壁或天花板安装支架　（b）用万向球调节的壁装支架
（c）云台壁装支架　（d）室外壁装支架　（e）室外载重支架

图 3-56　支架

3.4.4　红外灯

红外灯是夜视监控红外灯的简称，是配合监控摄像机、在夜间采集图像的补光器具，如图 3-57 所示。红外灯发出的光波长为 850nm 或 940nm，皆为不可见光，具有隐蔽、节能的特点，近 10 年来在安防监控领域得到广泛的应用。红外灯从材料上可以分为 LED 发光二极管和激光红外灯。LED 发光二极管目前使用最为广泛，性价比较高，监控距离在 150m 以内效果比较好；激光红外灯照射距离远，可以达到 200～2000m，但发光角度较小。

图 3-57　红外灯

在视频监控系统中使用的红外灯大致有两种类型，一种是利用热辐射原理制成的红外灯（类似于普通照明灯外加可见光滤除装置）；另一种是用若干红外发光二极管组成的二极管阵列。

1. 热辐射红外灯

热辐射现象是极为普遍的，物体在温度较低时产生的热辐射全部是红外光，所以人眼不能直接观察到。当加热至 500℃左右时，才会产生暗红色的可见光，随着温度的上升，光变得更亮、更白。在热辐射光源中通过加热灯丝来维持它的温度，持续不断地提供辐射，而从外部提供的能量与因辐射而减少的能量最终达到平衡。辐射体在不同加热温度时辐射的峰值波长是不同的，其光谱能量分布也是不同的。根据以上原理，经特殊设计和工艺制成的红外灯泡，其红外光成分最高可达 92%～95%。国外生产的这种红外灯泡的技术性能为功率 100～375W、电源电压 230～250V、使用寿命 5000h、辐射角度 60°～80°。

普通黑白摄像机感受的光谱频率范围也是很宽的，且红外灯泡一般可制成比较大的功率和大的辐照角度，因此可用于远距离红外灯，这是它最大的优点。其最大不足之处是包含可见光成分，即有红暴，且使用寿命短，如果每天工作 10 小时，5000 小时只能使用一年多，考虑到散热不够，寿命还要更短。而对于客户来讲，更换灯泡是麻烦和不愉快的事情。

现在在克服热辐射红外灯缺点方面进行了许多努力，首先是研制和应用了高通红外滤波钢化玻璃。波长越长，红暴越小，甚至可达到全无红暴。但是，红外光的效率越低，红外灯发热就越高。红外玻璃的波长可根据用户对红暴要求的高低加以选择，一般而言，有效辐照距离相同时，对红暴要求越高，造价越高。红外玻璃经过钢化，可以耐受急冷急热的变化。在内部，红外灯泡由于可见光滤除的部分转化产生热量，温度会很高；在外部冷风及雨雪的突袭下导致急冷，红外玻璃均不致损坏。为提高热辐射红外灯的寿命，采用了光控开关电路，以减少其工作时间；另外，采用了变压稳压整流电路，使其发光功率得以充分发挥，提高了红外灯的寿命；更重要的是考虑到灯丝冷阻是非常小的，如 100W 红外灯泡，灯丝热阻为 529Ω，这时的工作电流只有 0.4348A，而冷阻只有 36Ω，红外灯接通电源瞬间灯丝电流为 6.39A，瞬时功耗达到 1470W，这一瞬间灯丝负荷过载达几十倍，这对灯丝寿命有非常大的影响。人们研制了灯丝保护电路，相信红外灯灯泡的工作寿命会成倍增长。此外，还增加了延时开关电路，以防环境的光干扰。

2. LED 红外灯

LED 红外灯由红外发光二极管阵列组成发光体。红外发光二极管由红外辐射效率高的材料（常用砷化镓 GaAs）制成 PN 结，外加正向偏压向 PN 结注入电流激发红外光。光谱功率分布为中心波长 830～950nm，半峰带宽约 40nm，它是窄带分布，为普通 CCD 黑白摄像机可感受的范围。其最大的优点是可以完全无红暴（采用 940～950nm 波长红外管）或仅有微弱红暴（红暴为可见红光），而且寿命长。

一般来说，红外发光二极管的发射功率与正向工作电流成正比，但在接近正向电流的最大额定值时，器件的温度因电流的热耗而上升，使光发射功率下降。红外二极管电流过小，将影响其辐射功率的发挥，但工作电流过大又将影响其寿命，甚至使红外二极管烧毁。当电压越过正向阈值电压（约 0.8V）时，电流开始流动，而且是一条很陡直的曲线，表明其工作电流对工作电压十分敏感。因此要求工作电压准确、稳定，否则将影响辐射功率的发挥及其可靠性。随着环境温度的升高（包括其本身的发热所导致的环境温度升高），其辐射功率下降。对于红外灯（特别是远距离红外灯）来说，热耗是设计和选择时应注意的问题。

红外发光二极管的最大辐射强度一般在光轴的正前方，并随辐射方向与光轴夹角的增加而减小。辐射强度为最大值的 50% 的角度称为半强度辐射角。不同封装工艺和型号的红外发光二极管，其辐射角度有所不同。如果用 20 个红外 LED（每个 10mA 电流）排成阵列定向照明，在黑暗中有效范围能达 10m 以上。

3. 红外灯的使用

在实际应用中，红外灯的使用是最简单的，因为它只要接通电源就可以工作。然而在某些场合，红外灯的布设位置是值得考虑的，因为它的光照分布很不均匀，照射距离也有限，如果布设位置不好，整个系统的夜间监视效果就会大打折扣。

与其他可见光源一样，红外灯在室外的应用效果不如室内好，这主要是因为通常的室内环境具有良好的漫反射效果（如白色墙壁的反光）。因此若是在室内监视场合，布置一个功率并不太大的红外灯就可以了，因为通过墙壁的漫反射可以使室内红外光照度达到一定的强度。但是，若是在室外监视场合，由于环境因素很少形成对红外光的反射，故而红外灯的功率、数量都要相应增加，否则达不到预期的监视效果。

需要注意的是，黑白 CCD 摄像机对于红外灯的感光是很敏感的，而彩色 CCD 摄像机对红外灯一般不敏感，这是红外光被彩色摄像机中的彩色滤色器阵列（CFA）所滤除的缘故。因此在使用红外灯作为辅助照明的监视场合，一般使用高灵敏度的黑白摄像机。不过，近年来彩色/黑白自动转换的日夜两用摄像机的性能有了大幅度的提高，该摄像机工作在黑白方式时也可达到很高的灵敏度。

3.5 视频监控系统显示设备的原理及应用

监视器作为视频监控系统的显示终端，是除了摄像头外监控系统中不可或缺的一环。监视器充当着监控人员的“眼睛”，同时也为事后调查起到关键性的作用。通常，监视器也被称为商用显示器、商用大屏幕、工业显示器等。早期的监视器分为彩色、黑白两种，且主要以 CRT 显像管的产品为主，尺寸有 14、15、17、19、21 英寸等。随着产品技术的升级及用户需求的变更，目前监视器基本演变为以液晶监视器为主，ViewSonic 全系列监视器的尺寸有 17～27、32、43、48、55、65、70、84、98、110 英寸等。监视器的发展经历了从黑白到彩色，从闪烁到不闪烁，从 CRT（阴极射线管）到 LCD（液晶）、再到 BSV 液晶技术的过程。监视器作为一种重要的应用产品，各种型号层出不穷，应用液晶（LCD）、等离子（PDP）、发光二极管（LED）等先进技术的监视器产品得到了广泛应用。作为监控系统的标准输出，有了监视器才能观看前端送过来的图像。

3.5.1 监视器的分类

监视器是监控系统的显示部分，是监控系统的终端设备，按照不同的分类方法可分成不同的类型。

（1）按色彩分，可分为彩色和黑白监视器。

（2）按扫描方式分，可分为隔行扫描和逐行扫描监视器。

（3）按类型分，可分为全铝制 LED 监视器、液晶监视器、背投、CRT 监视器、等离子监视器等。

（4）按屏幕分，可分为纯平、普屏、球面监视器等。

（5）按材质分，可分为 CRT、LED、DLP、LCD 等。

（6）按用途分，可分为安防监视器、监控监视器、广电监视器、工业监视器、计算机监视器等。

3.5.2 液晶监视器

液晶监视器即液晶显示器，或称 LCD（Liquid Crystal Display），如图 3-58 所示。液晶显示器为平面超薄的显示设备，它由一定数量的彩色或黑白像素组成，放置于光源或者反射面前方。液晶显示器功耗很低，因此备受工程师青睐，适用于使用电池的电子设备。它的主要原理是以电流刺激液晶分子，产生点、线、面配合背部灯管构成画面。

图 3-58　液晶监视器

1. 液晶显示原理

液晶监视器和液晶电视机在原理上是一样的，不同的是各自的原材料和部分模组不一样。因此，这几种产品的技术正相互影响着彼此的发展，每一次显示技术的进步，都促使这几种产品共同进步。液晶监视器由 LCD 后面的一组日光灯管发光，经一组菱镜片与背光模板，将光源均匀地传送到前方。依照所接收的图像信号，液晶层内的液晶分子会进行对应的排列，决定光线通过（偏振）或阻隔，从而形成图像。光线传输如图 3-59 所示。

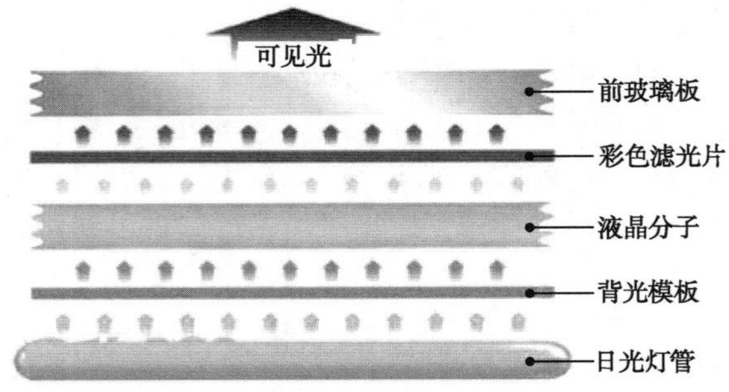

图 3-59　液晶监视器光线传输

2. 液晶监视器的工作方式

液晶监视器（LCD）主要有以下两种工作方式。

（1）被动矩阵式（超转矩显示）。简单地说，被动式在初始状态（液晶体排列）可让背光顺利通过，当有电压作用时，液晶体就会产生扭曲变形，对背光线进行一定程度的改变，形成图像。通常用于电子表和手机等。

（2）主动矩阵式（TFT-LCD）。主动式的显像方式有所不同，其光源和偏光板的位置及方向有所改变，并且使用 FET 场效电晶体和公共电极，使晶体保持一定的电位状态，直到下一次电压改变。

3.5.3　全高清监视器

与 LCD 液晶显示技术的进步同步，安防监控领域的液晶监视器也出现了全高清液晶屏（物理分辨率为 1920×1080），以及前端摄像机、DVR、计算机等输出的数字高清信号，这就使得 HDMI 接口也出现在一些高档的监视器中。具有 1080P 信号输出的摄像机、DVR 等前端输出设备，其输出都要接入有 HDMI 接口的监视器中，一方面实现画面的高清再现，另一方面由于视频、音频都在一根线缆中传送，使得监控系统的搭建比较简捷。

安防专用液晶监视器无辐射、全平面、无闪烁、无失真、可视面积大、体积重量小、抗干扰能力强，而视角太小、亮度和对比度不够大等缺陷也随着技术的提高有了相当的改善。

现在出现了新一代液晶显示技术 Digital Information Display（简称 DID），其独有的显示技术与普通液晶显示器的不同在于改善了液晶分子排列结构，可以横向/纵向吊顶放置；高亮度，高清晰度（1080P），超长寿命，运行稳定，维护成本低，被各大厂家所采用。

3.5.4　拼接电视墙

大屏幕液晶拼接系统，成了国内安防监控中心、指挥中心、调度中心等集成系统显示平台的主流产品。大屏幕无缝拼接、液晶拼接系统、液晶拼接屏、液晶拼接盒、液晶拼接器得到广泛应用。

拼接电视墙如图 3-60 所示，它是由多个电视单元拼接而成的一种超大屏幕电视墙体。很多视频监控项目采用电视墙作为显示设备，使用电视墙进行监控有直观、方便的特点，便于监控人员实时发现被监控目标的异常状况。监控电视墙一般采用专业监视器作为显示设备，配以钢板钣金喷塑墙体构成，有些还带有强制排风散热装置。在监控领域，由于电视墙监控只能实时监看，不能回放，因此往往需要与硬盘录像机及视频矩阵配合使用，以形成完整的监控系统。

图 3-60　拼接电视墙

SLCD 是英文 Splice Liquid Crystal Display 的缩写，即拼接专用液晶屏。拼接屏是一个完整的液晶拼接显示单元，既能单独作为显示器使用，又可以拼接成超大屏幕使用。根据不同使用需求，实现可变大也可变小的百变大屏功能，即可以实现单屏分割显示、单屏单独显示、任意组合显示、全屏液晶拼接、竖屏显示，图像边框可选补偿或遮盖。接专用接口有模拟的 AV、分量、S 端子、VGA 接口，数字 DVI、HDMI 等。由于液晶产品的背光源发光体限制了液晶板的尺寸，拼接屏所用的 DID、IPS 液晶屏的边框仍有一定的宽度，因此拼接缝稍大是液晶拼接幕墙唯一的缺点，但随着拼接技术的逐步发展，这一缺陷将会得到明显的改善。

3.5.5　监视器的保养

日常使用监视器时要避免监视器与一些坚硬物发生碰撞或摩擦。因为监视器产品比较脆弱，它的抗“撞击”能力也是很小的，许多晶体和灵敏的电器元件在遭受撞击时会被损坏，因此平时要多加小心，不要让监视器有机会接触到那些容易对它造成伤害的物体。平时清洁屏幕时不要把清洁剂直接喷洒到屏幕上，因为这些液体很可能会流到屏幕里造成短路而影响使用。应该把清洁剂喷洒到清洁软布上，然后再对屏幕进行擦拭。

【技能训练】 摄像机、镜头和监视器的使用

1. 实训目的

（1）了解监控系统的基本组成结构。

（2）掌握摄像机、镜头与监视器的特点，了解镜头的类型。

（3）熟悉摄像机的接口含义及镜头参数的含义。

（4）熟悉摄像机、镜头、监视器的连接方法及镜头的调整方法。

2. 实训器材

（1）设备：

枪式彩色摄像机 MCC-2020 1 台（1/3in CCD，CS 接口）。

监视器 1 台。

手动变焦距镜头（2.8-12mm 或 4.0-12mm 或 5-50mm）1 个。

DC 12V 输出的电源 1 台。

视频线 1 根。

电源线（220V AC、12V DC）2 根。

镜头适配环（根据镜头和摄像机选配）1 个。

一体化摄像机 1 台。

（2）工具：

小号一字螺丝刀 1 把。

小号十字螺丝刀 1 把。

大号一字螺丝刀 1 把。

大号十字螺丝刀 1 把。

电笔1 把。

尖嘴钳 1 把。

剪刀1 把。

绝缘胶布1 卷。

万用表 1 台。

焊锡工具 1 套。

3. 实训内容

（1）熟悉摄像机、监视器、镜头的可调按钮及其功能。

（2）将枪式摄像机与镜头及监视器连接到位。测试镜头功能的原则为如果是自动光圈镜头，只用调聚焦就可以了；如果是手动变焦镜头，要先调好光圈，然后变焦，再聚焦。调聚焦是先调后焦（即摄像机上的焦距），然后再调镜头上的焦距。使清晰度最佳的简单实用的方法为在图像中选一个目标，如地板砖的缝隙、物体的棱角等比较细的地方，调节摄像机使地板砖的缝隙等目标没有重影，着重体会焦距变化情况。主要完成以下内容。

① 当镜头焦距调整为 W 时（成像对象清晰且**上下满屏幕显示**），通过公式计算和实测验证两种方式获取物距，记录计算过程和实测的两组数据。

② 当镜头焦距调整为 T 时（成像对象清晰且**上下满屏幕显示**），通过公式计算和实测验证两种方式获取物距，记录计算过程和实测的两组数据。

③ 通过①、②两个步骤，写明并体会当可变焦距在两个极限位置时，对应的监视距离的范围有多少。

④ 以上同样的设备，当镜头焦距调整为 W 时（成像对象清晰且**半屏幕显示**），通过公式计算和实测验证两种方式获取物距，记录计算过程和实测的两组数据。

⑤ 以上同样的设备，如果要求监视的物距为计算的 W 和 T 之间的任意一个数据时（各组自己设定），通过公式计算需要的焦距，体会实际监测距离和需求焦距的关系。

（3）将一体化摄像机与监视器连接，仔细观察摄像机的各个接口及控制按钮，手动控制摄像机后调节按钮，观察监视器上的图像变化。

4. 讨论分析

（1）监控系统中必备的设备有哪些？

（2）摄像机与镜头的接口有几种？分别是什么？

（3）镜头的焦距与视场角之间有什么关系？

3.6　视频处理设备的原理及应用

3.6.1　视频解码器概述

在视频监控系统中，前端各类摄像机、编码器采集视频数据进行编码，通过网络传输到后端监控中心或指挥中心，在监控中心需通过视频解码器将视频流发送给显示器或电视墙进行显示。其应用拓扑图如图 3-61 所示。

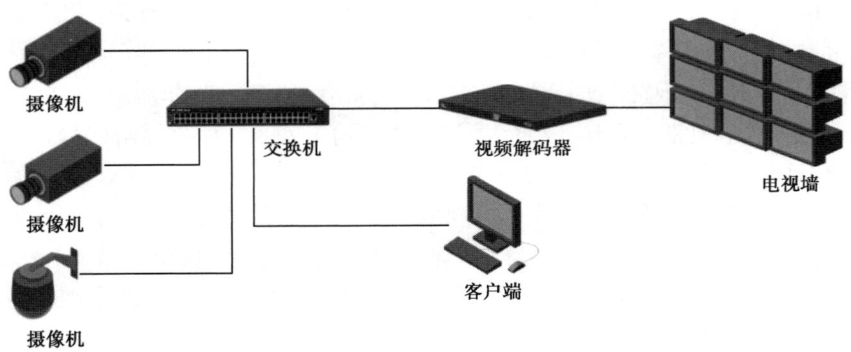

图 3-61　解码器应用拓扑图

1. 视频解码器的功能

视频监控系统包含前端、传输、后端及中心各个环节。其中前端设备负责视频图像的采集，传输部分完成视频图像的输送，后端实现视频图像的存储，中心负责视频图像的显示和相关业务的管理。监控中心图像的显示离不开图像解码器，图像解码器主要接收前端高清编码图像并解码，然后通过各种视频输出接口如 HDMI/DVI/VGA/BNC，输出显示到电视墙上。解码输出如图 3-62 所示，它与前端摄像机正好是一个相反过程，前端摄像机输入图像进行编码，解码器进行解码输出图像。

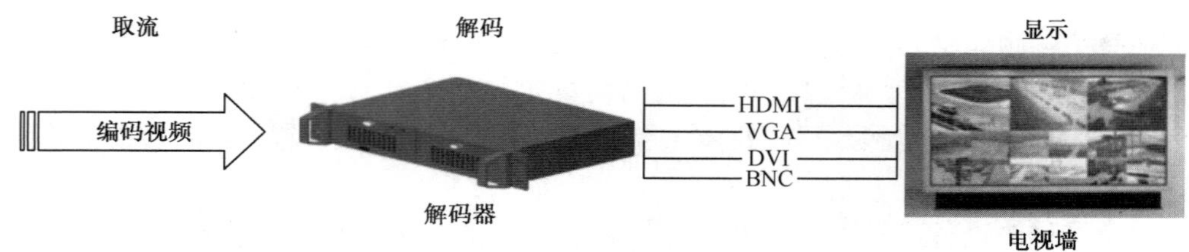

图 3-62 解码输出示意图

根据视频监控项目大小和中心电视墙的规模，高清解码器分为两种主要的应用：对于小规模电视墙，比如 4/8/12/16 拼接屏，高清解码器可以独立作为显示控制设备完成解码输出显示；对于中大型规模电视墙，显示控制设备采用数字矩阵，高清解码器主要负责接收网络编码数据并解码，将解码后的数据作为矩阵的输入。

2. 视频解码器的分类

解码器的发展经历了标清解码器、高清解码器两个阶段，解码器的工作原理，主要分为取流、解码、显示三个过程。不同厂商的解码器随着技术的发展逐渐实现对第三方厂商设备的兼容。视频解码器按实现原理不同分为硬件解码器和软件解码器。硬件解码器通常由 DSP 完成，软件解码器通常由 CPU 完成。软件解码器通常用于计算机、处理器等视频解码、图像还原的过程，解码的图像直接在浏览器窗口显示，而不像硬件解码器可以输出到监视器上，多分屏显示出来。硬件解码器可以轻松实现各种网络穿透，即可实现远程监控，还可以实现多分屏显示。硬件解码器可以确保图像高质量，辅码流网络实时传输。嵌入式解码器采用专业解码芯片和 Linux 操作系统，软硬件一体，系统成本低、性能高、稳定性好，逐步成为市场主流。软件解码器基于第三方 SDK 取流解码，兼容性好一些，但可靠性差。硬件解码器解码过程中可利用系统控制平台流媒体服务器取流，很好地解决第三方取流问题。

3. 视频解码器的特点

（1）高清解码。解码分辨率从标清的 D1 提升到了高清的 720P/1080P，甚至达到 300 万、500 万像素。前端编码分辨率的提升必然要求解码器的解码能力相匹配。

（2）高清显示。高清解码的同时需要高清显示。标清解码器一般的输出接口为 VGA 和 BNC，BNC 可达到 D1 的输出效果，VGA 进而达到 720P 的输出效果；而高清解码器，一般的输出接口为 HDMI 或 DVI，可达到 1080P 的显示效果。

（3）大屏拼接。在标清解码器阶段，电视墙一般为监视器，而到了高清解码器阶段，电视墙已经升级到了大屏幕。虽然高清解码器单个输出接口已经达到 1080P 的显示效果，但大屏幕拼接墙要求的是完整地显示一幅超高分辨率的图像。所以，高清解码器就必须具备大屏拼接功能，把一个输入高清源通过多个高清输出接口完整地投射到一个大屏幕上。

3.6.2 视频解码器的应用

1. 认识解码器的接口

解码器根据其输出的视频显示接口数量不同可以分为不同的类型，通常有 1/4/8/12/16 等各种规格，其前、后面板包括网络传输、指示灯、HDMI、DVI、BNC、VGA、USB、音频输入/输出、报警输入/输出等接口。其前、后面板示意图如图 3-63 所示。

2. 解码器的软硬件设置

解码器与视频监控系统输入/输出设备连接正常，其应用主要步骤如下：

（1）登录电视墙客户端并登录相关账号。

（2）将已激活的解码器添加进客户端软件，添加设备窗口如图 3-64 所示。

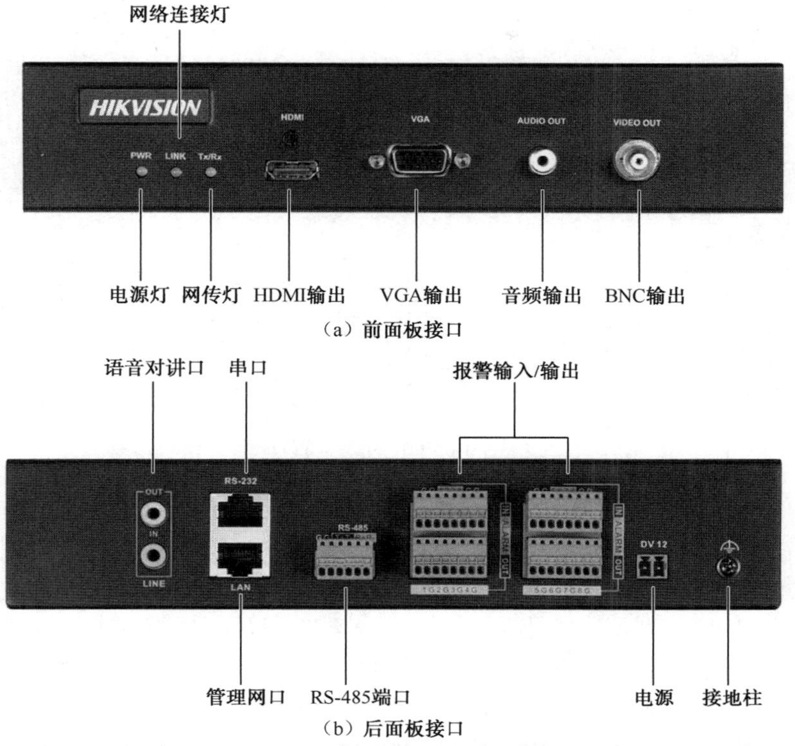

（a）前面板接口

（b）后面板接口

图 3-63　解码器前、后面板示意图

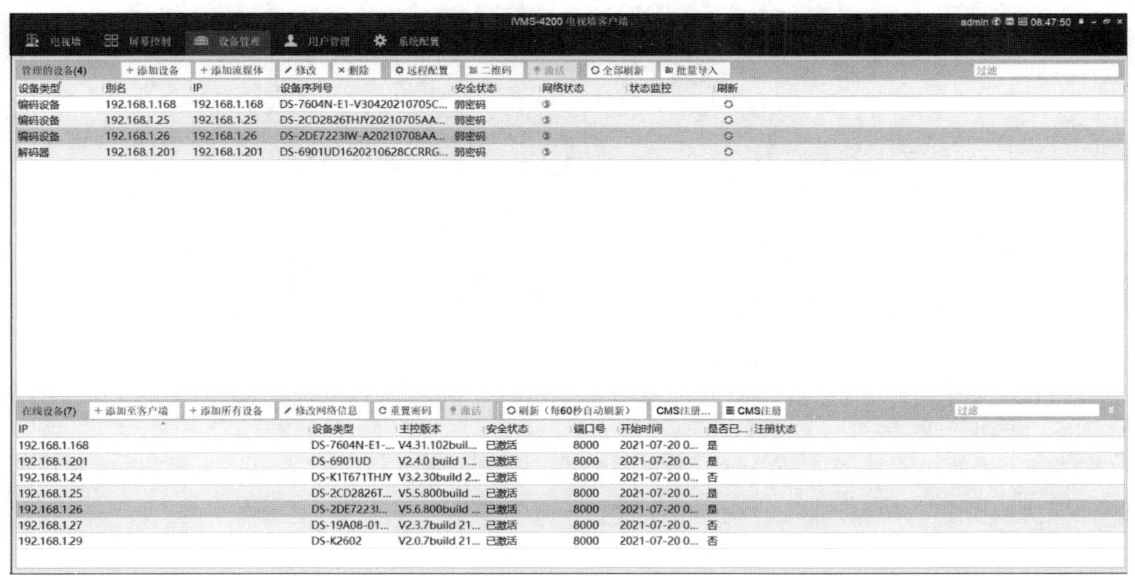

图 3-64　解码器添加设备窗口

（3）单击客户端界面中的“电视墙”，进入电视墙页面，可进行添加、删除、修改电视墙的相应操作，并完成电视墙显示模式、相关参数设置。电视墙设置如图 3-65 所示。

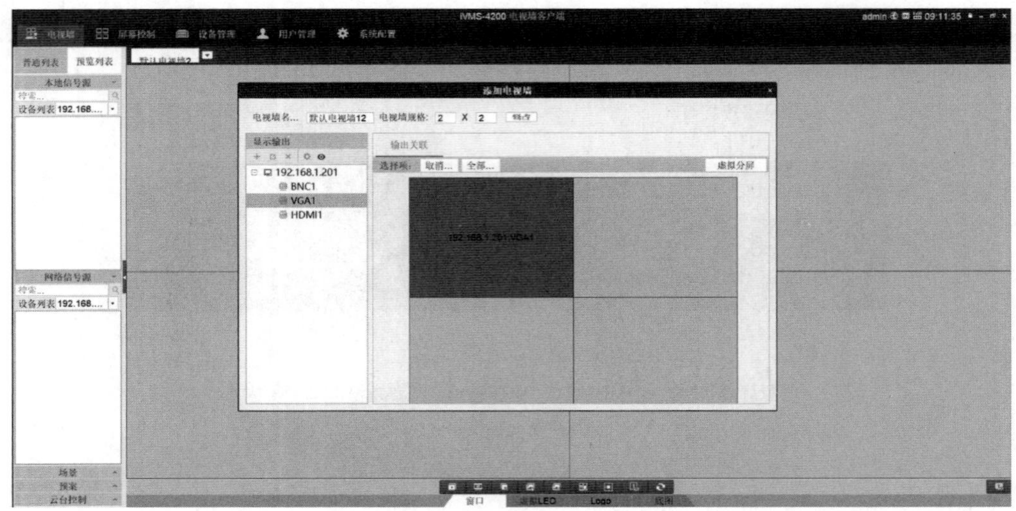

图 3-65　电视墙设置

（4）视频信号源添加及上墙。

单击＋按钮，弹出“添加”界面，输入“地址”“用户名”“密码”等信息完成信号源的添加。信号源可建立分组，分别添加不同的监控点或视频信号源。单击按钮可完成修改监控点名称、码流类型、协议类型及选择是否开启加密等操作。配置完电视墙后，在电视墙配置界面单击右上角的返回按钮，进入“电视墙”操作界面，拖动左侧分组列表的监控点通道至右侧电视墙输出口，便开启了该监控点通道的解码，如图 3-66 所示。

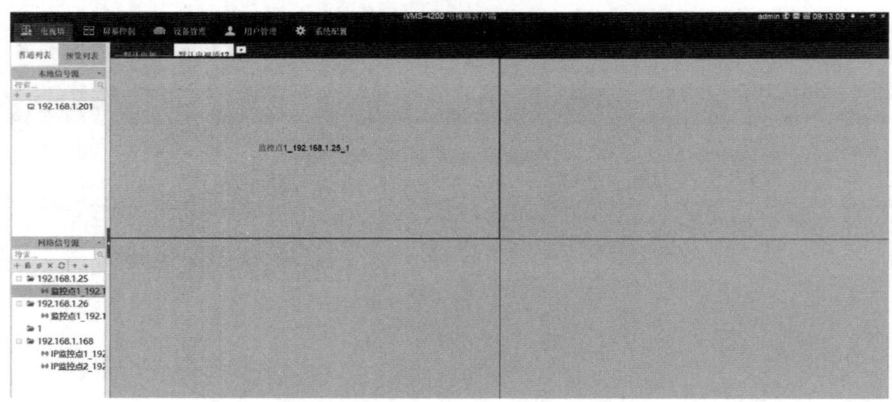

图 3-66　解码信号源添加及上墙界面

（5）窗口管理。

拖过去的监控点通道自动变成一个显示窗口，可以对该窗口进行缩放、分屏、漫游等功能操作。

（6）解码控制。

选中窗口，单击鼠标右键，快捷菜单如图 3-67 所示，菜单命令包括停止解码、开始预览、开始轮巡解码、打开声音、解码状态、置底、锁定、设置为报警窗口等。也可以通过左侧控制窗口完成场景、预案、云台控制等相关设置和操作，如图 3-68 所示。

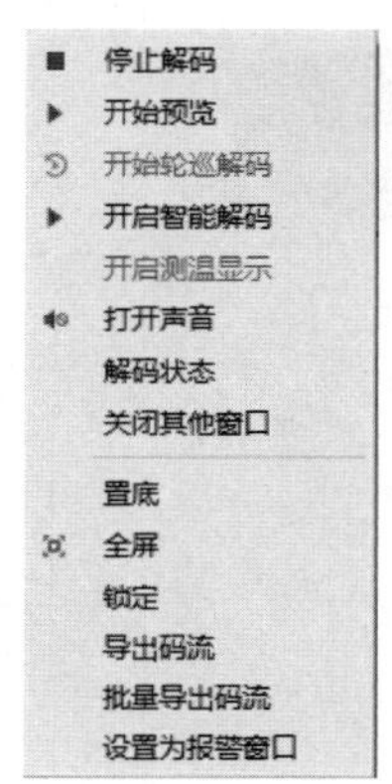

图 3-67　解码器右键菜单

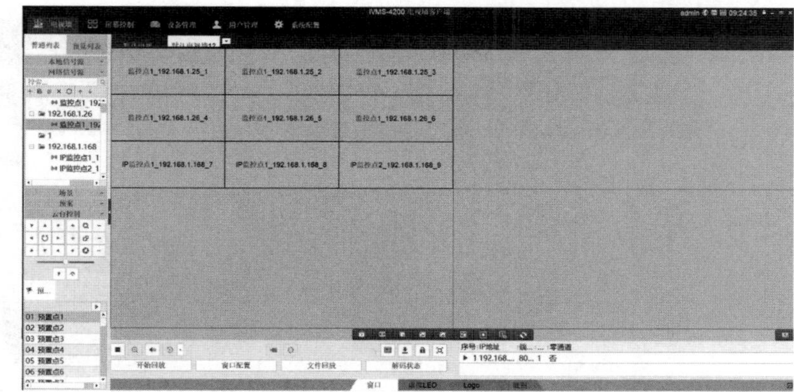

图 3-68　云台控制相关设置界面

（7）Web 管理解码器。

在 Web 地址栏里输入解码器的 IP 地址，在登录界面输入用户名、密码，单击登录按钮即可进入解码器 Web 管理界面，如图 3-69 所示。同样，可以完成信号源添加、电视墙配置、场景设置、解码配置等相关操作。

图 3-69　解码器 Web 管理界面

3.7　视频记录设备的原理及应用

3.7.1　硬盘录像机的原理与种类

数字硬盘录像（Digital Video Recorder，DVR）是集多画面显示预览、录像、存储、PTZ 控制、报警输入等多功能于一体的计算机系统。硬盘录像机，即数字视频录像机，相对于传统的模拟视频录像机，采用硬盘录像，故常常被称为硬盘录像机，也被称为 DVR。各种 DVR 如图 3-70 所示，它是一套进行图像存储处理的计算机系统，具有对图像/语音进行长时间录像/录音、远程监视和控制的功能。

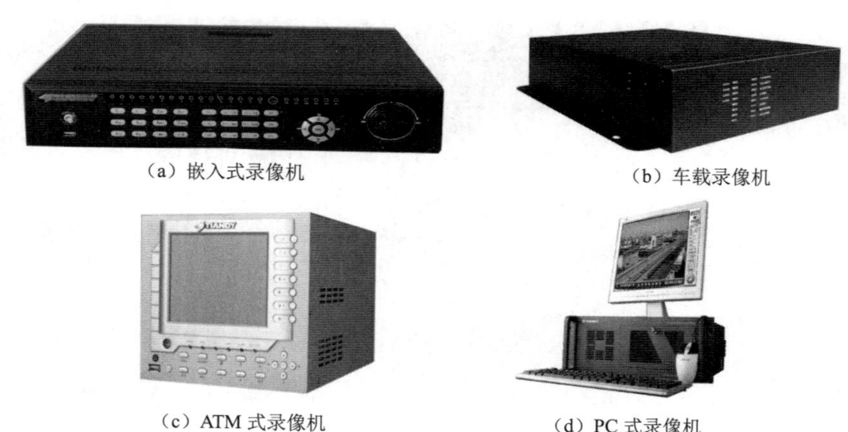

（a）嵌入式录像机　（b）车载录像机

（c）ATM 式录像机　（d）PC 式录像机

图 3-70　各类硬盘录像机

DVR 采用的是数字记录技术，在图像处理、图像存储、检索、备份及网络传递和远程控制等方面远远优于模拟监控设备。DVR 代表了电视监控系统的发展方向，是市面上电视监控系统的首选产品。DVR 集合了录像机、画面分割器、云台镜头控制、报警控制、网络传输五种功能于一体，用一台设备就能取代模拟监控系统一大堆设备的功能，而且在价格上也逐渐占有优势。

1. 硬盘录像机的组成

DVR 系统的硬件主要由 CPU、内存、主板、显卡、视频采集卡、机箱、电源、硬盘、连接线缆等构成，如图 3-71 所示。

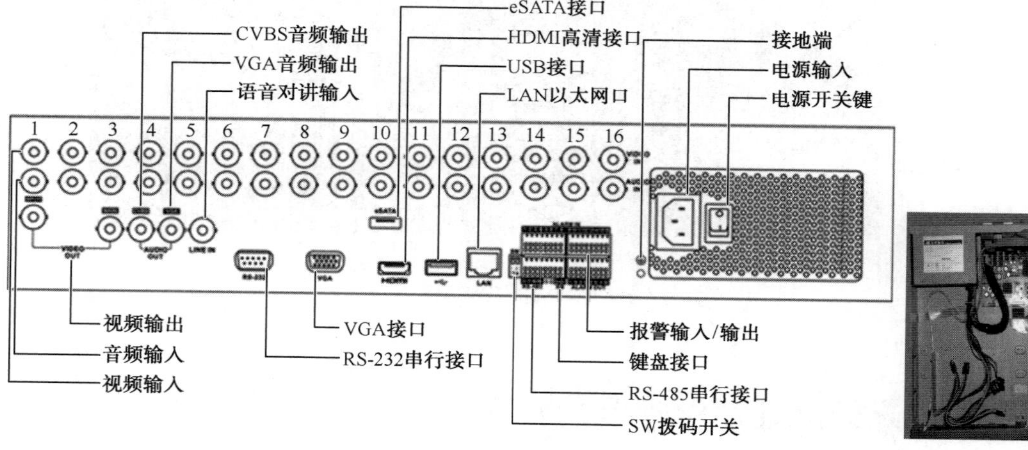

图 3-71　硬盘录像机接口及机箱

2. 硬盘录像机的分类

数字硬盘录像机系统经过一段时间的发展，已生产出各种各样的产品，其功能和应用各不相同，分类的方式也多种多样。

从功能上分，DVR 可分为以下几种。

（1）单路数字硬盘录像机：如同一台长时间录像机，只不过使用数字方式录像，可搭配一般的影像压缩处理器或分割器等设备使用。

（2）多路数字硬盘录像机：本身包含多画面处理器，可进行画面切换和同时记录多路图像。

（3）多功能硬盘录像机：集多画面处理器、视频切换器、录像等全部功能于一体的产品。

从所用操作系统上分，DVR 可分为以下几种。

（1）PC 式硬盘录像机：是在通用的商用机或工控机上加装一块或多块视频/音频采集压缩卡，以 Windows 为操作系统，实现数据采集，配以编制的专用软件来实现视频/音频的压缩解压功能和编辑查询功能，再配一组硬盘阵列存储操作系统、图像和音频信号，即构成一台完整的 DVR。

（2）嵌入式硬盘录像机：嵌入式 DVR 是专门应用于安防监控领域的记录设备，一般指非 PC 系统，使用特定的集成固化的处理器和软件，面向特定的用户群所设计开发，具有稳定、高效等特点。

按编解码的方式分，DVR 可分为以下几种。

（1）硬件编解码硬盘录像：利用集成芯片进行图像编解码，工作效率高，图像较好，系统资源占用少，但不易进行扩展。

（2）软件编解码硬盘录像：利用特定软件算法对图像进行编解码处理工作，对系统的依赖较大，但开放性、可扩展性好。

3.7.2　硬盘录像机的功能

硬盘录像机的主要功能包括：监视功能、录像功能、回放功能、报警功能、控制功能、网络功能、密码授权功能和工作时间表功能等。

（1）监视：监视功能是硬盘录像机最主要的功能之一，能否实时、清晰地监视摄像机的画面，这是监控系统的一个核心问题，大部分硬盘录像机都可以做到实时、清晰地监视。

（2）录像：录像效果是数字主机的核心和生命力所在，在监视时看上去实时和清晰的图像，录下来回放效果不一定好，而取证效果最主要的还是要看录像效果，一般情况下录像效果比监视效果更重要。大部分 DVR 的录像都可以做到实时 25 帧/秒，部分录像机总资源小于 5 帧/秒，通常情况下分辨率都是 CIF 或者 4CIF，1 路摄像机录像 1 小时大约需要 180MB～1GB 的硬盘空间。

（3）报警功能：主要指探测器的输入报警和图像视频帧测的报警，报警后系统会自动开启录像功能，并通过报警输出功能开启相应射灯、警告和联网输出信号。图像移动侦测是 DVR 的主要报警功能。

（4）控制功能：主要指通过主机对全方位摄像机云台和镜头进行控制，此功能一般要通过专用解码器和键盘完成。

（5）网络功能：通过局域网或者广域网经过简单的身份识别，可以对主机进行各种监视录像控制的操作，相当于本地操作。

（6）密码授权功能：为减少系统的故障率和非法进入，对于停止录像、布撤防系统及进入编程等程序需设密码，使未授权者不得操作，一般分为多级密码授权系统。

（7）工作时间表：可对某一摄像机的某一时间段进行工作时间编程，这也是数字主机独有的功能，它可以把节假日、作息时间表的变化全部预排到程序中，可以在一定意义上实现无人值守。

3.7.3 存储容量计算

在数字式视频监控系统中有几个重要的概念，分别是分辨率、帧率和码流，下面对这三项分别进行介绍。

1. 分辨率

视频分辨率（Resolution）是指视频成像产品所成图像的大小或尺寸，它的表达式为“水平像素数×垂直像素数”。常见的图像分辨率有QCIF（176×144）、CIF（352×288）、D1（704×576）、720P（1280×720）、1080P（1920×1080）。摄像机成像的最大分辨率是由CCD或CMOS感光器件决定的。现在有些摄像机支持修改分辨率，是通过摄像机自带软件裁剪原始图像生成的。

2. 帧率

一帧就是一幅静止的画面，连续的帧就形成了动画，如电影等。通常所说的帧率（Frame Rate）就是在1秒钟时间里传输的图片的帧数，一般用FPS（Frames Per Second）表示。每一帧都是静止的图像，快速连续地显示帧便形成了运动的假象，还原了物体当时的状态。高帧率可以得到更流畅、更逼真的动画。每秒钟帧数越多，所显示的动作就越流畅。一般来说，图像帧率设置为25FPS或30FPS已经足够。

3. 码流

码流（Data Rate）是指视频图像经过编码压缩后在单位时间内的数据流量，也叫码率，是视频编码中画面质量控制最重要的部分。同样的分辨率下，压缩比越小，视频图像的码率就越大，画面质量也越高。

分辨率、帧率及码流之间的相互关系如图3-72所示。

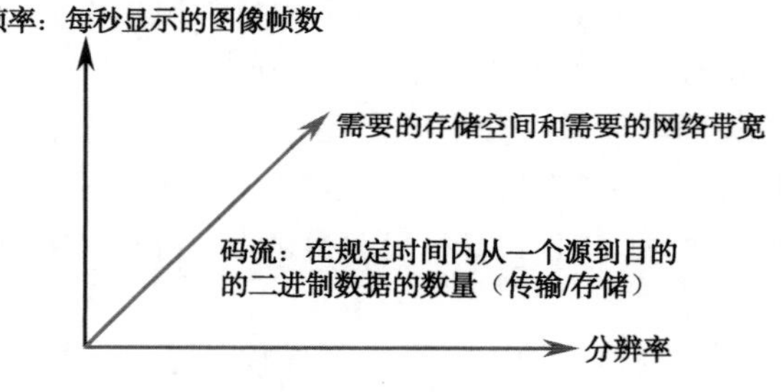

图3-72　分辨率、帧率与码流的关系

对于静止的图像，用较低的码流即可获得较高的图像质量；对于运动的图像，需要配置较高的码流。举个例子，针对720P的摄像机来说，典型的码率为2M，对于室内场景，因运动物体较少、速度较小，配置2M码率即可满足要求；对于道路监控场景，因车流速度快、场景变换大，可能需要配置4M码率。在实际应用中，应该配置为变码率，使其更好地适应场景变化。

DVR的容量需求计算根据编码后图像的分辨率及流畅度（帧率）和码流决定（以下均为全帧计算）。

（1）模拟图像所需容量计算。

所需存储空间的大小=每路每小时所在存储空间×24（单位：小时，一天的时长）×路数×天数（保存的天数）÷0.9（磁盘格式化的损失为空间的10%）

每路每小时所在存储空间=码流大小（单位：KB/s，即比特率÷8）×3600（单位：秒，1小时的秒数）

各种 DVR 录像画质与占用硬盘空间对比如表 3-5 所示。

表 3-5　DVR 录像画质与占用硬盘空间

录像画质	CIF 画质	Half-D1 画质	D.CIF 画质	D1 画质
一般活动	25～200M/h	60～430M/h	50～400M/h	110～800M/h
复杂/剧烈活动	50～250M/h	150～680M/h	150～680M/h	190～900M/h
夜间/光线较暗	25～150M/h	130～380M/h	90～280M/h	190～500M/h

（2）数字图像所需容量计算。

对数字图像实现每天 24 小时不间断存储，采用 4Mb/s 码流，数据保存周期为 30 天，共计 1 路视频，则所需硬盘容量计算方式如下：

视频码流÷8（转换为字节）×3600（得到一小时存储容量）×24（得到一天存储容量）×30（得到 30 天存储容量）×1（得到 30 天 1 路视频存储容量）÷1024（转化单位为 GB）÷0.9（考虑到格式化后的硬盘损失为 10%）÷1024（转化单位为 TB）

$$4\div8\times3600\times24\times30\times1\div1024\div0.9\div1024\approx1.37\text{TB}$$

3.7.4　压缩算法

市面上主流的 DVR 采用的压缩技术有 JPEG、MPEG-1/MPEG-2、MPEG-4、H.264、M-JPEG，而 MPEG-4、H.264 是国内最常见的压缩方式。

1. JPEG

JPEG 的压缩率为 1/20～1/80，适合静态画面的压缩，分辨率没有选择的余地。以往的 JPEG 压缩技术是直接处理整个画面，所以要等到整个压缩文档传输完成才开始进行解压，进而生成影像画面，这样的方式造成传输一个高解析画面时需耗时数十秒甚至数分钟。而新一代的 JPEG 采取渐层式技术，先传输低分辨率的文档，然后再补送细部资料，使画面品质得以改善。这种方式所需的时间虽然与原先的方式一样，但由于可以先看到画面，所以使用者会觉得这种方式比较好。

2. MPEG 系列

MPEG-1、MPEG-2 在影像移动不大的情况下压缩率约为 1/100（一般 VCD、DVD 约为 1/35），若从 VCD、DVD 的规格来看，MPEG-1 的分辨率为 320×240（或以下），MPEG-2 则通常为 720×480。MPEG-1、MPEG-2 传送的是一张张不同动作的局部画面。

3. MPEG-4

至于压缩率为 1/450（静态图像可达 1/800）、分辨率输入可从 320×240 到 1280×1024 的 MPEG-4，则是专为移动通信设备（如移动电话）在因特网实时传输音频/视频信号而制定的最新 MPEG 标准。MPEG-4 和 MPEG 以往的版本相比，最大不同之处在于 MPEG-4 使用图层方式，能够智能化选择影像的不同之处，再压缩个别编辑画面，使图文件容量大幅缩减，而加速音频/视频的传输。有人认为 MPEG-4 的出现，对于 DVR 厂商而言无疑是一大福音，然而也有厂商认为，MPEG-4 规格虽已定出，但实际应用于 DVR 的技术却尚未成熟，现阶段无论以软、硬件来实现都有待突破。

4. H.264

H.264 的产品在保证图像质量的前提下，可以提供 720P 分辨率下 3M 码流的压缩视频、1080P 分辨率下 6M 码流的压缩视频。H.264 压缩编码技术还将进一步发展，在高清高速球上实现 High Profile 的压缩编码能力也将成为可能，High Profile 将提供更高的压缩率和更好的图像质量，同时也能提供高效无损视频编码，满足平台视频智能分析的需要。

5. H.265

2013 年 2 月，ITU-T VCEG 正式推出视频压缩最新标准 H.265，为音视频服务提供了更优的编码方法。H.265 标准被冠名为 HEVC。

H.265 之前的视频压缩标准主要为 ITU-T 的 H.26X 系列和 ISO 的 MPEG 系列。H.26X 系列标准经历了 H.261、H.263、H.263+几代，而 MPEG 系列则经历了 MPEG-1、MEPG-2、MPEG-4 几代。继 H.263+和 MPEG-4 后，ITU-T 和 ISO 合作成立了 JVT，制定了 H.264/AVC。自 H.264 推出之后，应用领域不断扩大，效果越来越好，在取得初步成功后，最终于 2013 年 2 月正式推出 H.265。这个标准相比 H.264 有着非常大的改进。

新标准 H.265 在 H.264 的基础上，改进了部分相关技术，应用新技术完善了码流、编码质量、延迟、算法复杂度间的关系，以获得最优设置。H.265 的主要研究内容为提升压缩效率、健壮性及错误恢复能力，降低实时延迟、信道获取时间、随机接入延迟、复杂度等。从存储代价上考虑，和 H.264 比较，H.265 可以节约大概 50%的存储空间，明显降低了视频的存储代价。较之 H.264，H.265 最大的优势为能够在保证画面质量基本不变的条件下，使数据传输带宽降低到 H.264 的 50%，而且它还支持高达 7680×4320 的分辨率。所以即便是 2160P 或者更高级别的超高清视频，也一样能够使用 H.265 来编码。在编码架构方面，H.265 与 H.264 高度相似，主要由帧内预测、帧间预测、转换、量化、去区块滤波器、熵编码等模块构成。而 H.264 编码架构被分成三个基本单位：编码单位、预测单位和转换单位。除此之外，H.265 同样使用了更新的运动矢量测试，在多核并行化工作方面完成了更大的改进，在某些新技术下，能够高效地完成压缩处理工作。H.265 标准在同等的内容质量上会显著减少带宽消耗，有了 H.265，高清 1080P 视频和 4K 视频的网络播放将不再困难。

【技能训练】 硬盘录像机基本性能测试

1. 实训目的

（1）熟悉硬盘录像机的功能，了解 DVR 系统的相关设备驱动电路参数。

（2）掌握硬盘录像机的日常操作。

（3）掌握应用硬盘录像机通过解码器控制云台和镜头的方法。

2. 实训器材

（1）设备：

硬盘录像机 DH-DVR0804LK 1 台。

室内解码器（通用型）1 台。

一体摄像机 1 台。

枪式彩色摄像机 3 台。

镜头2 台。

三可变镜头 1 个。

全方位云台 1 个。

彩色监视器（14 寸）1 台。

普通云台 1 个。

BNC 接头若干。

两芯屏蔽线若干。

同轴电缆若干。

（2）工具：

小号一字螺丝刀 1 把。

小号十字螺丝刀 1 把。

大号一字螺丝刀 1 把。

大号十字螺丝刀 1 把。

剪刀1 把。

绝缘胶布 1 卷。

万用表 1 台。

焊锡工具 1 套。

3. 实训内容

构建一个以 DVR 为核心的视频监控系统（见图 3-73），并完成以下操作。

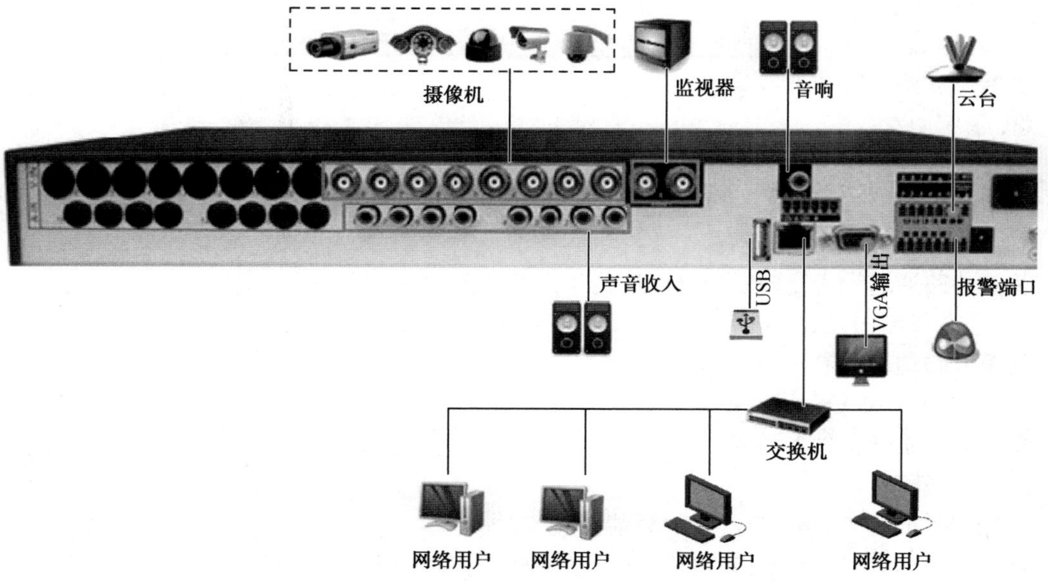

图 3-73　硬盘录像机设备连接图

（1）获得硬盘录像机快捷菜单。

在硬盘录像机上单击鼠标右键，弹出快捷菜单。逐项记录菜单内容，填写下表。

菜 单 项	实 现 功 能

（2）获取硬盘录像机主菜单。

用系统默认账号及密码进入硬盘录像机主菜单，逐项记录菜单内容，填写下表。

主　菜　单	一级子菜单	二级子菜单	实 现 功 能

（3）熟悉硬盘录像机的日常操作，写出以下操作步骤。

① 屏幕显示。

多画面的切换：________________________________。

调看第 n 路实时图像：________________________________。

② 录像调看。

调看录像操作：________________________________。

其中，可按________________________________等方面进行录像文件的搜索。

③ 录像方式的选择和设置。

将第 n 路通道设为定时录像（时间为早上 8 点到晚上 5 点）：________________。

④ 动态侦测的设置。

将第 n 路通道的右下角设为动态侦测区域：________________________。

⑤ 录像文件备份。

将指定的录像文件备份到 U 盘：________________________。

⑥ 用户管理。

增加一个名为“baoan”的组，只能监看实时图像：________________________。

增加一个名为“zhangsan”的用户，并加入刚建立的组，更改其密码：________________。

（4）实现硬盘录像机对云镜的控制。

① 完成 RS-485 总线的连接。

② 完成硬盘录像机的相应设置。

硬盘录像机的基本功能检验

4. 思考题

（1）如果画面多了，如何在画面上直观地知道每个画面的拍摄位置？

（2）每路画面每小时大约需要多少硬盘容量？如何计算 4 路、1 个月、每天 24 小时需要的硬盘容量？

（3）如何操作实现画面的暂停、快进、倒放、慢放？

硬盘录像机的报警联动功能实现

5. 讨论分析

（1）简述硬盘录像机的功能。

（2）如何配置以硬盘录像机为核心的视频监控系统？

【技能训练】 基于DVR网络视频监控系统的应用

1. 实训目的

（1）熟悉视频监控系统网络化的系统构建。

（2）掌握硬盘录像机的操作要领。

（3）通过C/S和B/S两种方式，远程控制前端的DVR，熟悉相关参数配置及网络设置操作。

（4）实现报警视频联动。

2. 实训器材

（1）设备：

网络球形摄像机（1# 前端）1台。

网络枪式摄像机（2# 前端）1台。

彩色摄像机、手动镜头、室内防护罩、摄像机支架组合的前端设备1套（3# 前端）。

彩色监视器1台。

硬盘录像机1台。

本地计算机1台。

交换机1台。

主动红外探测器、紧急按钮各1个。

（2）工具：

小号十字螺丝刀1把。

（3）材料：

1#、2#、3# 前端摄像机连接网线、视频电缆若干。

AC 24V/DC 12V电源适配器2台、AC 220/DC 12V电源适配器1台。

混合式DVR连接解码器的控制电缆1条（2芯线）。

混合式DVR后面板配套的转换接口1个。

声光报警器1个。

3. 实训原理

本实训的系统原理如图3-74所示。

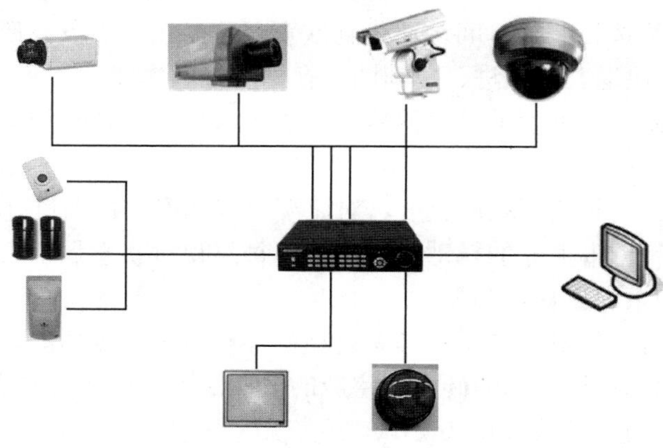

图3-74　系统原理图

4. **实训内容**

（1）构建混合式 DVR 视频监控系统。

根据系统原理图，按照以下信号和相关设备进行接线。

① 视频信号：摄像机、DVR、监视器。

② 控制信号（RS-485/云台/镜头）：DVR。

③ 网络信号：DVR、计算机、网络摄像机。

④ 电源：摄像机、计算机、DVR、监视。

⑤ 探测器报警信号接入 DVR 报警输入端，警灯接入报警输出端。

（2）混合式 DVR 的设置。

完成以下设置。

① 网络参数：设置混合式 DVR 的 IP 地址、子网掩码、默认网关等参数。

② 视频通道添加：将网络摄像机、模拟摄像机添加进硬盘录像机。

③ 预置点：设置球形摄像机的相关预置点。

④ 录像计划：分通道设置不同的录像计划配置。

⑤ 视频预览配置：配置通道显示窗口及完成通道 OSD 设置。

⑥ 移动侦测等设置：完成通道事件分类及参数设置。

⑦ 报警输入/输出设置：根据物理接口设置报警防区与报警输出参数，实现报警视频联动。

（3）功能测试。

① 多路画面实时录像。实时录像功能测试，多种录像触发模式，包括定时录像、事件录像等。进行定时录像、事件报警录像、报警录像时间段的设置测试。

② 多路画面实时显示。多种显示方式的切换测试。

③ 图像压缩质量设置。调节视频采集率、图像压缩质量、帧率。

④ 报警录像可外接探测器，实现录像机报警联动录像功能。

⑤ 字符、时钟叠加。每路视频都可叠加日期、时间、摄像机标题字幕，字幕位置可调。

⑥ 视频移动报警联动录像。具有视频图像动态检测功能，设置不同的检测区域，检测灵敏度可调。在每个检测区域如果有人入侵或物体位置挪动而导致这些点的图像亮度变化时，会产生报警并联动录像。

⑦ 视频丢失报警。每路视频信号一旦消失，录像机会给出视频丢失报警指示。

⑧ 查询和回放。可按日期、时间迅速找到欲查对象，查询手段方便、简单。在查询回放时，录像机具备快进、快退、单帧进、单帧图像存储及打印功能。

⑨ 云台和镜头控制。当配置前端解码器时，可对云台、摄像机镜头等前端设备进行实时控制。

⑩ 视频参数设置。对每路视频的亮度、对比度、饱和度和色调进行设置。

⑪ 自动监测。具有无人值守的自动监测功能、每路视频状态显示和报警显示功能，以及录像硬盘使用容量和剩余容量显示功能。

⑫ 自动覆盖。硬盘录像机存储图像具有自动循环和自动覆盖功能，当所有录像硬盘全部录满时，录像机会自动循环到最初的硬盘，将新的记录覆盖在最初的硬盘上。

⑬ 远程图像显示。通过局域网、Internet 可实现远程图像实时显示、录像、回放功能。

⑭ 用户密码权限管理，用户安全密码保护，能有效防止无关人员操作。

（4）通过 IE 浏览器采用 B/S（浏览器/服务器）模式访问混合式 DVR。关闭监视器开关，模拟远程网络控制。

① 在 IE 浏览器中输入需要访问的 DVR 地址（如自己的桌号对应的 192.168.1.102），在打开的页面中选择安装 Web 控件。

② 以设置好的用户名和密码登录。

③ 进行画面切换，实现通过网络的基本控制。

④ 为体验网络的数字传输，观察网络流量。

写出操作步骤，并记录通道号、静止画面时观察到的最小流量、画面变化时观察到的最大流量。

⑤ 为体验画面的质量，查找每帧画面的分辨率。

执行“视频”→“回放控制条”→“抓图”命令，在 C 盘 picture 目录中，填写每个画面的分辨率。

⑥ 为便于多用户同时访问 DVR，需要添加用户。

执行“辅助设置”→“用户管理”命令，在 admin 组中添加 3 个用户，便于通过网络访问。然后把用户名和密码告诉旁边的计算机使用者，让其他计算机也能远程访问。

⑦ 通过网络控制云台和镜头。

单击画面选中解码器连接的云台/镜头对应的视频通道，鼠标右键单击云台控制，实现对镜头和云台的控制（注意观察效果）。

（5）使用客户端软件采用 C/S（客户端/服务器）方式访问 DVR。

打开桌面客户端软件，通过网络登录系统，各选项介绍如下。

- 名称：便于操作者识别的名称。
- IP 地址或域名：需要访问的 DVR 的 IP 地址（如访问 2 号台的 DVR，则输入 192.168.1.102）。
- 端口号：和需要访问的 DVR 设定的端口号相同，如 37777。
- 通道：可以是无。

（6）通过客户端软件进行相关操作。

① 如何实现画面的自动循环监视？

操作步骤：____。

② 如何控制录像的启动和停止？

操作步骤：____。

③ 如何修改通道名称，使观察的视频有一个确定的场景名称？

操作步骤：____。

④ 如果需要对通道 2、每周 7 天、8:30～11:30 和 13:30～17:30 时间段进行自动录像，如何操作？

操作步骤：____。

⑤ 如何查询当前课堂时间的录像？

操作步骤：____。

（7）关机。

① 用鼠标右键单击主菜单，在弹出的快捷菜单中选择“关闭系统”命令，选择关闭 DVR，单击“确定”按钮。待监视器画面消失后，再关闭后面板上的开关。

② 关闭彩色监视器电源开关。

③ 关闭实训台后面电源插座的总开关。

④ 拔除所有电源插头。

5. 讨论分析

（1）如果对混合式 DVR 图像参数的码流、分辨率等进行调整，应用效果如何？简单写出原因。

（2）针对本实训，简要写出混合式 DVR 网络视频设置和网络视频输入添加的操作过程。

3.8 NVR 的原理及应用

随着 IP 网络的快速发展，视频监控行业也进入了全网络化时代。全网络化时代的视频监控行业应用中，NVR（Network Video Recorder，网络视频录像机）成为中小型网络视频监控系统的核心设备。NVR 最主要的功能是通过网络接收 IP Camera（网络摄像机）、DVS（视频编码器）等设备传输的数字视频码流，并进行存储和管理。NVR 全称为 Network Video Recorder，相对于 DVR（Digital Video Recorder）而言，其核心优势主要体现在网络化。

3.8.1 DVR 与 NVR 的区别

DVR 是实现监控图像浏览、录像、回放、摄像机控制和报警功能的监控主机设备。DVR 系统中，中心部署 DVR，监控点部署视频设备（模拟摄像机）、音频设备（拾音器/麦克风）及报警设备（温感/烟感）等，各个监控点设备与中心 DVR 分别通过视频、音频、控制、报警等线缆一一相连。DVR 提供集中编码、录像及监控信号回放功能。

NVR 系统中，中心部署 NVR，监控点部署网络摄像机或视频适配器，监控点设备与中心 NVR 之间通过任意 IP 网络相连。监控点视频、音频及告警信号经网络摄像机或视频适配器数字化处理后，以 IP 码流形式上传到 NVR，由 NVR 进行集中录像存储和管理。

DVR 与 NVR 的相同点：具备对摄像机视频的录像、控制功能；可内置硬盘进行录像存储；均可外接显示器进行预览、回放和管理；可实现外接报警装置联动报警。

DVR 与 NVR 的不同点：NVR 接线简单，网络适应性强，接 IP 摄像机只需摄像机接入网络，部署方便，不受地域限制；DVR 接线相对复杂，对于模拟摄像机扩容较复杂，模拟信号传输受地域限制，网络支持功能弱，不能适应复杂网络。

3.8.2 NVR 视频监控解决方案的优势

随着 NVR 技术的完善，NVR 逐渐成为一些中小型视频监控系统的核心设备，广泛应用于超市、连锁店、企业、园区、小区等众多领域。在 NVR 视频监控解决方案中，一般前端接入若干路摄像机，中心通过 NVR 完成录像存储、远程监控、管理及报警等功能。NVR 解决方案拓扑图如图 3-75 所示。

对于监控点较少的本地化监控应用，采用单台 NVR，配合网络摄像机等 IP 前端提供最简单的本地监控组网，IP 前端与 NVR 之间通过内部局域网相连。利用遥控器、鼠标或监控键盘进行简单方便的本地浏览、录像回放及控制操作。也可以通过 PC 客户端进行浏览和管理控制。方案拓扑图如图 3-76 所示，这一方案适合中小型工厂、机房、超市、营业厅等。

对于监控点比较多的本地化监控应用，可采用多台 NVR，配合网络摄像机等 IP 前端提供中大容量本地监控组网。多台 NVR 可通过一台 PC 终端安装相关软件进行集中管理。方案拓扑图如图 3-77 所示，这一方案适合校园、企业及厂区等。

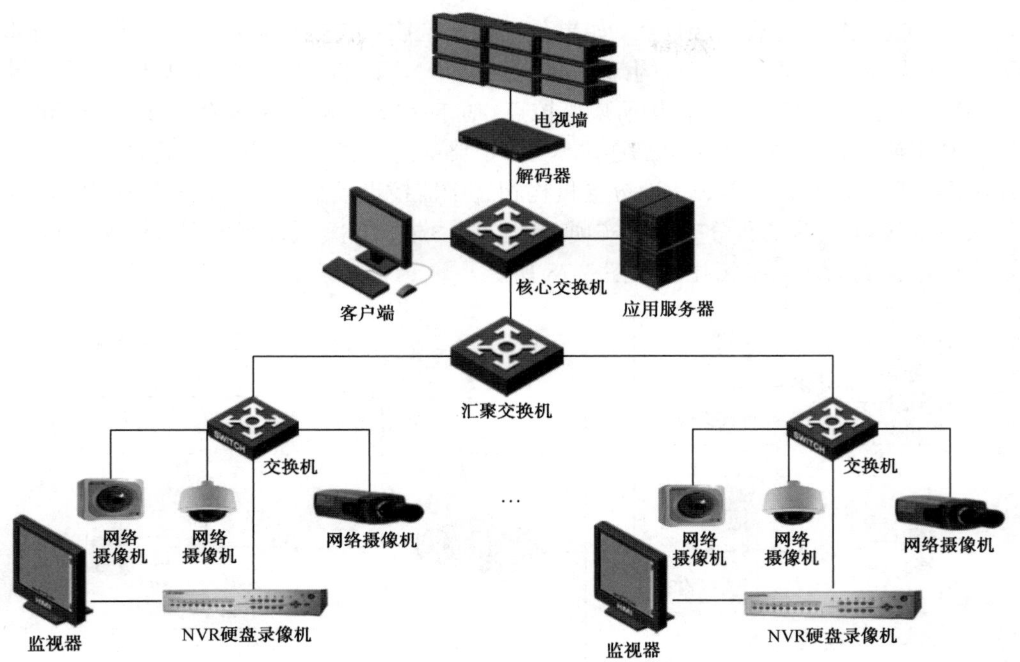

图 3-75 NVR 解决方案拓扑图

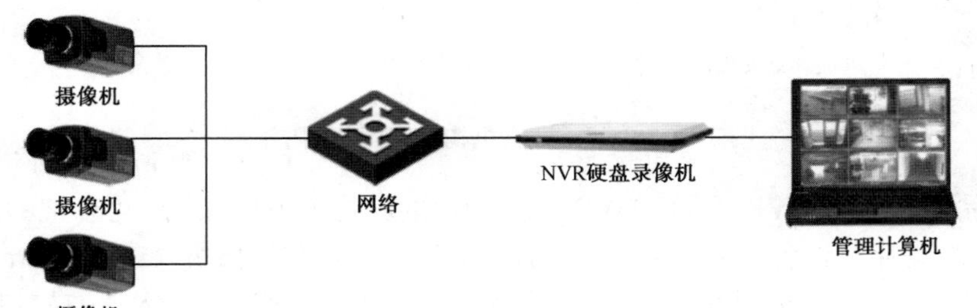

图 3-76 监控点位少的 NVR 系统拓扑图

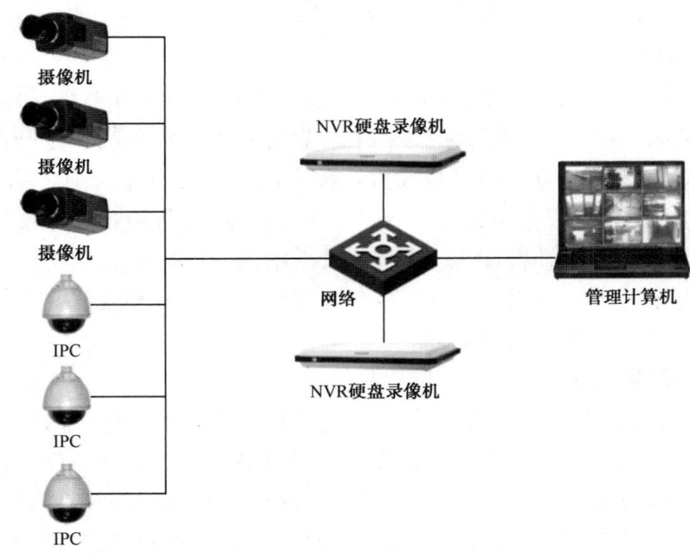

图 3-77 监控点位多的 NVR 系统拓扑图

对于有分支机构的远程监控应用，如果分支机构监控点较多且需要在分支机构进行本地操作和管理，可同时在总部和分支机构部署 NVR，总部 NVR 通过网络接入总部所属监控点，分支机构 NVR 通过网络接入分支机构所属监控点。总部和分支机构的 NVR 系统通过 Internet 或内部广域网相连。整个系统可由总部通过一台 PC 终端进行集中管理。总部和分支机构均可进行本地和网络监控应用。总部、本地分支机构相当于监控点较少的本地化监控应用，如果点位多就加入多台 NVR，总部和分支结构实现远程监控。这一方案适合有大中型分支机构的政府、企业及商业连锁机构，系统拓扑图如图 3-78 所示。

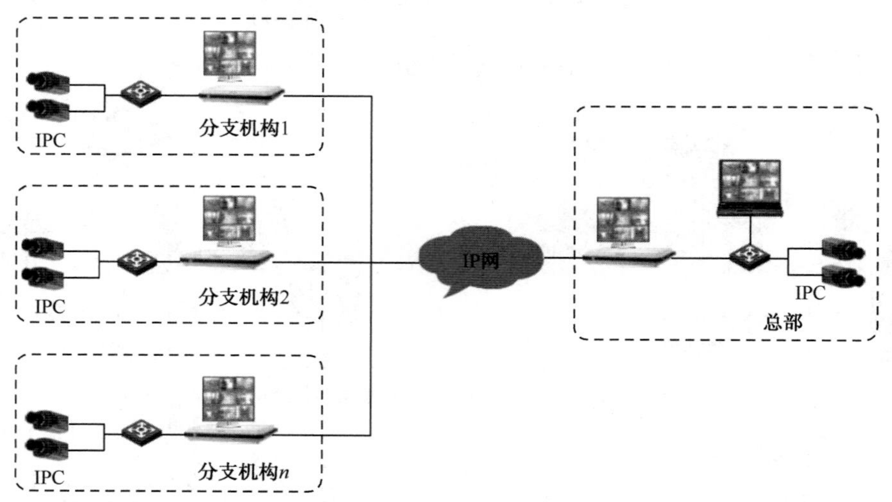

图 3-78　总部—分支机构 NVR 系统拓扑图

NVR 产品的前端与 DVR 不同。DVR 产品的前端就是模拟摄像机，可以把 DVR 当作模拟视频的数字化编码存储设备，而 NVR 产品的前端可以是网络摄像机（IP Camera）、视频服务器（视频编码器）、DVR（编码存储），设备类型更为丰富。它既可以接入原有模拟系统的 DVR 设备，也可以接入数字化系统的视频服务器、IP Camera，以及更高的高清摄像机。

对比 DVR 监控方案，NVR 监控方案一般具有如下优势。

1. 安装方便，使用简单

NVR 监控方案极大地简化了监控系统中可能涉及的设备种类和数量，取代了 DVR 监控系统中的视频线、音频线、报警线、控制线等，中心点与监控点都只需一根网线即可连接，不仅简便，也节约了成本。即插即用式的安装设置，接上网线、打开电源后，系统自动搜索 IP 前端、自动分配 IP 地址、自动显示多画面，减少了日后维护设备的难度。使用时有多种方式浏览监控图像、管理摄像机等，具备 PTZ 功能，只需用鼠标在画面上点击即可实现监控画面的拉近、拉远、水平/垂直移动（无需键盘），客户端软件（采用 B/S 或 C/S 架构）有多种手段进行本地与远程的管理控制，操作简单方便。

2. 多样化、可靠的存储

NVR 支持中心存储、前端存储及客户端存储三种存储方式，并且内置大容量硬盘，设有硬盘接口、网络接口、USB 接口，满足了海量的存储需求。前端可接 SD 存储卡，而且网络摄像机支持将视频流封装成数据包并做上 iSCSI 标记，这样所有的视频流就可以自动放入 IP SAN 存储设备，从而大幅度降低 NVR 管理服务器的处理压力。可通过 AES 码流加密、用户认证和授权等多种手段确保安全，安全性高。

3. 扩展能力强，部署与扩容灵活

在全网络化架构的视频监控系统中，监控点设备与NVR之间可以通过任意IP网络互联，监控点可以位于网络的任意位置，不受地域限制。NVR硬盘录像机监控方案能够实时处理高质量的动态图像，并支持多用户同时访问。网络摄像机都以IP地址进行标识，增加设备方便，网络摄像机采用统一的协议在网络上传输，支持跨网关、跨路由器的远程视频传输，NVR可实现大规模远程的扩展。网络适应性强，可支持TCP/IP、UDP、HTTP、DHCP、PPPoE、RTP、RTSP、FTP、SMTP、DNS、DDNS、NTP、ICMP、ARP、3GPP等多种网络协议。

4. 远程系统维护和端到端系统管理

NVR可实现传输线路、传输网络及所有IP前端的全程监测和集中管理，包括状态和参数均可实时调整，维护方便。NVR硬盘录像机监控方案提供多种访问方式，如软件访问和远程Web访问。管理员通过软件远程管理系统设备，不必到达设备现场，提高了设备维护效率。同时，管理员可以对用户信息进行修改：远程增加或删除监控地点、用户的控制权限、录像时间和报警等信息。当这些信息修改之后，管理员不用对客户端进行维护，用户只要重新登录系统一次，即可得到管理员重新分配的信息，大大地减轻了管理人员的软件维护工作量，与DVR的图形界面操作相比具有明显的优势，使用操作简便。

NVR又叫网络视频录像机，是一类视频录像设备，与网络摄像机或视频编码器配套使用，对通过网络传送过来的数字视频进行记录。其核心价值在于视频中间件，通过视频中间件的方式广泛兼容各厂家不同数字设备的编码格式，从而实现网络化带来的分布式架构、组件化接入的优势。

NVR最主要的功能是通过网络接收IPC（网络摄像机）设备传输的数字视频码流，并进行存储、管理，从而实现网络化带来的分布式架构优势。简单来说，通过NVR，可以同时观看、浏览、回放、管理、存储多个网络摄像机。它摆脱了计算机硬件的牵绊，再也不用面临安装软件的烦琐。如果所有摄像机都网络化，那么必由之路就是有一个集中管理核心出现。

3.8.3　NVR的具体应用

1. NVR的访问方式

将NVR相关线路、接口连接完成后，可以通过以下四种方式访问设备并进行相关参数设置：一是DVR、NVR连接显示器直接访问；二是通过浏览器访问，在相关浏览器中登录访问；三是通过手机访问，用手机App软件注册添加访问；四是通过管理软件访问，如客户端软件添加访问网络硬盘录像机等。

2. NVR的主要参数设置

网络硬盘录像机的主要参数设置以浏览器访问方式为主来介绍，设置关键参数主要包括设备的网络参数设置、通道设置、预览、录像计划设置、事件设置等。先通过浏览器访问网络硬盘录像机，以海康威视NVR为例，输入正确的用户名和密码登录设备。

1）参数配置

登录设备后，可以通过网页上部的配置菜单进行设置。如图3-79所示，设置基本信息、时间配置等。

图 3-79　NVR 配置界面

2）通道管理

可通过多种方式添加摄像机进入 NVR，可以采用快速和自定义添加方式，确定添加进 NVR 的摄像机；还可以删除 IPC，实现对 IPC 的管理配置；修改摄像机主辅码流、分辨率、编码格式等视频参数信息；修改通道的名称和时间格式及 OSD 叠加；根据监控环境调节图像参数，以达到最佳监控效果。NVR 通道管理界面如图 3-80 所示。

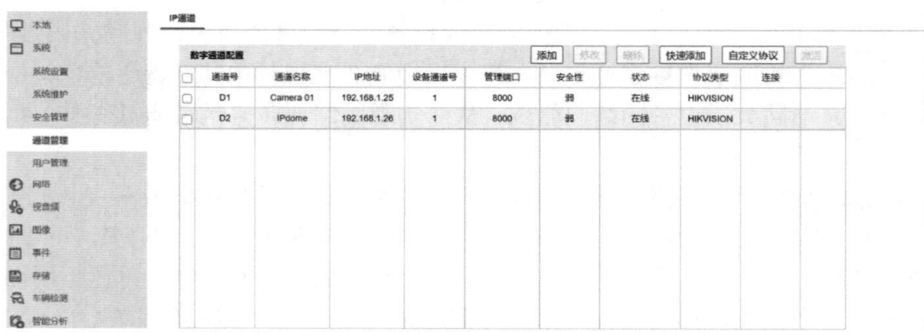

图 3-80　NVR 通道管理界面

3）图像预览

摄像机添加完成后，可以通过网页的预览菜单实时预览 NVR 接入的摄像机的图像情况。NVR 图像预览界面如图 3-81 所示。

图 3-81　NVR 图像预览界面

4）录像计划配置及硬盘管理

可以编辑录像计划，配置录像时间、事件触发录像及抓图等计划，并对硬盘进行管理。这些操作在“存储”菜单下可以完成，如图 3-82 所示。

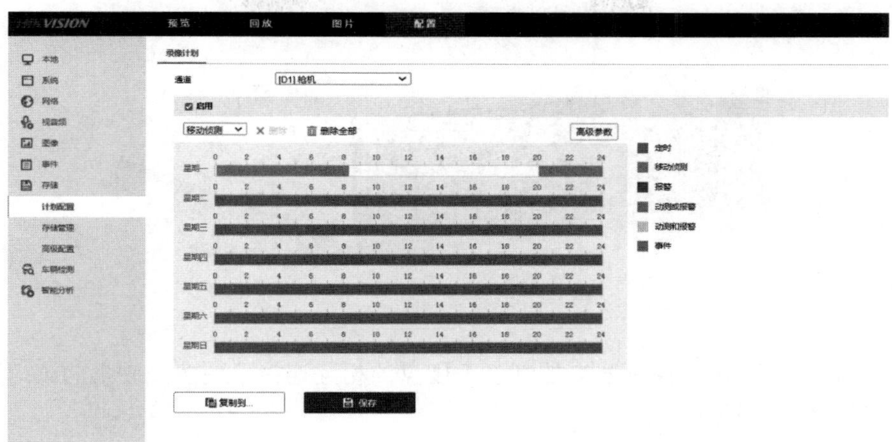

图 3-82　NVR 录像计划配置界面

5）配置报警事件

可以开启移动侦测、区域入侵、视频丢失等报警事件，绘制布防区域，关键监控区域可布防告警，设置布防实践和联动方式，以利于及时响应突发事件。NVR 报警事件配置界面如图 3-83 所示。

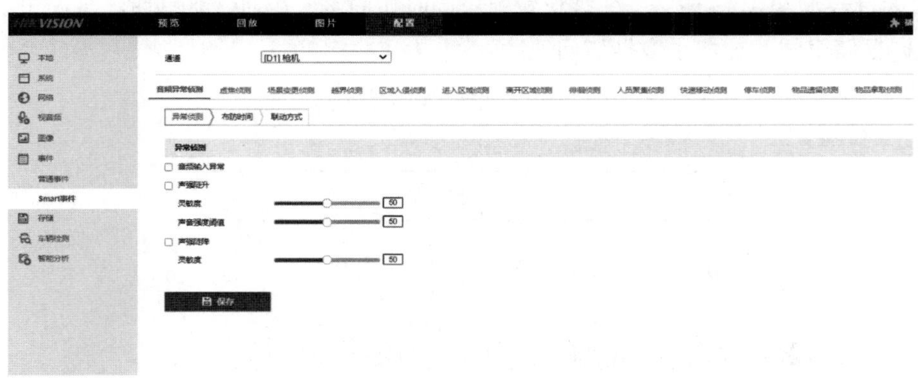

图 3-83　NVR 报警事件配置界面

3.9　存储设备

3.9.1　磁盘阵列

在视频监控系统数字化的过程中，存储技术得到越来越多的应用。存储子系统是为监控点提供存储空间和存储服务的系统，是为用户提供录像检索与点播的系统。在单机 DVR 的时代，人们对存储空间的部署以 GB 为单位，几百 GB 的硬盘是主流。而伴随着 DVR 的网络化及 NVR

的大量应用，单机 DVR 或 NVR 自带的存储空间已经远远不能满足人们对海量视频的存储需求。因此人们将存储功能从 DVR 或 NVR 中剥离出来，让更专业的存储设备来承担，从此，磁盘阵列进入了安防应用，人们谈到的是以 TB 为单位的存储空间。磁盘阵列如图 3-84 所示。

图 3-84　磁盘阵列

磁盘阵列是由一个硬盘控制器来控制多个硬盘的相互连接，使多个硬盘的读/写同步，以减少错误、提高效率和可靠度的技术。

RAID 的全称是廉价磁盘冗余阵列（Redundant Array of Inexpensive Disks）或独立性磁盘冗余阵列（Redundant Array of Independent Disks）。RAID 技术的数据条带化，减少了硬盘寻道时间，提高了存取速度；通过对几块硬盘同时读/取，来提高存取速度；通过镜像或存储奇偶校验，实现数据的冗余保护。常用的 RAID 阵列主要分为 RAID 0、RAID 1、RAID 5 和 RAID 0+1。

1. RAID 0

RAID 0 也叫条带化，它将数据像条带一样写到多个磁盘上，这些条带也叫作“块”。RAID 0 数据读/写的过程如图 3-85 所示。条带化实现了同时访问多个磁盘上的数据，平衡了 I/O 负载，加大了数据存储空间，加快了数据访问速度。

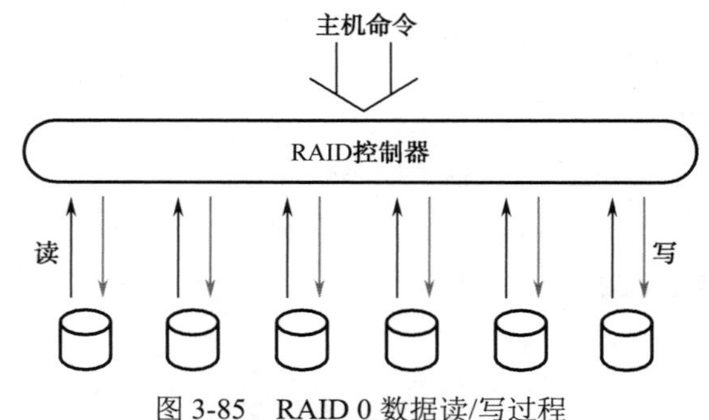

图 3-85　RAID 0 数据读/写过程

2. RAID 1

RAID 1 也称为磁盘镜像。系统将数据同时重复地写入两个硬盘，但是在操作系统中表现为一个逻辑盘。RAID 1 数据读/写过程如图 3-86 所示。所以如果一个硬盘发生了故障，另一个硬盘中仍然保留了一份完整的数据，系统仍然可以正常工作。

3. RAID 5

RAID 5 中，系统可以对阵列中所有的硬盘同时读/写，减少了由硬盘机械系统引起的时间延迟，提高了磁盘系统的 I/O 能力。当阵列中的一块硬盘发生故障时，系统可以使用保存在其他硬盘上的奇偶校验信息恢复故障硬盘的数据，继续进行正常工作。RAID 5 数据读/写过程如图 3-87 所示。

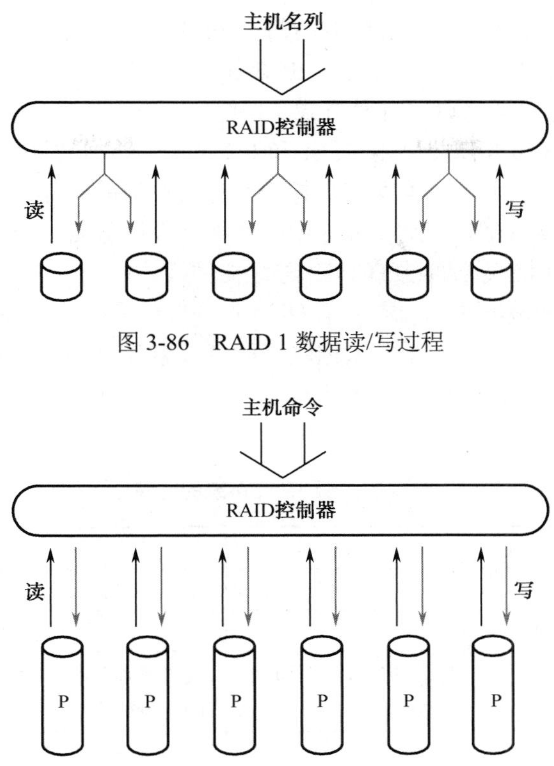

图 3-86　RAID 1 数据读/写过程

图 3-87　RAID 5 数据读/写过程

RAID 0 存取速度最快，没有容错；RAID 1 完全容错，成本高；RAID 3 写入性能最好，没有多任务功能；RAID 4 具备多任务及容错功能，Parity 磁盘驱动器造成性能瓶颈；RAID 5 具备多任务及容错功能；RAID 0+1/RAID 10 速度快、完全容错，成本高。

3.9.2　视频监控存储方式

在视频监控系统中，对存储空间容量的大小需求与画面质量的高低及视频线路等都有很大关系。根据不同的监控环境与要求，目前大致可分为以下几种视频监控存储方式。

1. DVR 存储

DVR 存储采用数字化视频图像处理方式，并应用了计算机及网络技术，视频存储在硬盘上，实现了存储的数字化，录像很容易在各种数字介质上转移和复制，而视频的质量不会因此有任何的降低。另外，DVR 的存储也可以实现远程网络的管理。DVR 引爆了安防数字化升级浪潮。DVR 存储是较常见的一种存储模式，DVR 控制器直接挂接硬盘，目前最多可带 8 个硬盘。但由于 DVR 控制器性能的限制，一般采用硬盘顺序写入的模式，没有应用 RAID 冗余技术来实现对数据的保护。随着硬盘容量的不断增大，单片硬盘故障导致关键数据丢失的概率在同步增长，且 DVR 性能上的局限也影响了图像数据的共享及分析。这种方式的特点是价格便宜，使用起来方便，通过遥控器和键盘就可以操作。DVR 方式适合小规模、分布式的部署。

2. 网络存储

网络存储最为常见的是 NVR 和 SAN，前者是由 DVR 发展而来的。DVR 由接模拟摄像头改为接网络摄像机就是 NVR 了，所以 NVR 集成了 DVR 的各种技术，表现出的特点就是产品非常成熟和稳定，很适合安防行业。IP SAN 基于十分成熟的以太网技术，由于是基于 IP 协议的，因此能容纳所有 IP 协议网络中的部件。IP SAN 使用标准的 TCP/IP 协议，数据可在以太网上进行传输。集中存储主要有以下几种方式。

- DAS——即直接连接存储，采用 SCSI 和 FC 技术，将外置存储设备通过光纤连接，直接连接到一台计算机上，数据存储是整个服务器结构的一部分。
- NAS——即网络附加存储，是一种专业的网络文件服务器，或称为网络直联存储设备，使用 NFS 或 CIFS 协议，通过 TCP/IP 进行文件级访问。
- SAN——即存储区域网络，以数据存储为中心的专用存储网络，网络结构可伸缩，可实现存储设备和应用服务器之间数据块级的 I/O 数据访问。按照所使用的协议和介质，SAN 分为 FC SAN、IP SAN、IB SAN。

各种存储系统的比较如表 3-6 所示。

表 3-6　各种存储系统的比较

类 型 项 目	DAS	NAS	FC SAN	IP SAN
性能	高	低	高	高
可扩充性	低	低	高	高
周边设备	SCSI 卡	以太网卡、以太网交换机	光纤通道卡、光纤通道交换机	以太网卡、以太网交换机
共享能力	低	高	高	高
价格	低	低	高	低
市场定位	中	低	高	中高

可以通过编码器外挂存储设备，利用编码器的外部存储接口进行连接，如图 3-88 所示。它主要采用 SATA、USB、iSCSI 和 NAS 等存储协议扩展。这种方式可以实现编码器容量的再扩展，适合中小规模的部署，监控视频数据通过 RAID 技术在可靠性上得到了一定保障。其中 SATA/USB 模式采用直连方式，不能共享并且扩展能力较低，目前逐渐被淘汰，而在 IP 网络（iSCSI 和 NAS）方式下具有更好的扩展能力和共享能力。但是这种方式由于需要依靠流媒体服务器进行数据的转发和检索，容易在流媒体转发这一环节出现瓶颈，且目前直写通常采用 NAS 存储方式，由于 NAS 自身的文件协议等原因，导致在多节点并发写入数据时效率不高。

服务器连接前端编码器，通过流媒体协议下载数据，然后存放到存储设备上。服务器和存储设备之间可以通过 SAS、iSCSI、NAS、FC 协议连接。集中存储方式适合大中型平台的部署。集中存储方式中，IP 连接模式（iSCSI）和 FC 连接模式有良好的扩展能力及可管理性，是目前采用较多的方式之一。从实际的部署和效果来讲，FC 存储由于强大的性能和数据处理能力，在节点较多的监控环境里较为合适，而 IP 存储由于性能和扩展性的限制，在中小型应用中具备更高的性价比。

3. 云存储

云存储可以实现存储完全虚拟化，大大简化应用环节，节省客户建设成本，同时提供更强的存储和共享功能。云存储中所有设备对使用者完全透明，任何地方、任何被授权用户都可以通过一根接入线与云存储连接，进行空间与数据的访问。用户无须关心存储设备型号、数量、网络结构、存储协议、应用接口等，应用简单透明。云存储对使用者来讲，不是指某一个具体的设备，而是指一个由许许多多存储设备和服务器所构成的集合体。使用者使用云存储并不是使用某一个存储设备，而是使用整个云存储系统带来的一种数据访问服务。所以严格来讲，云存储不是存储，而是一种服务。云存储将是安防未来的主流，但目前国内技术还有许多需要完善之处，特别是与大数据的结合应用。

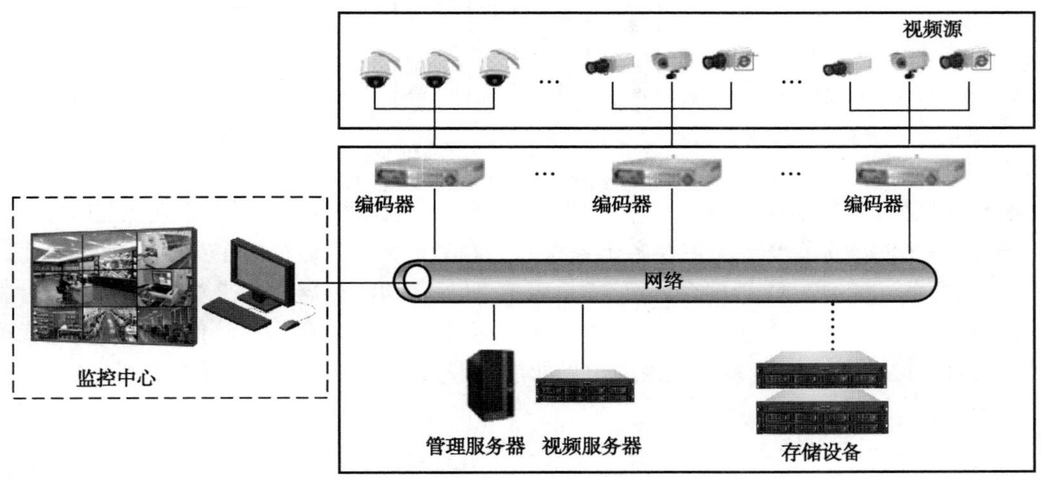

图 3-88　编码器存储连接示意图

值得一提的是，云存储不仅仅是存储，更多的是应用。应用存储是一种在存储设备中集成了应用软件功能的存储设备，它不仅具有数据存储功能，还具有应用软件功能，可以看作服务器和存储设备的集合体。而云存储的基础层基本上是SAN存储，这些SAN数量庞大且分布在多个不同地域，如何实现不同厂商、不同型号甚至不同类型（如FC存储和IP存储）的多台设备之间的逻辑卷管理、存储虚拟化管理和多链路冗余管理，是一个巨大的难题。这个问题得不到解决，存储设备就是整个云存储系统的性能瓶颈，结构上也无法形成一个整体，而且还会带来后期容量和性能扩展难等问题。所以，云和SAN如何高效结合，是未来存储技术提升的关键。

3.10　综合安防管理系统

3.10.1　综合安防管理系统的组成

综合安防管理平台是IP视频技术、视音频数据压缩及解压缩处理技术、互联网技术、自动控制技术、异类系统接口技术等技术相结合的系统。它通过分布式计算机网络将各子系统集成到同一个计算机支撑的平台上，建立起中央监控与管理界面，通过可视化统一的图形窗口，管理人员可以十分方便、快捷地对各子系统及其相应功能实施监视、控制和管理。随着安防技术的飞速发展和应用需求的强劲推动，现在已经越来越显现出综合安防管理平台的重要性和核心作用。当前的安防管理平台主要有两种形式：一种是基于视频监控系统，集成其他子系统，突出视频监控，这类平台在行业内占大多数；另一种是基于门禁控制管理，再主要集成视频监控系统，这类平台突出门禁，多以门禁厂商研发的平台为主。综合安防管理平台的组成如图 3-89 所示。

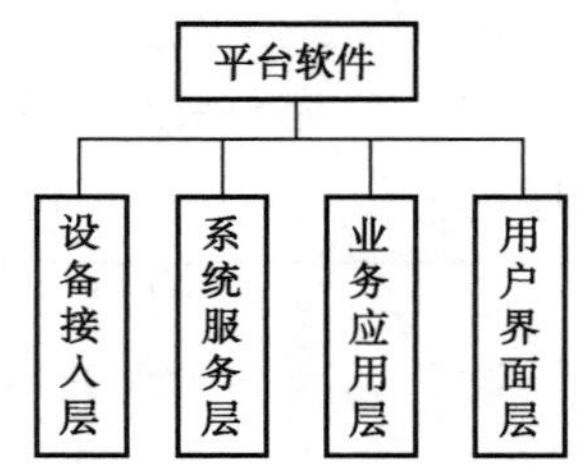

图 3-89　综合安防管理平台的组成

综合安防管理系统是一套具有集中管理、分散控制、优化运行及高效管理特点的综合平台，它具备安防系统的中央管理、监控及各子系统间的联动能力，并通过一个简单易操作的用户界面提供优质服务。综合安防管理系统可通过 Web 服务器和浏览器技术来实现整个应用对象网络上的信息交互、综合和共享，实现统一的人机界面和跨平台的数据库访问。综合安防管理系统的结构如图 3-90 所示。该系统分为用户界面层、业务应用层、系统服务层、设备接入层。

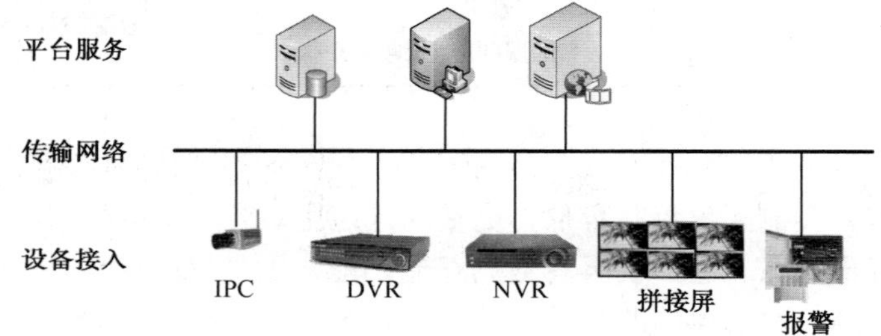

图 3-90　综合安防管理系统的结构

1. 用户界面层

用户界面层是人机交互的界面，采用 C/S 或 B/S 模式，分别如图 3-91 和图 3-92 所示。用 IE 就可以实现在线浏览、设置、控制功能。

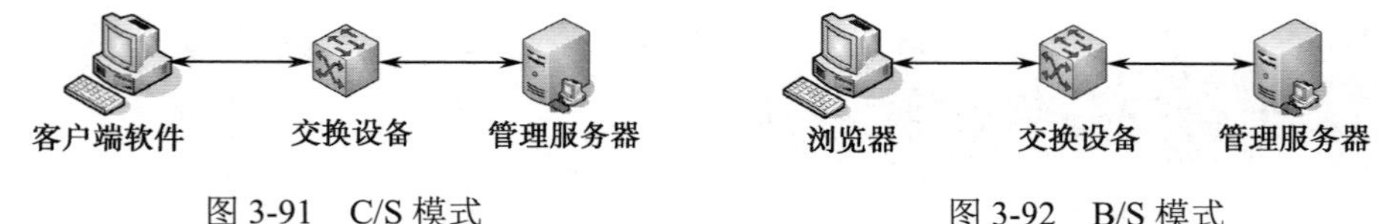

图 3-91　C/S 模式　　图 3-92　B/S 模式

2. 业务应用层

业务应用层包括平台的基本功能，如实时监控、录像回放、日志管理等，另外还包括扩展功能、管理功能、智能功能、安全功能等。本层主要实现综合安防集成平台的通用功能，如报警联动管理、报警预案管理、报警数据查询、报警数据统计及电子地图等，并能通过统一的对外接口向上一层提供通用服务。

3. 系统服务层

系统服务层包括中心管理、设备管理、存储管理、图片管理、WES、GIS。在本层中，利用综合安防集成平台提供接口，结合本行业特点及事件处理与管理流程，实现深度行业化综合管理平台。

4. 设备接入层

本层主要完成各个子系统的接入功能，其基础由综合业务接入抽象层构成，完成各个接入子系统接入功能的抽象，给上层应用提供统一的数据功能结构。在这种设计中，出现新的子系统需要接入时，只需修改系统的接入抽象层就能实现对子系统的对接工作。在保证系统稳定性的前提下，实现接入高效率。设备接入层包括前端设备、系统服务器、客户端、流媒体转发。

3.10.2　综合安防管理平台的特点

综合安防管理平台一般具有以下特点。

（1）具有综合监控和报警功能，对各子系统运行状态和参数进行监控，全中文界面，以形象直观的方式显示子系统运行情况。

（2）具有报警和处理紧急事件时各子系统的联动能力。

（3）具有开放性，采用标准硬件平台，通过以太网连接，采用 TCP/IP 通信协议。

（4）支持 ONVIF、GB/T 28181、IMOS 等标准，能在前端接入行业内国内外主流设备。

（5）通过开放的 OPC、API、SDK 与各子系统进行信息交换，支持众多主流厂商产品集成。

（6）具有集散系统特性，各子系统具有独立工作能力。

（7）基于多层架构（一般是 3～4 层），能支持 B/S 和 C/S 运行，允许多用户操作管理。

3.10.3　综合安防管理平台的功能

现在的综合安防管理平台能集成网络视频监控、门禁、报警、巡更、对讲等子系统于一体。各子系统有机融合、互联互通、操作简便、功能强大、稳定性高。综合安防管理平台通常具有以下功能。

（1）集成：即集成第三方子系统，实现统一管理。

（2）操作管理：设定操作员密码，划分操作级别和权限等。

（3）状态显示：以声光或文字图形显示系统状况。

（4）系统控制：视频图像的切换、上墙、拼接处理、存储、检索和回放，云台、镜头等的预置和遥控；对防护目标的设防与撤防；对门禁权限和门执行机构及其他设备的控制；语音双向对讲和广播联动等。

（5）处警预案：报警时入侵部位、图像、声光、电子地图同时显示，并显示可能的预案。

（6）运维管理：能对平台所涉及设备进行集中管理，包括在线、故障、设备负荷、事件记录和查询、操作员管理、系统状态显示等，很适合大型平台系统的应用。

（7）生成报表：可生成和打印各种类型的报表，如报警时能实时打印报警时间、地点、警情类别、接处警情况等。

1. 实时监控

（1）在客户端可以进行多画面显示，每个画面都可以任意切换系统内的图像，并可将图像的多画面布局组合、轮巡切换方式及摄像机预制位等监控模式以文件的方式进行保存，方便多次调用。

（2）可以依据地域、重点区、管理权限等原则将实时图像进行分组，通过巡视组或手动的方式随时进行实时图像的调阅。

（3）具备图像自动轮巡功能，可以用事先设定的触发序列和时间间隔对监控图像进行轮流显示，参与轮巡的图像和先后顺序可以任意选择。可以指定某些设备在某一时间内执行某种特定的动作。巡视组的建立包括图像、布局、电子地图等多种元素，方便监控人员对图像进行管理及分类。

（4）图像可以支持从 CIF、D1（704×576）直至百万像素以上级别的分辨率，并支持双码流传输。有效保障图像的可识别性，保证高品质、有效用的图像传输与最终在监控中心的呈现。

2. 录像查询

（1）基于本地录像和网络录像的特点，可分为本地录像回放及网络录像回放两种录像检索方式。

（2）可以通过时间、地点、摄像机编号、事件（移动侦测、报警录像）名称等进行检索，为管理人员提供完善的使用操作程序。

（3）可以自由地对视频文件进行拼接，对重点图像及时保存，也可以打印图像文件。

（4）由于系统录像的容量非常大，会给检索工作带来很大的困扰，系统需要能采用同步时间条回放及时间切片的功能使监控人员能够快速锁定事发点，提高工作效率。

3. 报警联动

（1）系统具有视频信号丢失的报警功能。

（2）具有报警信息可调用系统和用户自定义的宏指令，并能启动相应的处置流程。可以根据需要设定联动的事件（包括通过网络消息或数据库引发的事件），并可定义执行联动功能的设备类型、名称和动作；可以在整个系统范围内让指定的设备响应事件，进行相应的动作或执行某种操作。

（3）可以通过模块接口实现声光报警；可以对同一个重复报警进行自动过滤；可以通过手动临时屏蔽不需要的报警。

（4）系统能够显示全网所有监控点的报警状态，包括开关量报警、视频信号丢失报警、移动侦测报警、外部传感器报警、设备运行状态报警等多种报警信息。

（5）平台对报警信息进行详细记录，包括报警源、报警等级、报警类型、开始时间、结束时间、处理人员、处理结果等信息。管理员可以使用模糊查询等方式回查报警信息，搜索条件包括报警源、报警等级、报警类型、开始时间，结束时间等。报警等级包括全部、普通、重要、警告、错误报警等；报警类型包括全部、手动按钮、前端报警、视频丢失、移动侦测等。

4. 电子地图

（1）电子地图以 BMP、JPG 格式进行存储，能叠加显示道路、建筑物、摄像机等信息。

（2）可以支持多级电子地图。

（3）摄像机位置图层包含摄像机和报警点的位置。不同类型的摄像机使用不同的图标表示，通过单击该图标进行视频切换。可自由组合多个相关摄像机进行分组，可以启动该组的多个摄像机同时向不同的监视器切换。

5. 设备管理

（1）平台支持各类具备通信接口并提供通信协议的设备接入，所有的图像资源实行统一编号、统一配置、统一调度和统一管理。管理员可以对系统中的任何一种设备进行远程批量读取和配置，并可分别或分批调整设备的各类参数。系统设置的过程是在后台进行的，不影响当前的监控操作。

（2）系统具有对设备进行定时巡检和校对时钟的功能，巡检内容包括网络连接状态、系统运行状态、连接客户端的数目及设备厂商提供的运行状态参数，将取得的数据存储在日志中，并能以曲线、图表等方式显示当前或历史的状态。

（3）可以远程调整系统中硬件资源的参数配置。

6. 计划管理

（1）依据系统图像的特殊性，需要把所有的前端图像进行存储，平台应用中提供计划管理，可以进行录像计划设定，可以由管理人员根据每个摄像机录像时间和质量的不同进行相应的配置。

（2）为每个摄像机配置录像计划时可以设置录像时间，用于调整录像时间。

（3）计划管理中可以通过报警计划的设定来对相关的报警输入进行设置，包括图像、音频、文字等报警警告综合输出。

7. 系统维护

（1）平台具备自检、巡检、故障诊断及故障弱化功能。在出现故障时，用户可以通过平台软件及时、快速地进行维护。通过平台，可以轻松实现整个系统动态环境一致性维护，减轻系统维护工作量。

（2）实时日志让每个管理人员通过日志窗口实时检测系统的运行情况。

8. 系统集成

（1）良好的系统架构，平台支持第三方系统再开发，实现无缝集成。

（2）根据平台的接口规范进行开发，可实现与原有系统对接。

3.11 智能视频监控技术

智能视频监控技术（Intelligent Video Surveillance）起源于计算机视觉技术（Computer Vision），它对视频进行一系列分析，从视频中提取运动目标信息，发现感兴趣事件，根据用户设置的报警规则，自动分析判断报警事件，产生报警信号，从而可以在许多场合替代或者协助人为监控。

早期的视频分析技术多数基于后端服务器方式，该方式对后端服务器资源占用比较高，不利于大规模、分布式的部署。

目前，许多 IPC 厂商已经直接把视频分析功能植入 IPC 内，利用 IPC 的芯片实现视频分析算法，从而实现分布式的智能分析。

把视频分析技术嵌入 IPC 中是未来 IPC 发展的一个趋势。

目前主要的视频分析功能模块包括入侵探测、人数统计、车辆逆行、丢包检测、人脸识别、行为分析等。

视频分析的不同部署方式如图 3-93 和图 3-94 所示。

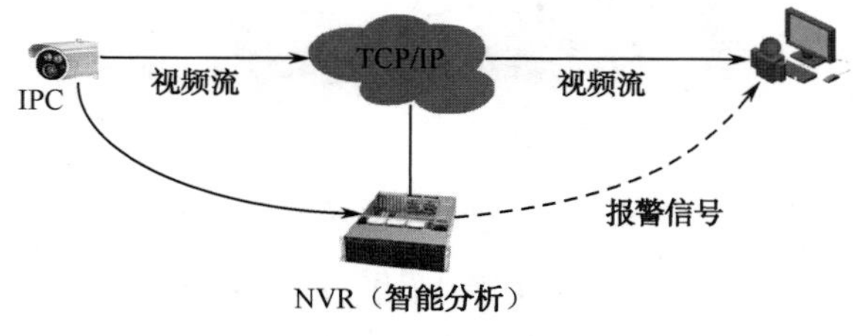

图 3-93 智能分析在后端

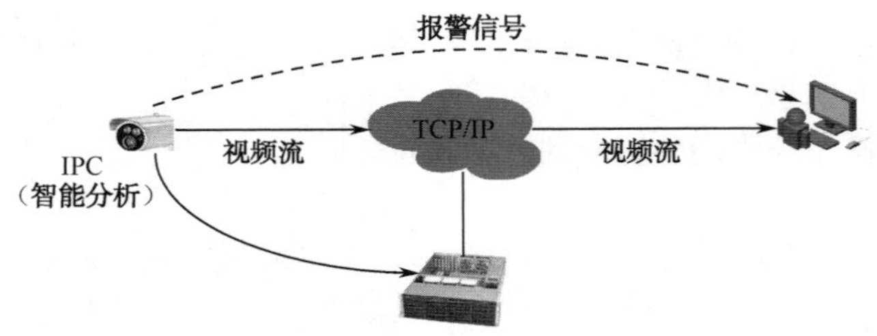

图 3-94　智能分析在前端

视频智能分析能实现对所有摄像机的图像质量诊断，对周界监控、公共场合监控等重点监控区域的行为分析，具体的智能分析应用如下。

1. 图像质量诊断

借助视频智能分析技术，可以对视频图像出现的雪花、滚屏、模糊、偏色、画面冻结、增益失衡和云台失控等常见摄像头故障，以及恶意遮挡和破坏监控设备等不法行为做出准确判断，检测前端摄像头常见故障与视频图像质量的低下，实现对监控系统的有效维护。图像质量检测如图 3-95 所示。

（a）亮度异常

（b）图像偏色

（c）雪花检测

（d）条纹干扰

图 3-95　图像质量检测

2. 人员聚集监测

对室外公共场所等监控区域范围内实现聚众监测，实时关注聚众行为，控制正常的秩序。若发现人员异常聚集的情况，将触发报警，上传监控中心，引起监控人员注意，如图 3-96 所示。

图 3-96　人员聚集监测

3. 物品遗留监测

预定区域中监控目标将物体遗弃于预定区域内，同时物体在预定的时间内未被取走，即触发弃置报警，如图 3-97 所示。

图 3-97　物品遗留监测

4. 快速移动监测

对于区域内的异常奔跑行为进行监测，当出现可疑人员异常奔跑时，系统会及时给予预警提醒关注，辅助安保人员进行日常生活管理，严格控制正常的秩序，如图 3-98 所示。

图 3-98　快速移动监测

5. 越线报警监测

当人或者物穿越设定的警戒线时，触发越线报警，如图 3-99 所示。

图 3-99　越线报警监测

6. 区域入侵监测

在重要场合设定警戒区域，24 小时不间断实时监控，只要有人进入警戒区域，马上报警并上传监控中心，提醒监控人员注意，如图 3-100 所示。

7. 人员徘徊监测

在指定区域内全天候实现徘徊监测，发现有可疑人员逗留时间超过预设值时，实时向前端告警，以提醒关注，如图 3-101 所示。对可疑人员滞留和徘徊的时间可以自定义设置。

图 3-100　区域入侵监测

图 3-101　人员徘徊监测

8. 物品遗失监测

在设定警戒区域，24 小时不间断实时监控，当设定的监控区域内目标物被移走时进行检测，并马上发出报警，如图 3-102 所示。

图 3-102　物品遗失监测

9. 违法停车监测

在地面和地下禁止停车的区域实现非法停车监测，车辆穿越该区域不触发报警，当有车辆在此停车超过预设值时，将触发报警并上传监控中心，引起监控人员注意，如图 3-103 所示。

图 3-103　非法停车监测

综上所述，智能分析技术可以很好地辅助安保管理部门的日常管理工作，起到事前警示作用，将危害控制在最小范围。

【技能训练】 网络视频监控系统功能测试

1. 实训目的

（1）了解网络视频监控的架构。

（2）认识网络视频监控的实现方式。

（3）熟悉网络视频监控系统的工作原理。

（4）掌握网络视频监控系统的软件、平台的设置及功能测试。

2. 实训器材

（1）设备：

DVR 1 台。

模拟摄像机 4 个。

网络摄像机 2 台。

人脸识别摄像机 2 台。

台式计算机 1 台。

智能分析服务器 1 台。

综合管控平台服务器 1 台。

（2）工具：

6 英寸十字螺丝刀 1 把。

6 英寸一字螺丝刀 1 把。

小号一字螺丝刀 1 把。

小号十字螺丝刀 1 把。

尖嘴钳 1 把。

万用表 1 台。

（3）材料：

6 类网线、视频电缆、4 芯线、2 芯线若干。

3. 实训内容

（1）客户端软件设置。

① 将摄像机、网络摄像机、DVR、人脸识别摄像机连接上网，通过设备网络搜索软件测试在线网络设备，如图 3-104 所示。

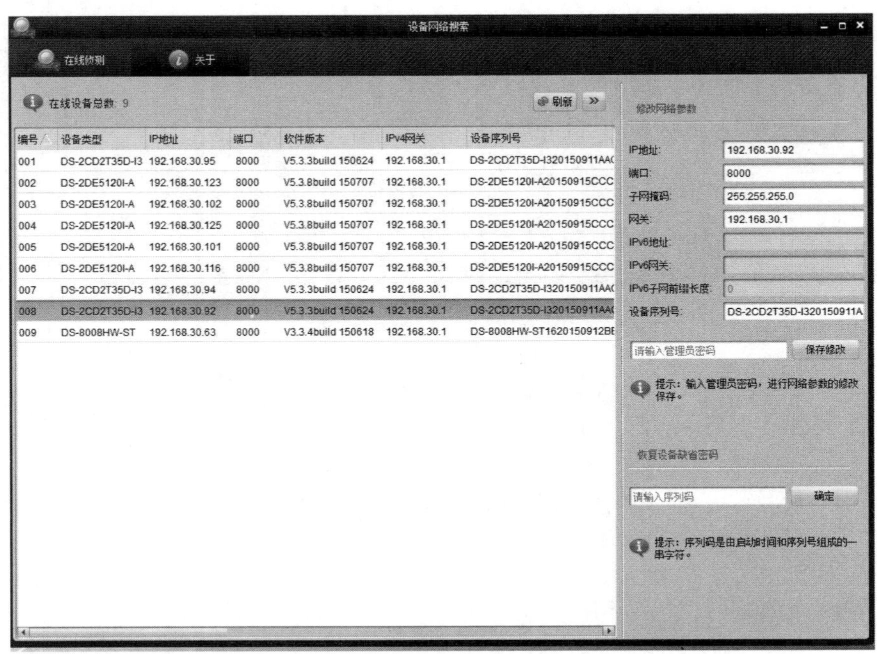

图 3-104　网络设备搜索

② 打开客户端软件，界面如图 3-105 所示。

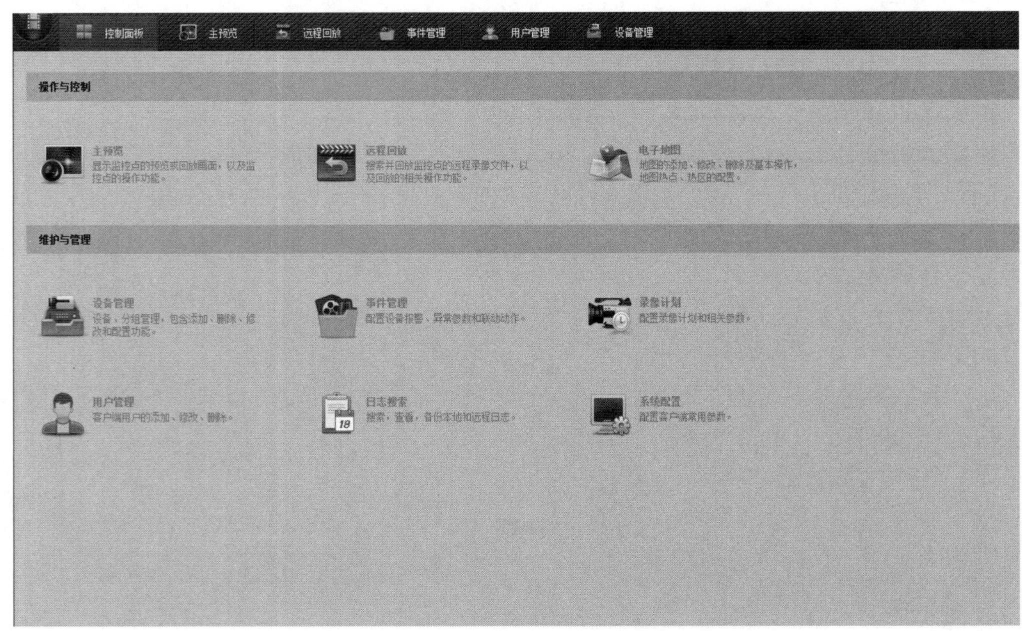

图 3-105　客户端软件界面

③ 添加网络设备。执行“设备管理”→“服务器”命令，挑选在线设备添加进客户端，如图 3-106 所示。

④ 画面浏览。单击“主预览”图标，可实现单、多画面浏览切换，如图 3-107 所示。

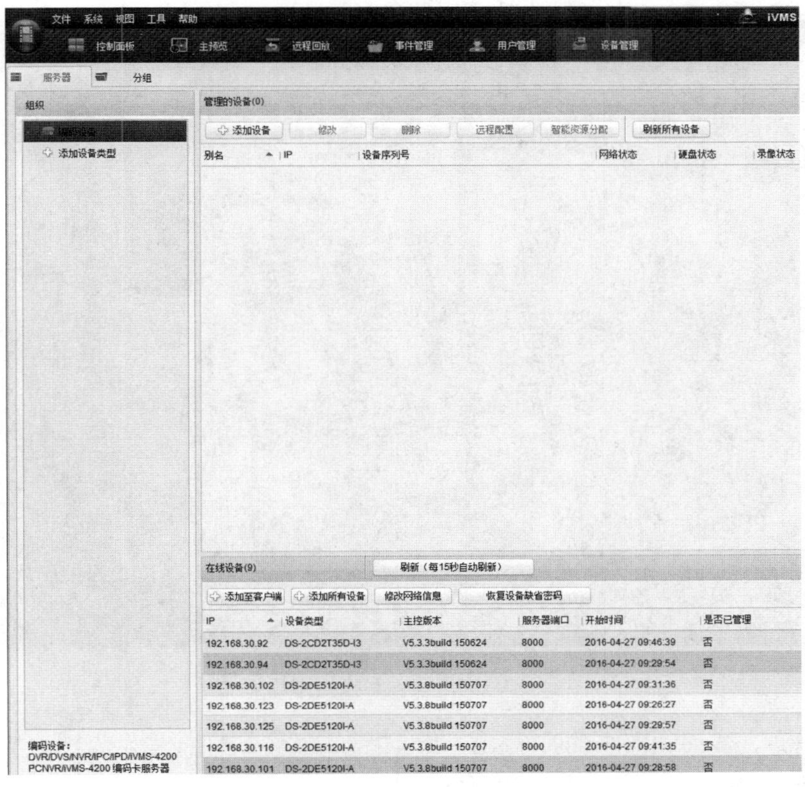

图 3-106　添加网络设备

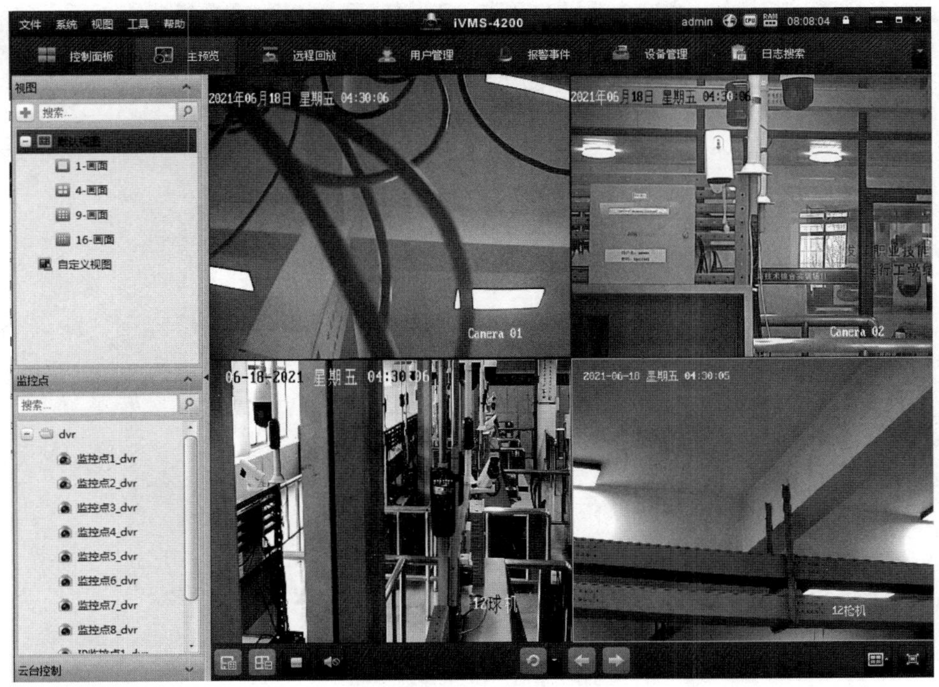

图 3-107　画面浏览

⑤ 录像和抓拍图片。在每个画面右下角有开启录像和抓拍图片按钮，如图 3-108 所示。

图 3-108　录像和抓拍图片

⑥ 事件管理，界面如图 3-109 所示。

⑦ 云台镜头控制，界面如图 3-110 所示。

⑧ 录像回放，界面如图 3-111 所示。

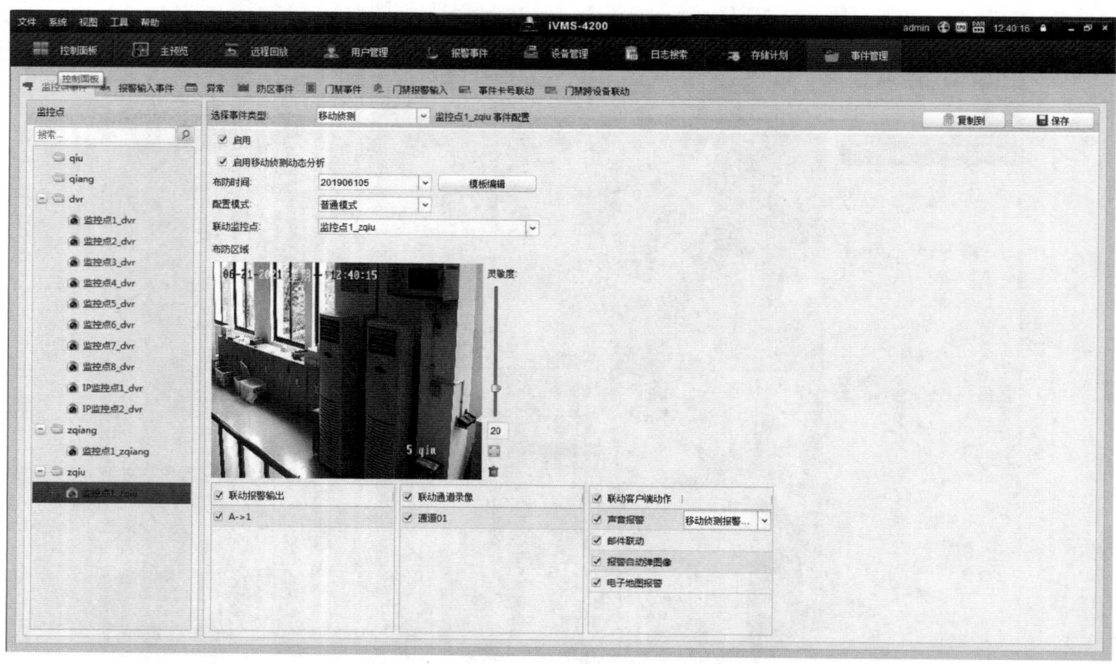

图 3-109　事件管理界面

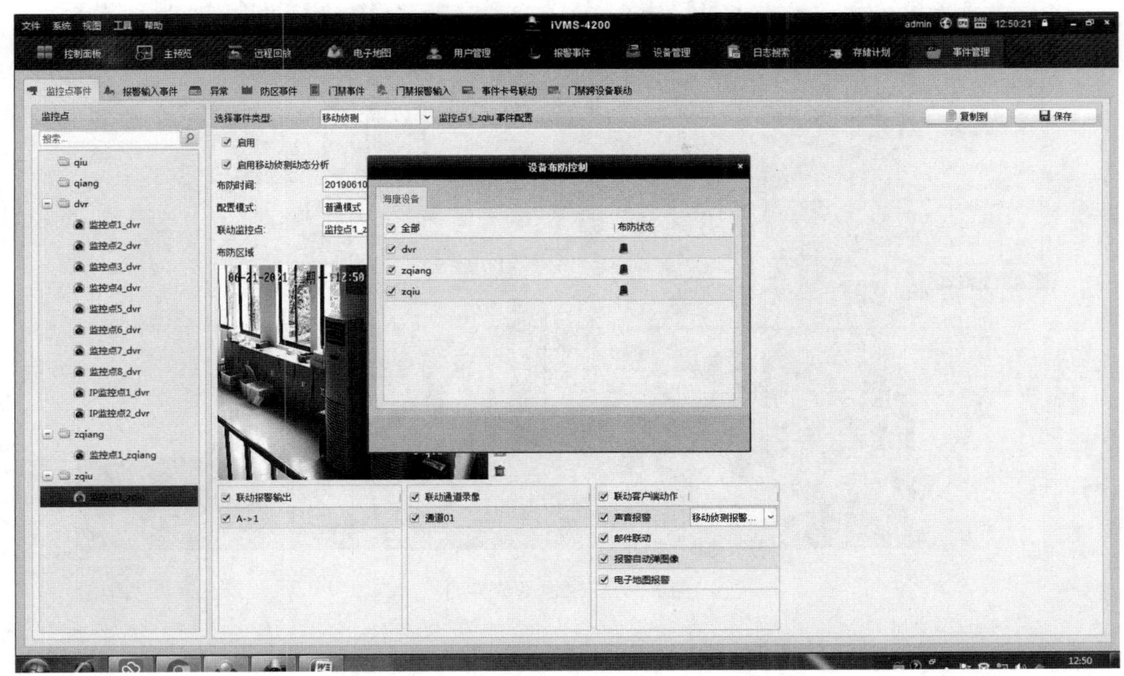

图 3-109　事件管理界面（续）

图 3-110　云台镜头控制界面

图 3-111 录像回放界面

（2）综合安全管理系统配置。

综合安全管理系统是一套集成化、智能化的平台，通过接入视频监控、门禁管理、停车场、报警检测等子系统的设备，实现安防信息化集成与联动。该平台可以完成对各系统资源的整合和集中管理，实现统一部署、统一配置、统一管理和统一调度。

① 平台登录。

在图 3-112 所示的登录界面输入用户名和密码，单击“登录”按钮，打开如图 3-113 所示的导航界面。

图 3-112 登录界面

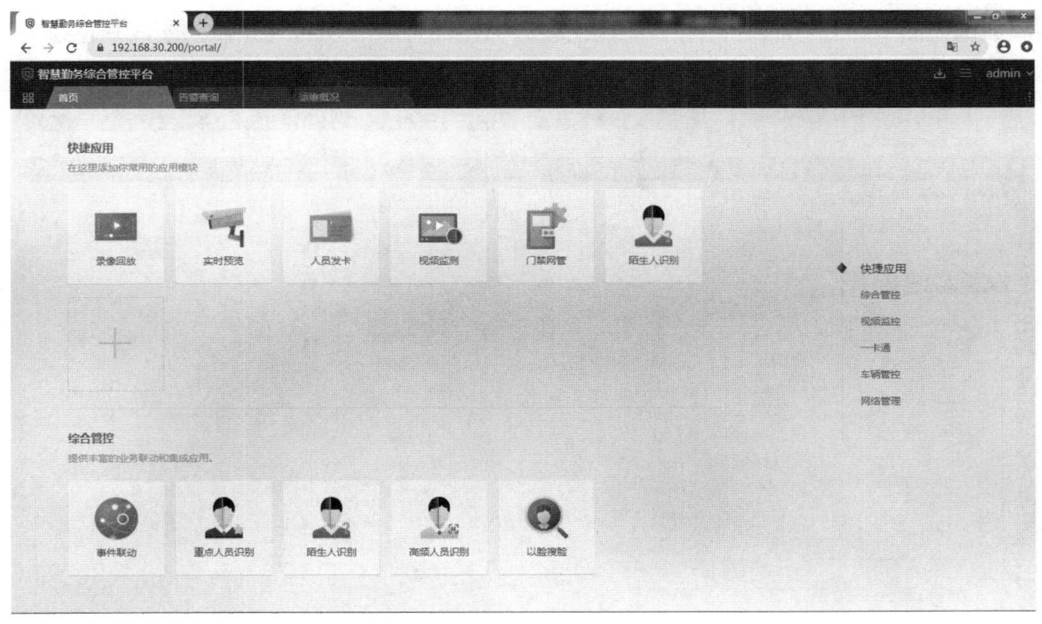

图 3-113　导航界面

② 系统配置与管理。

系统配置主要添加组织、安保区域和人员，以及设备的增、删、改，还有配置图片存储位置，用于存储视频、门禁、停车场抓拍的图片。通过“首页”右上角的按钮进入“系统管理”界面，如图 3-114 所示，用于添加设备和进行参数配置。

图 3-114　“系统管理”界面

在“系统管理”界面添加组织和安保区域，操作如下：单击“人员信息管理-基本信息”图标进行添加，如图 3-115 所示。组织主要用于区分人员添加的位置，安保区域主要用于区分设备添加的位置。图片存储位置用于选择视频的抓拍图片、门禁的人脸抓拍图片和停车场的过车图片的存储路径。

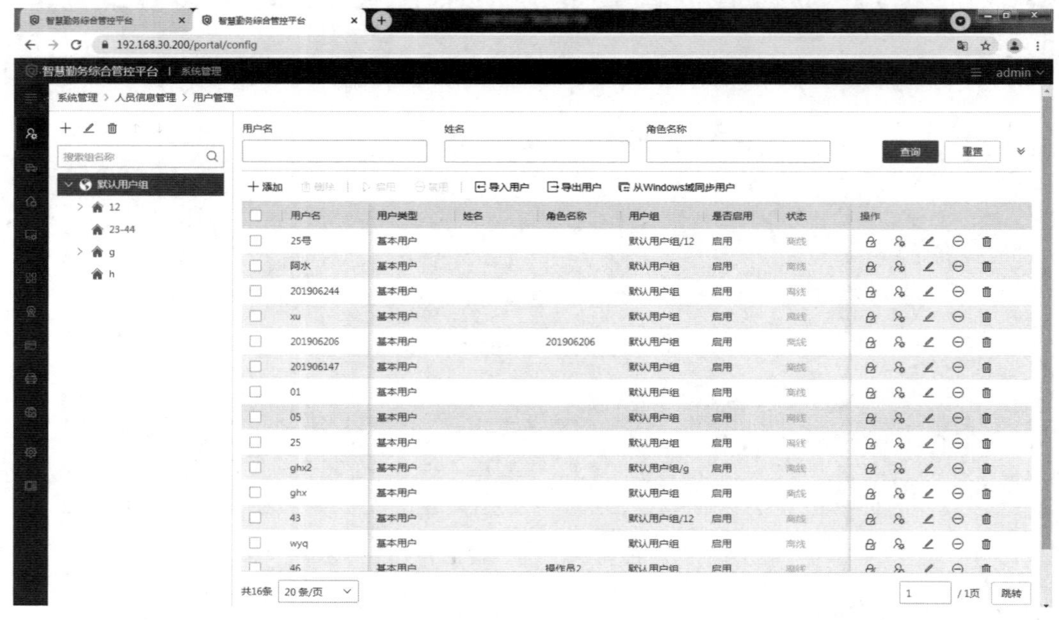

图 3-115　用户管理设置

③ 系统运维。

平台系统运维可以随时查看、管理信息，更加高效地获取信息；智能监控设备及时发现故障问题，可以方便地查看软硬件的配置变更，使运维服务更加高效、安全、便利。系统运维界面如图 3-116 所示。

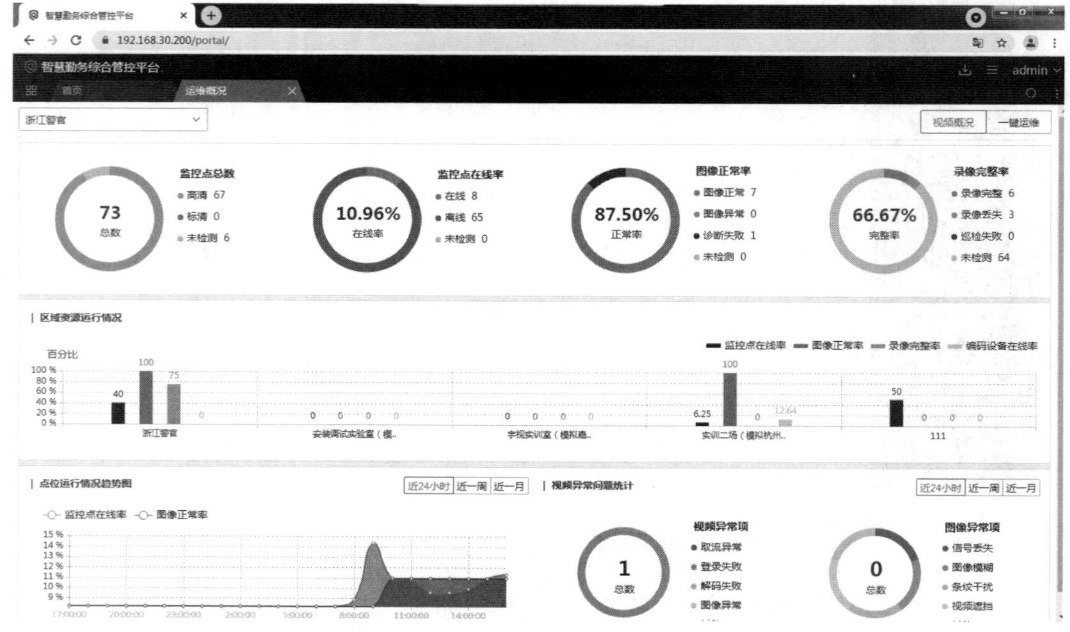

图 3-116　系统运维界面

可以在具体的安防系统下开展设备管理、添加、访问等操作，在基础配置-硬件设备管理的默认中心添加，也可以分组添加，实现画面预览、云台镜头控制、录像回放及相关事件查询等功能。

- 完成平台设备添加，如添加编码器、监控点、报警主机、门禁设备和门禁点等。
- 实现浏览器下载控件安装并使用，完成视频预览、回放和录像下载。
- 通过 DVR、摄像机接入探测器，平台客户端完成报警触发验证并查询报警事件。
- 通过平台客户端完成人员管理和人员发卡、下载权限并实现开门和查询门禁事件。
- 写出各部分设置流程图。

4. 讨论分析

（1）客户端与平台服务器和网络视频监控系统的区别是什么？

（2）针对本实训，简要写出远程网络视频监控必要的硬件连接和软件设置要点。

智能分析摄像机基本菜单介绍

异常行为分析

安防综合管理平台配置应用

本章小结

本章针对视频监控系统的主要设备及具体系统应用进行了详细的介绍。首先概述了视频监控系统的组成及功能，接着对常见的视频采集、记录、存储、控制设备进行介绍并开展性能测试，明确了各类设备系统的应用要点。最后对智能视频监控进行阐述说明，详细介绍了各类视频监控系统的具体应用和功能。

第4章 门禁控制技术及系统应用

学习目标

通过本章的学习，了解出入口控制管理系统基本知识，熟悉门禁控制系统的基本组成结构和工作原理，熟练掌握常见门禁系统及设备的使用和操作要领，提高选用门禁控制系统相关设备的能力。

学习内容

1. 出入口控制管理系统的定义。
2. 出入口控制管理系统的识读方式。
3. 出入口控制管理系统的执行机构。
4. 出入口控制管理系统控制器及软件的功能。

重点难点

出入口控制管理系统的功能；识读方式的区别；控制器及软件的操作要领。

4.1 门禁控制系统概述

门禁系统从文字上理解，就是对于出入口通道权限的管理或者限制，是从传统的机械锁逐渐发展而来的。门禁就是出入口控制，在人进出重要通道的时候，进行适当级别的权限鉴别，以区分是否能通过的一种管理手段。一般可以通过卡片、指纹、虹膜（眼睛）识别来人的身份，也代表来人的权限。

门禁系统替代了钥匙的功能。在一个公共出入口，给每个人发放钥匙是很不方便的，要处理人员离职/入职、钥匙丢失、身份登记、记录跟踪都有很大的难度。如果派遣专人守卫，则存在成本高、管理难、有徇私舞弊的可能。门禁系统很好地解决了这些问题，是现代社会办公场合的基本要求，也是发展方向。

门禁系统是指对出入进行监控与管制的系统，传统的门锁是单纯的机械装置，无论结构多么合理，材料多么坚固，人们总有办法通过某种手段将其打开。后来出现了 IC 卡开门和指纹开门等智能开门系统。从开锁方式看，发展阶段主要如下。

1）密码开门的门禁控制系统

在人员进出很多的楼道使用钥匙比较麻烦，只要钥匙遗失或者人员替换都需要将锁和钥匙一起进行配换。为解决这些问题就出现了电子密码锁。密码识别是系统事先设定好了密码，用户根据提示输入密码，系统再根据用户输入密码是否匹配系统密码来判断开门与否的过程。但密码识别的安全性较低，用户容易忘记密码，且在输入密码时容易被人窃取，单向控制门禁并不能保存出入记录。

2）使用射频卡的门禁控制系统

较之第一代密码门禁系统，射频卡开门的安全性有所提高，可以保存开门记录，但缺点是IC卡容易损坏，卡易复制，磁条内容易被外界干扰导致失效，卡片也容易丢失或被窃取。

3）基于生物特征的门禁控制系统

生物特征是每个人独有的不可被人模仿的特征，比如人脸、指纹、虹膜、视网膜等都是每个人与生俱来的特征。近年来生物特征门禁控制管理系统在各领域得到广泛应用。与其他的生物特征相比，人脸特征有其非常方便的易测量性、非接触性和准确性，市场占有率逐年上升。

4.1.1　门禁控制系统的组成

出入口控制管理系统产生于20世纪80年代，由于其使用简单，实用性强，在我国得到了快速发展。门禁控制系统已实现了计算机网络化控制和管理，通过控制器不仅可以控制本地的门禁设备，对其进行操作和管理，同时还可以对远端的门禁设备进行控制或联动。所以，掌握门禁控制系统的结构原理和相关硬件设备的基础知识是从事安防领域工作的一项基本任务。

出入口控制系统俗称门禁控制系统，它是一套现代化的、功能齐全的出入口管理控制系统。门禁系统不只是作为进出口管理使用，而且还有助于内部的有序化管理。它将时刻自动记录人员的出入情况，限制内部人员的出入区域、出入时间，礼貌地拒绝不速之客，同时也将有效地保护财产不受非法侵犯。出入口控制系统采用了现代的电子技术与信息技术，是对建筑物出入目标实行管制的智能化系统。使用该系统，可以提高出入口管理的效率和安全系数。所以，其开发与应用必须满足对出入目标的授权管理要求，完成对出入目标的访问级别设置、对出入目标的出入行为鉴别、对出入目标可出入次数的控制与记录，并具备多种任务同时处理的能力。

随着近几年感应卡技术、生物识别技术的迅速发展，现代的出入口控制系统也已由当初传统的机械门锁、电子磁卡锁、电子密码锁向更高级的感应卡式门禁控制系统、指（掌）纹门禁控制系统、虹膜门禁控制系统、面部识别门禁控制系统等发展，而且技术性能更趋成熟，其在安全性、方便性、易管理性等方面均有所提高，使出入口控制系统获得了越来越广泛的应用。

门禁系统属于智能弱电系统中的一种安防系统。它作为一种新型现代化安全管理系统，集自动识别技术和现代安全管理措施为一体，涉及电子、机械、光学、计算机技术、通信技术、生物技术等诸多新技术。门禁系统通过在建筑物内的主要出入口或电梯厅、设备控制中心机房、贵重物品的库房等重要区域的通道口安装门磁、电控锁、控制器与出入凭证信息采集器（如读卡器）等控制装置，由计算机或管理人员在中心控制室监控，并对各相应通道口的位置、通行对象及通行时间、方向等进行实时控制或设定程序控制，从而实现对出入口的控制。出入口控制管理系统的组成如图4-1所示。出入口目标识别子系统通过提取出入目标身份等信息，将其转换为一定的数据格式传递给出入口管理子系统，管理子系统再与所载有的资料对比，确认同一性，核实目标的身份，以便进行各种控制处理。执行机构执行从出入口管理子系统发来的控制命令，在出入口做出相应的动作，实现出入口控制系统的拒绝与放行操作。

一个完整的门禁系统（以 IC 智能卡工作方式为例）通常由管理中心机、门禁控制器、门禁读卡器、IC 卡片、电控锁、门禁软件、电源和其他相关门禁设备几部分组成。门禁系统设备组成如图 4-2 所示，每个门禁控制器都通过总线或网络与上位管理计算机相连。

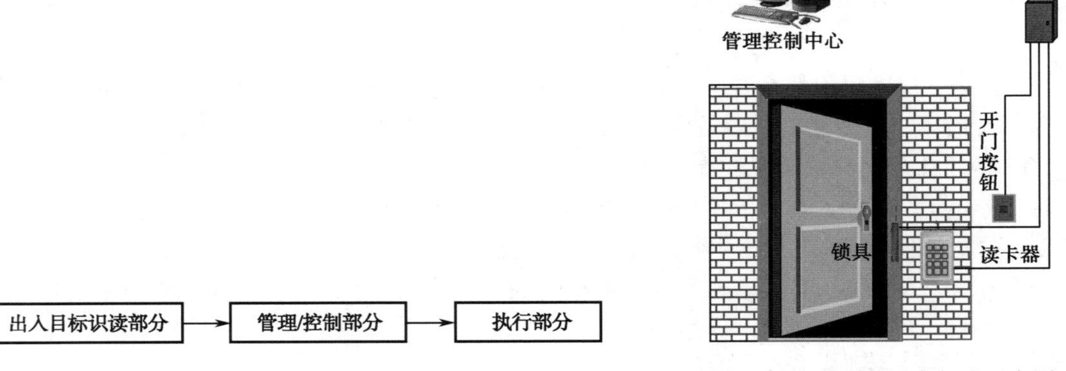

图 4-1　出入口控制管理系统组成

图 4-2　门禁系统设备组成示意图

4.1.2　门禁控制系统的工作原理

根据门禁系统的组成结构，系统的信号传输与控制流程如图 4-3 所示。其中，输入装置是门禁控制系统身份信息的输入口，是对出入凭证有效信息进行采集、转换、传输的专用设备。在系统配置上，应根据不同形态的"钥匙"配置相应的输入装置。

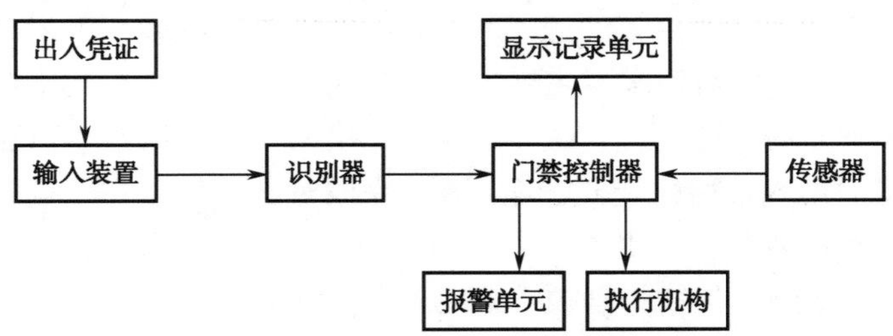

图 4-3　门禁系统信号传输与控制流程

从功能的角度来分，系统主要由三大基本部分组成，即中心控制部分（服务器、管理软件）、数据传输与控制部分（系统控制器）和现场部分。所以，一个完整的系统（以卡片式为例）其主要硬件部分包括有通信控制功能的计算机服务器、集中控制器、现场控制器、现场接口单元、读卡器、延时驱动模块、线缆，以及前端出门按钮、刷卡用卡片和终端磁力电控锁锁具、报警设备等，具体如图 4-4 所示。

将门禁监控软件安装在计算机系统中，通过计算机操作软件下传控制指令执行操作，计算机命令的下传通过网线连接到在同一网络中的计算机，或通过计算机的 RS-232 通信串行口直接与中央控制器相连。计算机通过 RS-232 通信串行口下传指令给中央控制器后，中央控制器接收指令并打开相应的通信信道（一般中央控制器具有若干通信信道，每个通道都可以挂接门禁机设备），通过 RS-485 总线将计算机指令再下传到现场控制器（门禁机），执行对现场所安装设备的控制。

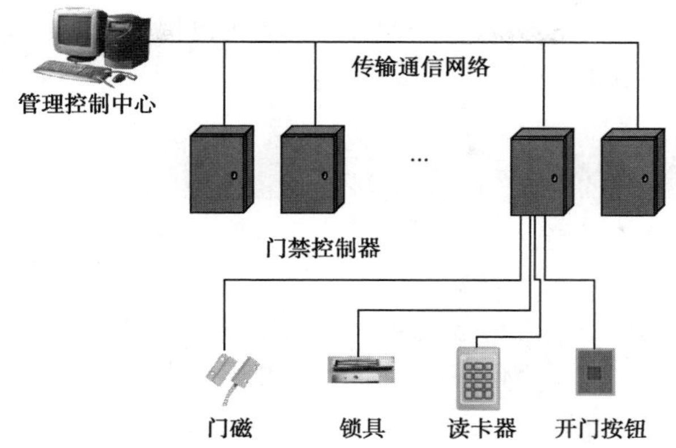

图 4-4 门禁系统结构原理图

用户通过对读卡机的刷卡操作或按钮操作，把要进门或出门的指令通过控制器上传给计算机。如果该用户已经在监控软件中经过合法登记或授权，并符合管理规则和通行法则，则计算机判断后通过中央控制器下传开门指令给现场控制器（门禁机），系统执行开门动作；如果该用户没有经过监控软件登记或授权，即执行的是非法操作，则系统给予用户提示，不执行开门指令。

当门未经过合法操作而被强行打开时，安装在门扇和门框的门磁将被强行断开，系统报警装置被触发报警。

用户的所有操作及受控制门的状态，在门禁监控软件中都有详细记录。管理者可以通过软件系统进行查询或打印任意时间的数据信息资料。

计算机与中央控制器属于一级管理器，即中心控制部分。它的主要任务是负责与二级控制部分设备的通信联络，并通过监控软件对系统完成实时监控、命令下传、数据上传、数据查询等任务。计算机安装门禁软件和数据库，中央控制器提供 12V 直流电源输出及 RS-232、RS-485 通信接口。人员通过授权卡进入授权区域或进入非授权区域，其所有刷卡信息都在中心控制室显示出来。当人员利用授权卡设防、撤防受控区域内的防盗系统时，系统可及时将防盗设备的工作状态向监控中心报告，并可通过监控中心在远端开启或关闭各通道门及设防、撤防各区域的防盗系统，改变或重新确认防盗系统设备的工作状态。当出现突发事件时，报警系统通过触发相应设备自动向管理中心报告。中心控制设备属于门禁控制系统的核心部分，一般要求安装在管理中心中央控制室，便于监控人员直观地监控被监视区域的情况。

系统传输部分的主要设备是系统集中控制器。集中控制器主要用于门禁系统内多台门禁机与计算机之间通过通信串行口或通过网络连接进行通信。集中控制器根据系统分布的实际情况可以安装一台或多台。在门禁机的安装地点比较集中时使用一台集中控制器就可以了，如果安装点比较分散，如安装在不同楼层就需要安装多台集中控制器在各个区域，各区域的门禁机连接到本地区的集中控制器，再通过通信网络连接到计算机。根据系统需求，一般使用 4 路或 8 路集中控制器，门禁机数量较多时可考虑使用更多通信口的多路集中控制器。

集中控制器具有 9 针 RS-232 接口，主要用于计算机之间的通信。如果是网络型集中控制器，其自身安装有联网模块，外部连接通过 RJ45 接口将联网模块与集中控制器连接起来。

现场控制部分的现场控制器经过几代升级，已由磁卡门禁机、单门门禁控制器发展到四门门禁控制器和多门门禁控制器，硬件上增加了 DIP 地址开关、输出方式选择、管理卡制作等功能。门禁机采用 RS-485 通信协议与集中控制器相连，可以根据设定的监控门状态，出门按钮、辅助报警信号的输入来控制电控锁。

4.1.3 门禁控制系统的功能

门禁控制系统具有如下功能。

（1）注册卡权限。

每台控制器具备一定数量的注册卡权限。例如，权限是 20000 张，如果是单门控制器就可以管理 20000 个人的权限；对于双门控制器来说，如果 1 号门管理了 5000 个注册卡，则 2 号门最多可以授权 15000 张卡的权限，可以任意分配；四门控制器以此类推。

（2）脱机存储记录功能。

可以脱机存储相当数量的打卡记录，每条记录信息中包含卡号、时间、地点、是否通过等完整信息。如果存储满后，会以堆栈的方式，挤掉最老的信息，保存最新的信息。如果启用了按钮信息记录和报警信息记录功能，这些信息也将被记录。

（3）时间段权限管理功能。

可以设置某个人对某道门，星期几可以进门，每天几点到几点可以进哪道门。

（4）脱机运行功能。

通过软件设置上传后，控制器会记住所有权限和记录所有信息。如果应用软件和计算机关闭，系统依然可以脱机正常运行，即使停电信息也永不丢失。

（5）实时监控、显示功能。

可以实时监控所有门的刷卡情况和进出情况；实时显示刷卡人预先存储在计算机里的照片，以便安保人员核对；如接上门磁信号线可以实时显示门开关状态；有区分合法卡的记录方式与非法卡的记录方式；加装视频门禁设备，可以在客户刷卡的时候进行实时照相和录像。

（6）强制开、关门功能。

如果某些门需要长时间或在某个特定时段打开或关闭，可以通过软件设置其为常开或关闭。

（7）远程开门功能。

管理员可以在接到指示后，单击软件界面上的“远程开门”按钮，远程控制开、关某道门。远程开门通过设置也是可以形成记录的。

（8）界面锁定功能。

操作员临时要离开一下工作岗位（例如，去洗手间），可以进行界面锁定，后台软件继续运行和监控，其他人无法趁机进行软件操作，操作员回来输入密码后重新回到软件操作界面。

（9）消防报警及紧急开门功能。

控制器接入消防报警输出及联动扩展模块，当消防报警输出开关信号到来时，扩展模块连接控制器所辖的门全部自动打开，便于人员逃生；并可以启动消防警笛和存储记录消防报警记录时间。

（10）联动输出功能。

控制器可以连接报警输出及消防联动扩展模块，当门被合法打开时将会驱动另外的设备联动。

（11）非法卡刷卡报警功能。

非法卡刷卡报警又叫无效卡刷卡报警。当未授权卡试图刷卡的，系统将会有提示性报警。

如果控制器接入报警输出及消防联动扩展模块，还可以现场驱动报警器鸣叫，威慑现场不良企图人员。

（12）反潜回防尾随功能。

执卡者从某道门刷卡进来就必须从某道门刷卡出去，刷卡记录必须一进一出严格对应。如果进门时未刷卡，尾随别人进来，出门刷卡时系统就不准他出去；如果出门未刷卡，尾随别人出去，下次就不准他进来。

（13）互锁功能。

互锁功能指在某道门没有关好时，另外一道门是不允许人员进入的。双门控制器可以实现双门互锁，四门控制器可以实现双门互锁、三门互锁、四门互锁。该功能主要用于银行储蓄所、金库等安防要求严格的场合。

（14）定时提取记录功能。

设置应用程序自动提取控制器内的记录；一天可以设置多个提取记录时间。该功能需要计算机和软件当时都处于运行状态。

（15）电子地图功能。

将门的图标放在地图相应的某个位置，使实时监控时的显示更加直观和人性化。

除了上述有关门禁系统所具备的部分功能外，系统还可具备考勤、在线巡更、定额就餐等方面的管理功能，这里不再一一叙述。

4.1.4 门禁控制系统的分类

门禁控制系统分为两种，即非联网式和联网式。

非联网式门禁控制系统指各自独立的、分别控制、未形成网络控制的系统，如密码键盘控制的门禁系统。此类系统较为简单，总体造价低，适用于系统较小（多为单门）、保安级别要求不高的场合。

联网式门禁系统指通过计算机或其他类似的网络服务器将单个控制器有机地联系起来，组成一个大的控制系统。在该系统中，各个控制器相对独立，又紧密相连，既可单独控制，又可通过计算机或其他服务器集中控制，其主要类型有读感应卡式、生物识别式。此类系统扩展性良好，可随时扩大增容；系统功能强大，不仅具有一般的出入口控制功能，还具有特殊的延时、遥控等功能；系统管理便捷，可任意修改数据（增加/删减卡片）、查询记录、实现特殊功能；系统安全性高，可实现对管理人员的授权管理；系统稳定可靠，只需出示卡片感应一下即可，它是目前较为先进的出入口控制系统，使用方便，卡片保密性好，能充分满足门禁系统与一卡通系统的发展需要。

4.2 门禁控制系统的设备

4.2.1 输入装置和身份识别单元

输入装置是门禁控制系统的输入口，是对出入凭证进行信息采集的专用装置。根据不同形态的“钥匙”应配置相应的输入装置。身份识别单元起到对通行人员的身份进行比对识别和确认的作用。实现身份识别的方式和种类很多，主要有密码类识别方式、卡片类识别方式、生物识别类识别方式及复合类识别方式。

一般来说，应该首先对所有需要安装的门禁控制点进行安全等级评估，以确定恰当的安全性。安全性分为几个等级，如一般、特殊、重要、要害等。对于每一种安全级别，可以采取一种身份识别的方式。例如，一般场所可以使用进门读卡器、出门按钮方式；特殊场所可以使用进出门均需要刷卡的方式；重要场所可以采用进门刷卡加乱序键盘、出门单刷卡的方式；要害场所可以采用进门刷卡加指纹加乱序键盘、出门单刷卡的方式。这样可以使整个门禁系统更具有合理性和规划性，同时也充分保障了较高的安全性和性价比。

1. 密码识别

通过输入密码，系统判断密码正确就驱动电锁，打开门放行。该方式只需记住密码，无须携带其他介质，成本最低。缺点是速度慢，输入密码一般需要好几秒钟，如果进出的人员过多，需要排队；如果输入错误，还需重新输入，耗时更长；安全性差，旁边的人容易通过手势记住别人的密码，密码容易忘记或者泄露。目前密码门禁使用的场合越来越少，只在对安全性要求低、成本低、使用不频繁的场合使用。

密码键盘主要有两类，一类是普通型，即固定键盘，这种识别方式操作方便，无须携带卡片，成本低，但是也存在着容易泄露、安全性很差、无进出记录、只能单向控制等缺点。

另一类是乱序键盘型（键盘上的数字不固定，不定期自动变化），如图 4-5 所示。这种识别方式操作方便，无须携带卡片，安全系数稍高，密码不易泄露，但安全性还是不够高，无进出记录，只能单向控制，成本相对较高。

图 4-5　乱序键盘

2. 卡片识别

根据卡的种类又分为接触卡门禁系统和非接触卡门禁系统。接触卡门禁系统由于接触使得卡片容易磨损，使用次数不多，卡片容易损坏等，使用的范围已经越来越少，只在和银行卡有关的场合使用。非接触 IC 卡，由于其耐用、性价比高、读取速度快、安全性高等优势，成为当前门禁系统的主流。所以，当前很多人都把非接触 IC 卡门禁系统简称为门禁系统。

卡片识别方式通过读卡或读卡加密码方式来识别进出权限，按卡片种类又分为磁卡、射频卡等。磁卡这种方式成本较低，一人一卡（+密码），安全性一般，可联计算机，有开门记录；使用时设备有磨损，寿命较短；卡片容易复制；不易双向控制；卡片信息容易因外界磁场丢失，使卡片无效。射频卡识别方式可实现设备无接触，开门方便安全；寿命长，理论上数据至少可保存 10 年；安全性高，可联计算机，有开门记录；可以实现双向控制；卡片很难被复制。感应式（射频）读卡器常用的频率范围有 100～200kHz 的低频、13.56MHz 的中频和 915MHz 及 2.45GHz 的高频。

目前应用在人员出入口和车库最多的是 125kHz 的低频和 13.56MHz 的中频识读设备，高频产品多用于高速公路等远距离不停车收费道口等地方。即使是同一频率，不同的产品制造商在设计应用方面也有差别。

3. 生物识别

生物识别是指通过计算机与光学、声学、生物传感器和生物统计学原理等高科技手段密切结合，利用人体固有的生理特性（如指纹、脸相、虹膜等）和行为特征（如笔迹、声音、步态等）来进行个人身份的鉴定。生物识别技术比传统的身份鉴定方法更具安全、保密和方便性。生物识别技术具有不易遗忘、防伪性能好、不易伪造或被盗、随身“携带”和随时随地可用等优点。生物识别系统对生物特征进行取样，提取其特征并且转化成数字代码，然后进一步将这些代码组成特征模板。由于微处理器及各种电子元器件成本不断下降，精度逐渐提高，生物识别系统逐渐应用于商业上的授权控制，如门禁、企业考勤管理系统、安全认证等领域。用于生物识别的生物特征有手形、指纹、脸形、虹膜、视网膜、脉搏、耳郭等，行为特征有签字、声音、按键力度等。基于这些特征，人们已经发展了手形识别、指纹识别、面部识别、发音识别、虹膜识别、签名识别等多种生物识别技术。根据人体生物特征的不同而识别身份的门禁系统，常见的有指纹门禁系统（每个人的指纹纹路特征存在差异性）、掌形仪门禁系统（每个人的手掌的骨骼形状存在差异性）、虹膜门禁系统（每个人的视网膜通过光学扫描存在差异性）、人像识别门禁系统（每个人的五官特征和位置不同）等。生物识别门禁系统的优点是无须携带卡片等介质，重复的概率小，不容易被复制，安全性高。随着技术的发展生物识别门禁系统正逐步成为门禁系统的主流。

4.2.2　密码与密码识别

1. 密码的作用

密码的主要作用有三个：其一，通过施加密码可以对系统设备的设置值进行安全保护，更改设备设置值时必须预先输入密码；其二，通过密码管理可以对系统设备的管理人员进行限定和操作授权，增加系统运行的安全性和保密性；其三，通过密码识别可以辨别用户的合法性，自动识别用户被赋予的权限。

2. 出入口控制系统密码配置与输入

出入口控制系统主要使用三类密码，不同类型的密码有不同的功能和权限。

（1）客户码：相对应每个有效客户密码，系统数据库存储有决定该客户码持有者出入的合法性（包括空间上和时间上的合法性）和被赋予权限等级的相关信息和资料，当客户输入密码准确无误后，即等同于对这些相关信息和资料进行了验证识别并获得认可。

（2）主用码：除具备客户码的功能外，还向管理人员提供了系统设备的操作使用权限，在被授权范围内对系统设备进行管理与维护。

（3）主管码：属于安全机制的主要密码，是启用密码。除具备客户码、主用码的功能外，该密码还控制着对出入口系统的特权模式的访问，这个模式允许主管人员修改配置和进行系统运行的测试等。主管码属于最高级别码。

在系统的配置中，主要用键盘来输入密码，键盘一般按 3×4 或 4×4 矩阵形式排列。有固定式键盘和乱序键盘两种，前者的各位数字因在键盘上的位置排列是固定不变的，在输入密码时容易被人窥视而造成失密；后者的各位数字在键盘上的位置排列是随机的，每次使用时在每个显示位置上的数字都不尽相同，这样就避免了被人偷窥，提高了系统安全性。

密码是进出出入口的“钥匙”，忘记了密码，等于丢失了打开大门的钥匙，但是密码使用一段时间后，就有可能失去了它的安全性，因此，有必要定期更改密码。

4.2.3　卡片与卡片识别

1. 磁记录卡（磁卡）

1）磁卡的物理结构及数据结构

磁卡是在符合国际标准的非磁性基片上用树脂粘贴上一定宽度的磁条，该磁条由一层薄薄的按定向排列的铁性氧化粒子组成。一般而言，磁卡上的磁带有三个磁道，分别为磁道 1、磁道 2 及磁道 3。每个磁道都记录着不同的信息，这些信息有着不同的应用。此外，也有一些应用系统的磁卡只使用了两个磁道，甚至只有一个磁道。在应用过程中，根据具体情况，可以使用全部的三个或是两个、一个磁道，如图 4-6 所示。

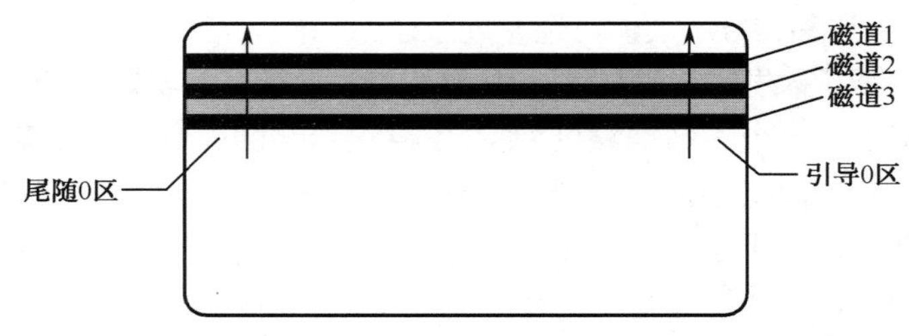

图 4-6　磁卡物理结构

磁道 1、2、3 的磁道宽度相同，大约为 2.80mm（0.11in），用于存放用户的数据信息。相邻两个磁道约有 0.05mm（0.002in）的间隙，用于区分两个磁道。整个磁带宽度在 0.29mm（0.011in）左右（应用三个磁道的磁卡），或是 6.35mm（0.25in）左右（应用两个磁道的磁卡）。银行磁卡上的磁带宽度会加宽 1～2mm 左右，磁带总宽度在 12～13mm 之间。

在磁带上，记录三个有效磁道数据的起始数据位置和终止数据位置不是在磁带的边缘，而是在磁带边缘向内缩减约 7.44mm（0.293in 时）为起始数据位置（引导 0 区），在磁带边缘向内缩减约 6.93mm（0.273in）为终止数据位置（尾随 0 区）。这些标准是为了有效保护磁卡上的数据，使其不被丢失。因为磁卡边缘上的磁记录数据很容易因物理磨损而被破坏。

磁卡上的三个磁道一般都是使用“位”（bit）方式来编码的。根据数据所在的磁道不同，5bit 或 7bit 组成 1 字节。磁道 1 可以记录数字 0～9 及字母 A～Z 等，总共可以记录多达 79 个数字或字符（包含起始/结束符和校验符），每个字符（1 字节）由 7bit 组成。由于磁道 1 上的信息不仅可以用数字 0～9 来表示，还能用字母 A～Z 来表示，因此磁道 1 上一般记录了磁卡的使用类型、范围等一些“标记”性、“说明”性的信息。例如，记录用户的姓名、卡的有效使用期限及其他的一些“标记”信息。磁道 2 可以记录数字 0～9，不能记录字母 A～Z，总共可以记录多达 40 个数据（包含起始/结束符和校验符），每个数据（1 字节）由 5bit 组成。磁道 3 可以记录数字 0～9，不能记录字母 A～Z，总共可以记录多达 107 个数字或字符（包含起始/结束符和校验符），每个字符（1 字节）由 5bit 组成。由于磁道 2 和磁道 3 上的信息只能用数字 0～9 来表示，不能用字母 A～Z 来表示，因此磁道 2 和 3 一般用于记录用户的账户信息、款项信息等，当然还有一些特殊信息。

2）*磁卡识别*

磁条上用于记录信息的三个磁道，分为只读磁道和读/写磁道。当磁卡插入读卡器中时，读卡器将读出的磁条中的信息经识别后送入出入口控制器，控制器根据出入法则进行判断、执行，或进行事件记录等操作。磁卡门禁控制系统成本较低，一人一卡，但磁卡和读卡器之间磨损较大，寿命短，且磁卡容易复制，卡内信息容易因外界磁场而丢失，使卡片无法正常使用，因此安全系数不高。

3）*磁卡使用须知*

在磁卡使用过程中，应注意避免以下情况的发生。

（1）磁卡在钱包、皮夹存放时距离磁扣太近，甚至与磁扣发生接触。

（2）与带磁封条的通讯录、笔记本接触。

（3）与手机套上的磁扣、汽车钥匙等磁性物体接触。

（4）与手机等能够产生电磁辐射的设备长时间放在一起。

（5）与电视机、收录机等有较强磁场效应的家用电器放在一起。

（6）与超市中防盗用的消磁设备距离太近甚至接触。

（7）多张磁卡放在一起时，两张卡的磁条互相接触。

（8）磁卡受压、被折、长时间曝晒、高温，磁条划伤弄脏等也会使磁卡无法正常使用。

同时，在刷卡器上刷卡交易的过程中，刷卡器磁头的清洁与老化程度，数据传输过程中受到干扰，系统错误动作，操作不当等都可能造成磁卡无法使用。

2. 集成电路存储卡

集成电路卡（IC 卡）有接触式和非接触式读卡两种工作方式。接触式卡是将一个集成电路芯片镶嵌在塑料基片中封装成卡的形式，其大小和磁卡相似，卡内设有存储器，记录持卡人及其他相关信息，使用时必须与读卡机相碰触完成读卡任务。卡表面可以看到一个方形镀金接口，共有 8 个或 6 个镀金触点，用于与读卡机接触，通过电流信号完成读卡。

非接触式卡统称为感应卡或射频卡，是通过射频识别技术和 IC 卡技术的相结合，借助于卡内的感应天线解决了无源和免接触的难题，使读卡机在非接触情况下以感应的方式读取卡内资料。

1）非接触式 IC 卡电气结构

非接触式卡片的电气部分通常封装在一张卡中，由集成电路芯片、感应线圈（天线）与电容三大部件组成，天线只有几组绕线线圈，很适合封装到卡片内部，如图 4-7 所示。

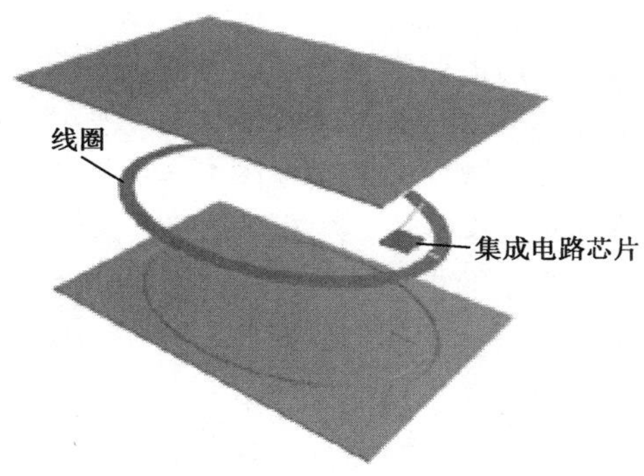

图 4-7　射频感应卡结构

IC 芯片是感应卡中存储识别号码及数据的核心部件，其内部由一个高波特率的 RF 接口、一个控制单元和一个 EEPROM 组成。

2）非接触式 IC 卡工作原理

非接触式 IC 卡与读卡器之间通过无线电波来完成读取操作。当读卡器对 IC 卡进行读取操作时，读卡器发出的信号由两部分叠加组成。一部分是固定频率的电磁波信号，该信号由射频感应卡接收，卡内天线与电容构成了 LC 串联谐振电路，因其谐振频率与射频感应卡读卡器发射频率相同，故使电路产生共振，在 LC 回路中产生一个较大的瞬间能量，该能量在很短的时间内被转换成直流电源，经过升压电路升压至 IC 芯片的工作电压，启动 IC 芯片电路进入工作状态。IC 芯片最低启动电压为 2～3V，电流仅 2μA。另一部分则是指令与数据信号，指令信号指挥芯片完成数据的读取、修改、存储等，并返回信号给读卡器，完成一次读取操作。射频感应卡卡内电路结构及原理如图 4-8 所示。

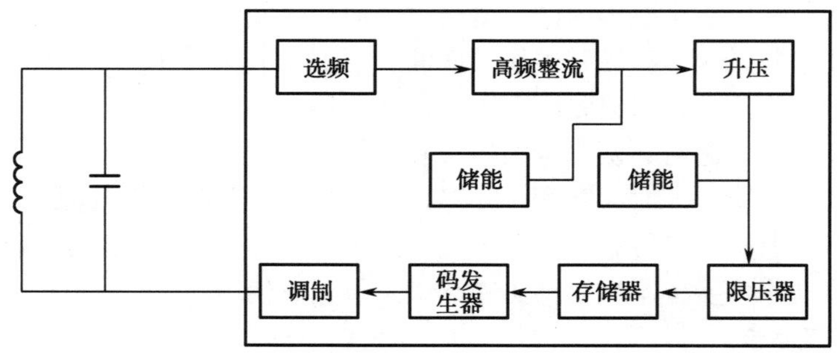

图 4-8　射频感应卡卡内电路结构及原理

射频感应读卡器用于读取射频卡卡内的数据，其电路结构及工作原理如图 4-9 所示。

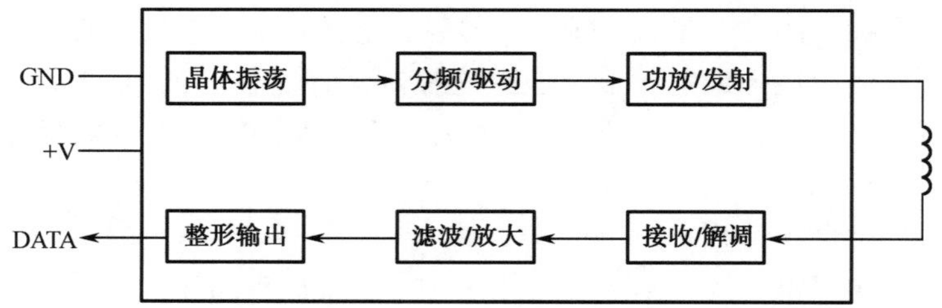

图 4-9　射频感应读卡器电路结构及工作原理

射频感应读卡器是通过晶体振荡器产生一个高度稳定的高频正弦等幅信号，经由分频器分频达到规定频率后，通过驱动放大和功率放大后由发射天线发射，向射频卡提供一个固定频率的激发磁场区。射频感应卡一旦进入激发磁场区范围，卡中的 IC 芯片就立即进入工作状态，卡内工作指令利用激发磁场提供的工作能量，将芯片存储器内含有出入控制信息的数据编码等信息通过码发生器进行码型变换，再经过调制器调制后发射，由读卡器天线接收并通过解调器解调，最终送至识别器识别。

3）工作频率的划分与工作方式

射频感应卡根据工作频率的不同可分为高频、中频和低频三大系统。低频系统工作频率一般在 100～500kHz；中频系统工作频率一般在 10～15MHz；高频系统工作频率一般在 850～950MHz 甚至 2.4～5GHz 的微波短。

高频系统具有发射距离远、传输速率高的特点，适用于长读/写距离和较高读/写速度的场合，如高速公路收费系统和停车场系统。中频系统适用于传送大量数据信息的门禁控制系统，而低频系统则用于短距离、低成本的普通门禁控制系统或一般收费系统，包括公交和食堂收费系统。

射频感应卡采用接收和发射频率不同的全双工工作方式，接收频率一般为发射频率的一半。当射频感应卡进入感应读卡器的有效范围时能马上发射回返信号，此回返信号和激发电磁场同时存在，并保证双向发送的频率偏差量维持在一定的范围内。

4.2.4 人体生物特征与生物特征识别

生物特征识别技术是信息技术与生物技术相结合的产物，是根据人体生物特征具有“人人不同，终身不变，随身携带”的特点，利用生物特征或行为特征对个人进行身份识别的技术。从统计意义上来说，人类的指纹、掌形、面部、发音、虹膜、视网膜等生理特征都存在着唯一性，是其他介质无法替代的，而这些特征都可以成为鉴别用户身份的依据。所以，对于基于人体生物特征识别技术设计的出入口控制系统来说，其安全性显然要比其他系统高得多。其中的指纹、虹膜、视网膜、人像面部识别技术是生物识别技术的热点，下面就以这几种识别技术为例，讲述其工作原理。

1. 指纹特征与指纹采集识别技术

1）指纹特征

在手指表面可以看到的突起的纹路一般称为“嵴”或“嵴线”，嵴线与嵴线之间称为“峪”。指纹就是许多条“嵴”与“峪”的组合，是嵴线与嵴线之间“或平行”“或交叉”“或并笼”而成的几何图案。图 4-10 所示为指纹的嵴与峪。

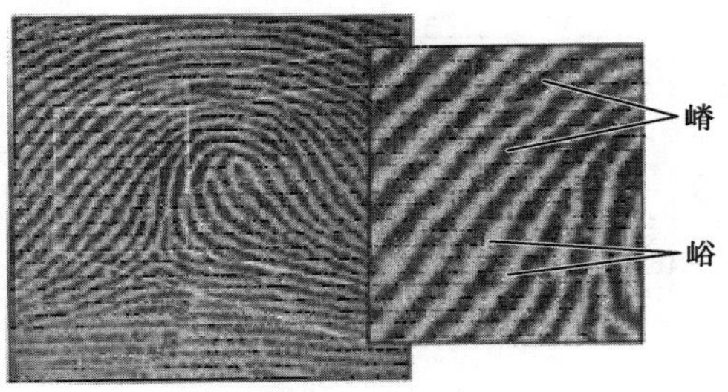

图 4-10　指纹的嵴与峪

指纹特征一般包括指纹的总体特征和局部特征。总体特征包括指纹纹形、核心点（或称为中心点）、三角点和嵴密度（或称为纹密度）。指纹纹形是指指纹整体走向形成的三大类（斗形、拱形、箕形）六亚型，如图 4-11 所示。

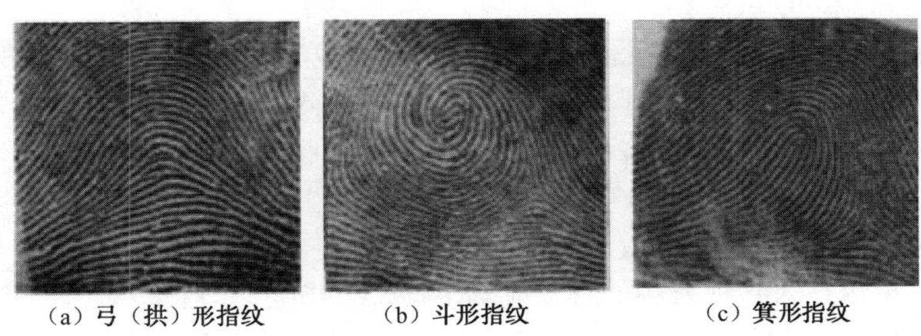

（a）弓（拱）形指纹　（b）斗形指纹　（c）箕形指纹

图 4-11　三大类指纹

2）指纹采集

指纹采集的过程本质上是指纹成像的过程。指纹采集的方法有两种，一种是由指纹采集器件主动向手指发出探测信号，然后分析反馈信号，以形成指纹嵴与峪的图案。如光学采集和射频（RF）采集，属于主动式采集。另一种指纹采集器件是被动感应的方式，当手指放置到指纹采集设备上时，因为指纹嵴和峪的物理特性或生物特性不同，会形成不同的感应信号，然后分析感应信号的量值来形成指纹图案。如热敏采集、半导体电容采集和半导体压感采集，属于第二种。

对指纹采集设备来讲，一般经过“感知手指”“图像拍照”“质量判断与自动调整”三个主要过程。当手指接触到采集设备时，采集器会迅速感知到手指的接触并切换到工作状态。

“图像拍照”是采集过程的关键步骤。指纹采集器以每秒几十帧甚至几百帧的速度来产生指纹图像。对于主动式采集的器件，会通过器件内部的控制电路发出探测信号，如光、RF、超声波，然后根据嵴与峪对探测信号的反馈值的大小，来形成指纹图像。对于被动感应式采集的器件，根据感应到的嵴与峪所形成的信号大小来绘制指纹图像。

3）指纹识别技术

指纹识别技术是实施验证和辨识的重要手段。通常是把一个现场采集到的指纹与一个已经登记的指纹进行一对一的比对来验证身份。

作为验证的前提条件，有关指纹须在指纹库中已经注册，辨识则是把现场采集到的指纹同指纹数据库中的指纹逐一对比，从中找出与现场指纹相匹配的指纹，即一对多匹配。

综上所述，指纹识别技术原理主要涉及 4 个功能：读取指纹图像，提取特征，保存数据和比对，最终得到两个指纹的匹配结果，通过或不通过。其流程如图 4-12 所示。

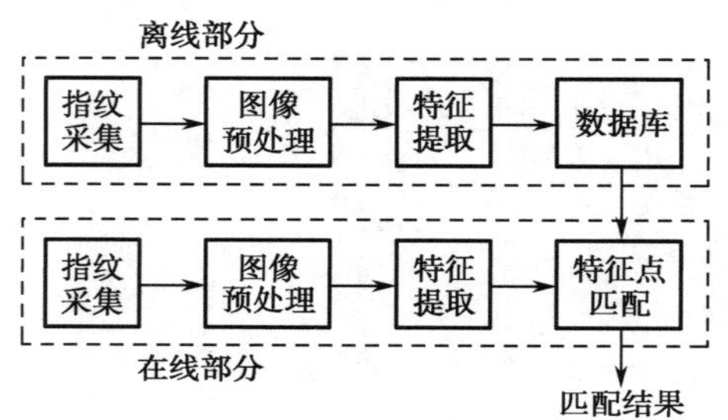

图 4-12　指纹识别流程

4）常用指纹采集器

指纹传感器是实现指纹自动采集设备的关键器件。按指纹传感器传感原理（即指纹成像原理和技术），可分为光学指纹采集器、半导体电容采集器、半导体热敏采集器、半导体压感采集器、超声波采集器和 RF（射频）采集器等。

超声波采集技术被认为是指纹采集技术中最好的一种，但因其成本较高，在指纹识别系统中还不多见。超声波指纹取像的原理是：用超声波扫描指纹的表面，紧接着接收设备获取其反射信号，由于指纹的嵴和峪的声阻抗不同，导致反射回接收器的超声波的能量不同，通过测量超声波能量的大小，进而获得指纹灰度图像。积累在皮肤上的脏物和油脂对超声波取像影响不大。所以这样获取的图像是实际指纹纹路凹凸的真实反映。

RF（射频）采集技术是把射频信号发射到手指，手指上的嵴和峪对射频信号产生一定的反馈，RF 接收端接收反馈信号。因为嵴和峪对射频信号的干涉不同，因而形成的反馈信号量不同，根据接收到的信号量的不同可以识别出哪个位置是嵴、哪个位置是峪。

光电采集技术的原理是基于光电成像技术。在光电采集表面是一种聚合物，这种聚合物在合适的电压激励下可以发出散射光。当手指放到聚合物表面时，其嵴与峪对光的反射量不同。根据反射光的量值，利用 CCD 或者 CMOS 成像机理，可以把指纹图像显现出来。

其他方式的生物识别原理与指纹识别相似，都是预先建立特征模板数据库，通过计算机模糊比较的方法，计算出它们的相似程度，从而实现识别功能。

2. 虹膜比对识别技术

1）虹膜特征

人眼睛外观图由巩膜、虹膜、瞳孔三部分构成，如图 4-13 所示。

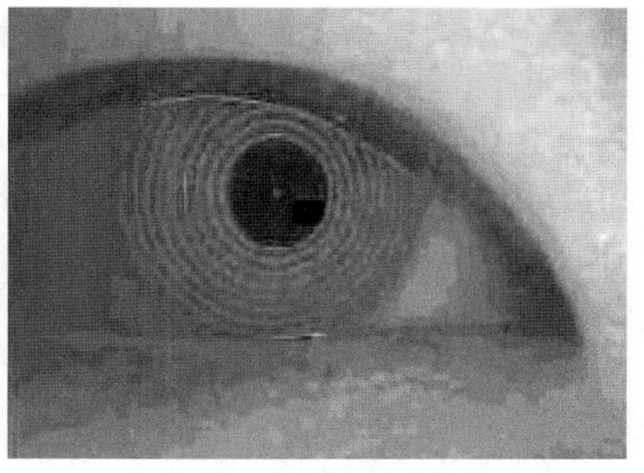

图 4-13 眼睛外观图

巩膜即眼球外围的白色部分，约占总面积的 30%。眼睛中心为瞳孔部分，约占 5%。虹膜位于巩膜和瞳孔之间，占据 65%的面积。虹膜由相当复杂的纤维组织构成，其内部包含丰富的纹理信息，包括许多腺窝、皱褶、色素斑等。每一个虹膜都包含一个独一无二的基于像冠、水晶体、细丝、斑点、结构、凹点、射线、皱纹和条纹等特征的结构，是人体中最具独特性的结构之一。虹膜的细部结构是在出生之前以随机组合的方式形成的，主要由遗传基因决定，即人体基因决定了虹膜的形态、生理、颜色和总外观。除非极少见的反常状况或身体、精神上遭受较大的创伤才有可能造成虹膜外观上的改变外，虹膜形貌可以保持数十年不变或少变。另一方面，虹膜是外部可见的，同时又属于内部组织，位于角膜后面。要改变虹膜外观，需要非常精细的外科手术，而且要冒着视力损伤的危险。虹膜的高度独特性、稳定性及不可更改的特点，是虹膜可用作身份鉴别的物质基础。

2）虹膜的采集

通过一个距离眼睛 3 英寸的精密全自动相机来确定虹膜的位置。当相机对准眼睛后，就自动寻找虹膜。在发现虹膜时，就开始聚焦，根据算法规则逐渐将焦距对准虹膜左右两侧，以确定虹膜的外沿，同时也将焦距对准虹膜的内沿（即瞳孔），并排除眼液和细微组织的影响。虹膜的定位可在 1s 之内完成，产生虹膜代码的时间也仅需 1s。

在直径 11mm 的虹膜上，以一定的算法划分成若干平方毫米大小的单位面积，如图 4-14 所示。

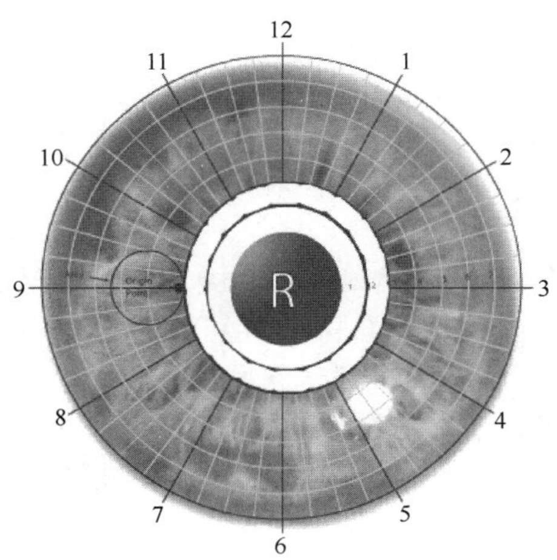

图 4-14 虹膜划分示意图

用 3～4 字节的数据来代表每平方毫米虹膜的信息。这样，一个虹膜约有 266 个量化特征点，而一般的生物识别技术只有 13～60 个特征点。266 个量化特征点的虹膜识别算法在众多虹膜识别技术资料中都有讲述，在算法和人类眼部特征允许的情况下，有些算法可获得 173 个二进制自由度的独立特征点。在生物识别技术中，这个特征点的数量是相当大的。

3）虹膜识别技术

虹膜识别技术是一种以人体最具独特性的器官——虹膜为基础的安全系统。当系统注册了虹膜后，会在服务器 PC 中产生一个独一无二的虹膜代码，并将它保存起来。位于门旁边的远程光学单元采集虹膜图像，通过识别控制单元将虹膜图像形成虹膜代码，然后由识别控制单元将此虹膜代码与预先注册的虹膜代码进行比较。如果两个代码相互一致，则门打开。

当新用户的眼睛位于距离注册光学单元 3～10 英寸的地方时，摄像机会自动变焦，将焦点集中到虹膜上。当摄像机聚焦到用户的虹膜后，通过一个图像采集设备采集虹膜的视频图像。虹膜识别过程具有变革性的算法，会分析每个网格中的图形，并将它们转换为虹膜代码记录下来。这种虹膜代码被注册到服务器 PC 中，并被下载到识别控制单元上。

4）虹膜识别系统主要设备

（1）注册光学单元（EOU）。

EOU 放置在靠近服务器 PC 的桌面或台面上，包含启动注册过程所需要的所有元素，照亮虹膜并获取虹膜图像。它可以提供语音消息，并且会在虹膜注册过程结束时发光提示。

（2）远程光学单元（ROU）。

ROU 安装在需要控制的门旁边，一般由两部分组成——带前部防护壳的光学成像器和后部防护壳。在将后部防护壳安装在门旁边的墙中后，将带前部防护壳的光学成像器安装到后部防护壳中。它含有用于获取虹膜图像的部件，提供语音和发光提示，用于指示用户是否被识别。

（3）识别控制单元（ICU）。

ICU 安装在被控区内侧的墙中，以防有人破坏。可以将采集到的虹膜图像生成虹膜代码，并将该虹膜代码与所保存的虹膜记录进行比较。如果发现虹膜代码一致，则 ICU 会发出开门信号。通过加装图像捕捉卡 FGB 和门接口卡 DIB，可以控制多个门禁。

（4）图像捕捉卡（FGB）。

图像捕捉卡可以采集黑白虹膜图像，并将模拟虹膜图像转换成数字化格式，以便在服务器中进行处理。

（5）门接口卡（DIB）。

门接口卡用来检查和控制被控门的打开和锁住。门接口卡还可以提供 ROU 与 ICU 母板之间的接口。

（6）服务器。

服务器除了执行高级服务器、服务器相关的功能外，还兼顾发挥注册站、监控站及管理站的作用。这些作用既可以通过一台服务器进行，也可以通过分开的服务器进行。根据要求，高级服务器可以将数据库记录从一个服务器传送到另一个服务器。服务器则管理各个站和 ICU。注册站负责虹膜注册过程，监控站监控 ICU、ROU、EOU 及被控门的状态，管理站不仅维护用户的旧数据库和新数据库，而且还可以将必要的数据下载到 ICU 上。

3. 视网膜比对识别技术

1）视网膜特征

视网膜是一种极其固定的生物特征，它的血管路径同指纹一样具有唯一性，为各人所有，除了患有眼疾或者严重的脑外伤外，视网膜的结构形式在人的一生当中都相当稳定。

视网膜是位于眼球后部十分细小的神经，它是人眼感受光线并将信息通过视神经传给大脑的重要器官，它同胶片的功能有些类似，用于生物识别的血管分布在神经视网膜周围，即视网膜四层细胞的最远处。但在眼底出血、白内障、戴眼镜的状态下将无法识别比对。

2）视网膜的采集

视网膜采集采用扫描设备获得视网膜图像，使用者的眼睛与录入设备的距离应在 0.5 英寸之内，并且在录入设备读取图像时，眼睛必须处于静止状态。使用者的眼睛在注视一个旋转的绿灯时，录入设备从视网膜上可以获得 400 个特征点。

4. 人像面部比对识别技术

1）人像面部特征

人像面部是日常生活中人们最为熟知的对象之一，相对于一般对象，人脸具有 6 个重要特性。

（1）生理结构。

面部的生理结构十分复杂，包括表皮、肌肉、骨骼三层，基本形状由最内层的骨骼决定。肌肉属于生理结构中的皮下组织，其末端附着于骨骼上，其表层与表皮紧密相连，面部的表情变化由肌肉层决定和驱动，肌肉和表皮间由韧带相连。肌肉的缩张驱动表皮组织产生运动，从而导致面部表现形式变化，所有面部肌肉运动的综合作用就产生了丰富多彩的表情。表皮组织是直接映现于人们视野的内容，受肌肉驱动，会产生皱纹、舒展等各种表现形式。

上述生理解剖学的原理是计算机人脸图像生成、识别和处理的基础与依据。

（2）形态内容。

面部形态表现为各种各样的表情，形态内容丰富。表情可以大概地分为六大类：高兴、生气、害怕、吃惊、厌恶、沮丧。所有的情绪表现都可以理解为六者的合成，这样就表现出纷繁复杂、各种各样的情感、气质、神态。

（3）结构和表情上的共性。

除生理上的缺陷，所有人物面部结构和表情变化共性明确。每个人在生理结构上都由口、眼、鼻、耳、眉五官组成，头颅结构相似，表情表达上甚至动态的变化过程也有相似之处。

（4）个性因素繁多。

人眼睛虹膜近乎相同的概率是百万分之一，人耳朵形状的差别更大。不同人种具有不同的肤色、五官特征、五官位置。没有任何两个人的笑容完全一样。

（5）易受环境影响。

摄取人物视频图像随着周围光照环境的不同，差别很大。因为面部的形状不是严格的凸结构，所以有时会出现光照上的遮挡。人们有时还会佩戴眼镜。

（6）重要的信息传递媒介。

人脸和人脸表情有着自己的特性，能够通过它识别和区分人脸各种微妙的表情变化，这使得面部表情成为人们交流信息的重要传递媒介之一。目前，众多的系统都是基于面部模拟和处理进行的。

2）人像面部特征的采集处理

人像面部识别系统是通过分析面部特征的唯一形状、模式和位置来辨识人的。采集处理的方法主要是标准视频和热成像技术。标准视频技术是通过一个标准的摄像头摄取面部的图像或者一系列图像，在面部被捕捉之后，一些核心点将被记录。例如，根据人脸具有的 6 个重要特性，即具有识别特征的眼、鼻、口、眉、脸的轮廓、形状及它们之间的相对位置，记录下来后形成模板，如图 4-15 所示。人脸识别建模与比对流程包括面部定位、双

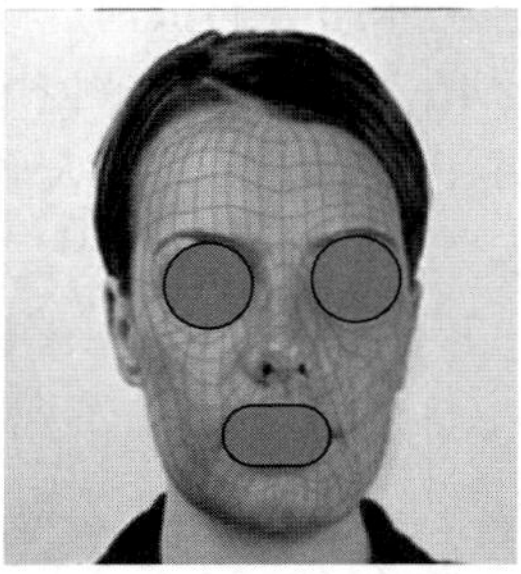

图 4-15　人脸特征划分示意图

眼定位、检查影像质量、影像校正、前期处理、抽取特征点、合成特征集群和存盘记录比对。

3）人像面部识别技术

人像面部识别技术包括在动态的场景与复杂的背景中对人体面貌的检测，判断是否存在面相，并分离出这种面相以及对被检测到的面貌进行动态目标跟踪。人脸的检测可以简明地描述为：给定一个静态图像或视频序列，要求定位和检测出一个或多个人脸面或其五官的位置。问题的求解包括图像分割、脸的提取、特征的提取等几步。一个视觉的前后端处理器应该能适应光照条件、人脸朝向、表情、相机焦距的各种变化。其技术原理分为三部分。

（1）人体面部检测。

面部检测是指在动态的场景与复杂的背景中判断是否存在面相，并分离出这种面相。

（2）人体面部跟踪。

面部跟踪是指对被检测到的面部进行动态目标跟踪，具体采用基于模型的方法或基于运动与模型相结合的方法。

此外，利用肤色模型跟踪也不失为一种简单而有效的手段。

（3）人体面部比对。

面部比对是对被检测到的面相进行身份确认或在面相库中进行目标搜索。这实际上就是说，将采样到的面相与库存的面相依次进行比对，并找出最佳的匹配对象。所以，面相的描述决定了面相识别的具体方法与性能。目前主要采用特征向量与面纹模板两种描述方法。

① 特征向量法：该方法是先确定眼虹膜、鼻翼、嘴角等面相五官轮廓的大小、位置、距离等属性，然后再计算出它们的几何特征量，由这些特征量形成一个描述该面相的特征向量。

② 面纹模板法：该方法是在库中存储若干标准面相模板或面相器官模板，在进行比对时，将采样面相所有像素与库中所有模板采用归一化相关量度量进行匹配。

此外，还有采用模式识别的自相关网络或特征与模板相结合的方法。

人体面貌的识别过程一般分为以下三步。

① 建立人体面貌的面相档案：即用摄像机采集单位人员的人体面貌的面相文件或取他们的照片形成面相文件，并将这些面相文件生成面纹（Faceprint）编码储存起来。

② 获取当前的人体面像：即用摄像机捕捉当前出入人员的面相，或取照片输入，并将当前的面相文件生成面纹编码。

③ 用当前的面纹编码与档案库存的面纹编码比对：即将当前面相的面纹编码与档案库存中的面纹编码进行检索比对。上述的“面纹编码”方式是根据人体面貌脸部的本质特征来工作的。这种面纹编码可以抵抗光线、皮肤色调、面部毛发、发型、眼镜、表情和姿态的变化，具有强大的可靠性，从而使它可以从百万人中精确地辨认出某个人。

人体面貌的识别过程，利用普通的图像处理设备就能自动、连续、实时地完成。

4）人像面部识别系统

用于安全防范的人像识别系统大多以 PC 和 Windows 操作系统为平台，系统框图如图 4-16 所示。

该系统在出入通道由正面隐蔽摄像机自动摄下多幅头部、脸部图像，主要完成以下功能。

① 面孔侦测：发现单个或多个人员的面孔（即使背景很复杂）。

② 分割处理：从监视图像中自动地将侦测到的多个人员头像分离、割取出来。

③ 跟踪能力：实时追踪现场人员的面孔，以捕捉其各个角度的头像。

④ 图像评估：对采集到的面孔图像进行评估和改善，选取出最“适合”的头像。

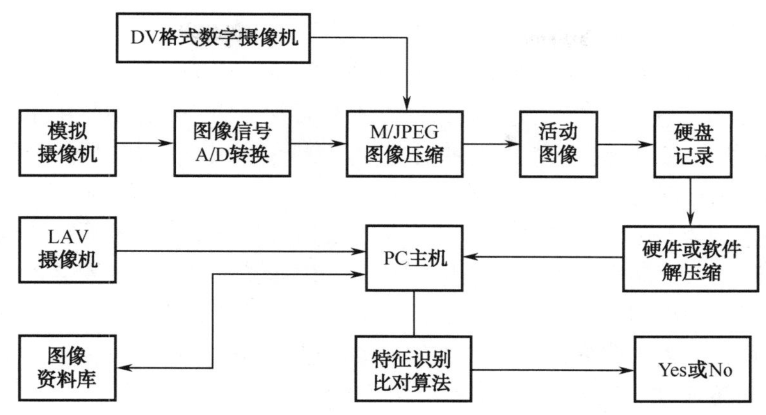

图 4-16 安全防范人像识别系统的系统框图

⑤ 压缩存储：经系统优化压缩后，将捕捉到的面孔“照片”依照时间顺序存入数据库。

⑥ 识别功能：通过真人识别功能防欺诈，以判断摄像机获得的面相是一个真人还是由一幅照片所产生的。

面相识别的基本步骤如下。

① 进行用户注册，可以用摄像头实时或从照片中采集用户的面相，生成面纹编码（即特征向量），建立面相档案。

② 在进行用户识别时，用摄像头采集用户的面相，进行特征提取。

③ 将待确定的用户的面纹编码与档案中的面纹编码进行比对。

④ 确认用户的身份或列出面相相似的人供选择。

4.2.5 门禁控制器

门禁控制器是门禁系统的中枢，是门禁系统的核心设备，相当于计算机的 CPU，里面存储有大量被授权人员的卡号、密码等信息。门禁控制器担负着整个系统的输入、输出信息的处理和控制任务，根据出入口的出入法则和管理规则对各种各样的出入请求做出判断和响应，并根据判断的结果，对执行机构与报警单元发出控制指令。其内部由运算单元、存储单元、输入单元、输出单元、通信单元等组成。门禁控制器性能的好坏将直接影响系统的稳定性，而系统的稳定性直接影响着客户的生命和财产安全。所以，一个安全和可靠的门禁系统，首先必须选择更安全、更可靠的门禁控制器。门禁控制器的实物如图 4-17 所示。

图 4-17 门禁控制器实物图

由图 4-17 可见，门禁系统由控制器集中管理，控制器与读卡器之间须具有远距离信号传输的能力，良好的控制器与读卡器之间的距离应不小于 1200m，控制器与控制器之间的距离也应不小于 1200m。控制器机箱必须具有一定的防砸、防撬、防爆、防火、防腐蚀的能力，尽可能阻止各种非法破坏的事件发生。控制器箱内部本身必须带有 UPS 与备用电池系统，并保证不被轻易切断或破坏，在外部电源无法提供电力时，至少能够让门禁控制器继续工作几个小时，以防止有人切断外部电源导致门禁系统瘫痪。控制器必须具有各种即时报警的能力，如电源、UPS 等各种设备的故障提示，机箱被非正常打开时发出警告信息，以及通信或线路故障等进行提示。门禁控制器输入不能直接使用开关量信号，门禁系统中有许多装置会以开关量信号的方式输出，如门磁信号和出门按钮信号等，由于开关量信号只有短路和开路两种状态，所以很容易遭到利用和破坏，会大大降低门禁系统整体的安全性。因此，将开关量信号加以转换传输才能提高安全性，如转换成 TTL 电平信号或数字量信号等。

门禁系统按设计原理可分为以下两类：一类是控制器自带读卡器（识别仪），这种控制器须安装在门外，因此部分控制线必须露在门外，安全性较低；另一类是控制器与读卡器（识别仪）分体型，这类系统控制器安装在室内，只有读卡器输入线露在室外，其他所有控制线均在室内，而读卡器传递的是数字信号。因此，若无有效卡片或密码，任何人都无法进门，安全性较高。

4.2.6 执行机构

在门禁系统中，锁是门禁的执行部件。用户应根据门的材料、出门要求等需求选取不同的锁具。主要有以下几种类型。

1. 电磁锁

电磁锁断电后是开门的，符合消防要求，并配备多种安装架以供顾客使用。这种锁具适用于单向的木门、玻璃门、防火门、对开的电动门。

2. 阳极锁

阳极锁是断电开门型，符合消防要求。它安装在门框的上部。阳极锁适用于双向的木门、玻璃门、防火门，而且它本身带有门磁检测器，可随时检测门的安全状态。

3. 阴极锁

一般的阴极锁为通电开门型，适用于单向木门。安装阴极锁一定要配备 UPS 电源，因为停电时阴极锁是锁门的。

单门电磁锁如图 4-18 所示，适用于单开木门及单开玻璃门，断电常开。

图 4-18　单门电磁锁

双门电磁锁如图 4-19 所示，适用于双开木门及双开玻璃门，断电常开。

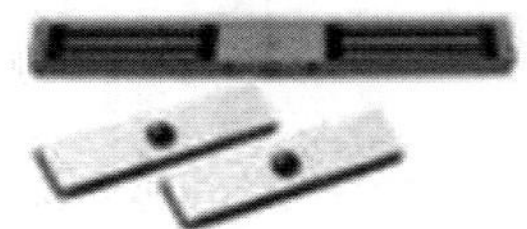
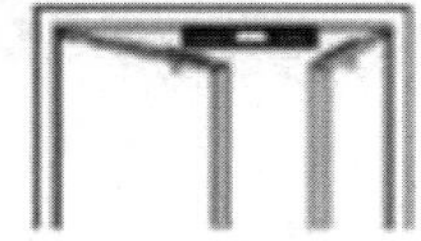

图 4-19　双门电磁锁

阳极锁如图 4-20 所示，适用于木门及玻璃门，断电常开。

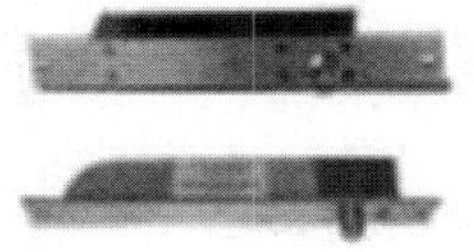

图 4-20　阳极锁

无框玻璃阳极锁如图 4-21 所示，适用于无框玻璃门，断电常开。

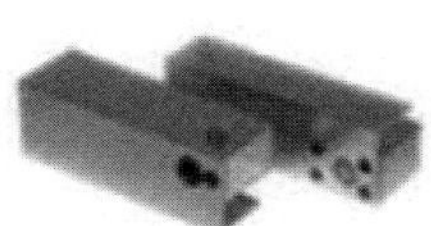
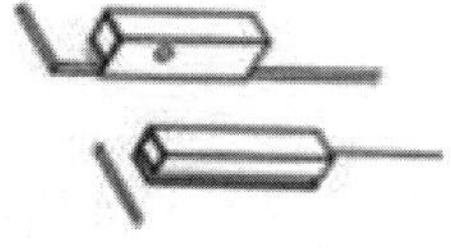

图 4-21　无框玻璃阳极锁

阴极锁如图 4-22 所示，适用于单开木门，有断电常开和断电常闭两种。

储能锁如图 4-23 所示，适用于防火门及铁门，通电开门，带机械开启方式。

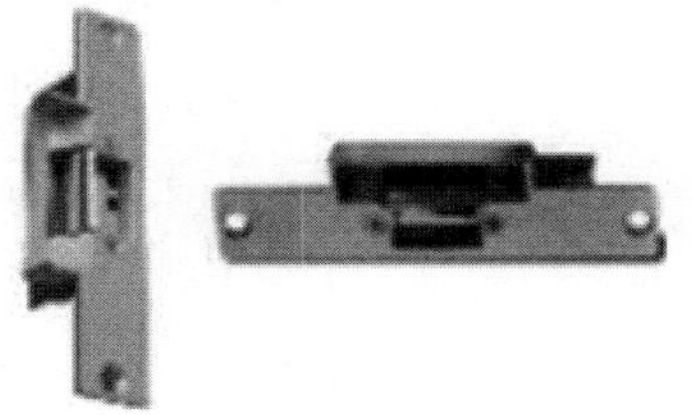

图 4-22　阴极锁

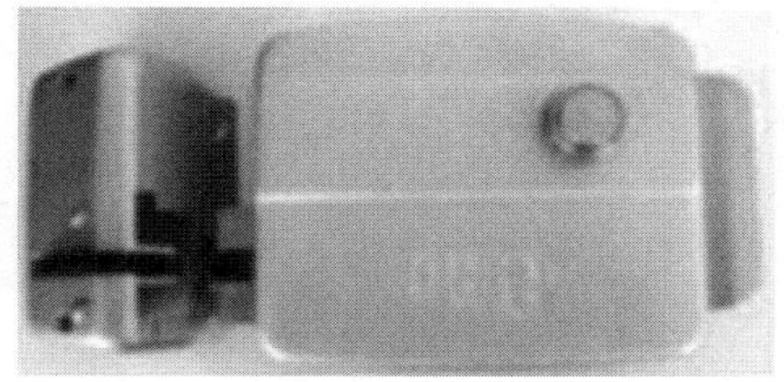

图 4-23　储能锁

4.2.7　门禁控制管理软件及应用

门禁系统的管理软件主要指管理与设置单元部分，管理软件可以运行在 Windows 环境中，支持服务器/客户端的工作模式，并且可以对不同的用户进行可操作功能的授权和管理。管理软件应该使用 SQL 等大型数据库，具有良好的可开发性和集成能力。管理软件应该具有设备管理、人事信息管理、用户授权、操作员权限管理、报警信息管理、事件记录查询、电子地图等功能。随着智能化大厦应用的不断深入，一些新的需求逐渐被提出，管理软件的功能也越来越丰富。

【技能训练】 电控锁具的原理及使用

1. 实训目的

（1）熟悉门禁控制系统常见电控锁具的结构特点。

（2）掌握不同类型锁具的使用方法和电气特性。

（3）掌握锁具的一般安装与维护方法。

2. 实训器材

（1）设备：

各种不同类型锁具各 1 个（至少 3 种或以上）。

直流 10～28V 稳压电源 1 台。

（2）工具：

万用表 1 台。

电动工具 1 套。

电工工具 1 套。

（3）材料：

1m RVV（2×0.5）导线若干根。

实训端子排 1 只。

控制开关 1 个。

3. 实训原理

（1）门禁锁具控制电路模型如图 4-24 所示。

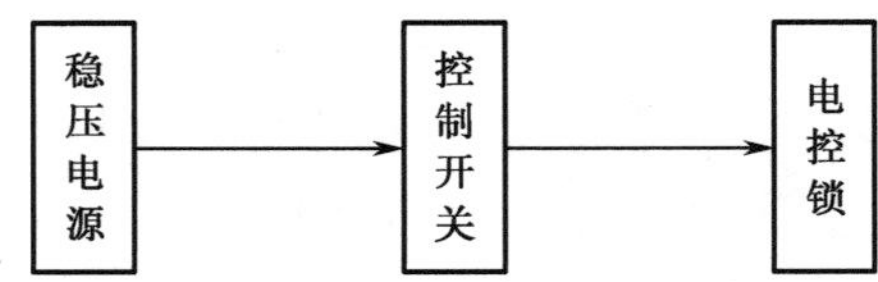

图 4-24　门禁锁具控制电路模型

（2）门禁锁具控制电原理如图 4-25 所示。

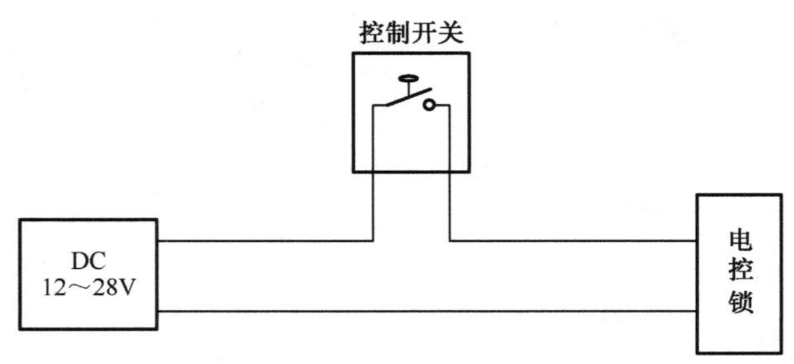

图 4-25　门禁锁具控制电原理

4. 实训内容

（1）关闭实训操作台电源开关。

（2）拆开电控锁外壳，根据使用说明书辨认接线端子。

（3）用万用表合适的欧姆挡位测量电控锁电磁线圈直流电阻和绝缘状态。

（4）按图完成实训端子排上的接线，合闭电控锁外壳。

（5）每项实训内容的接线完成，检查无误方可接通电源，并观察电控锁被控制及动作过程，做好记录。每项实训内容结束后，必须关断电源。

5. 思考题

（1）通过对锁具结构的分解，理解电控锁的工作原理。

（2）电控锁安装要求有哪些？如何进行维护保养？

锁具特性

6. 讨论分析

（1）电控锁有哪些机械特性和电气特性？安装时应注意哪些问题？

（2）电控锁出现的常见问题有哪些？如何解决？

4.3 门禁控制系统应用结构模式

门禁系统经过多年的发展，已经相当成熟稳定，安装、服务、价格都比较适合大规模使用了。安装门禁系统已经是一家公司、工厂等普遍的需求。

4.3.1 基本门禁系统

不联网门禁就是一台机器管理一道门，不能用计算机软件进行控制，也不能看到记录，直接通过控制器进行控制。不联网门禁系统的特点是价格便宜，安装维护简单，不能查看记录，不适合人数多于 50 或者人员经常流动（指经常有人入职和离职）的地方，也不适合门数量多于 5 的工程。不联网门禁系统是最基本的应用，使用 485 控制器、读卡器、转换器、锁、电源等。基本门禁系统的构成如图 4-26 所示。

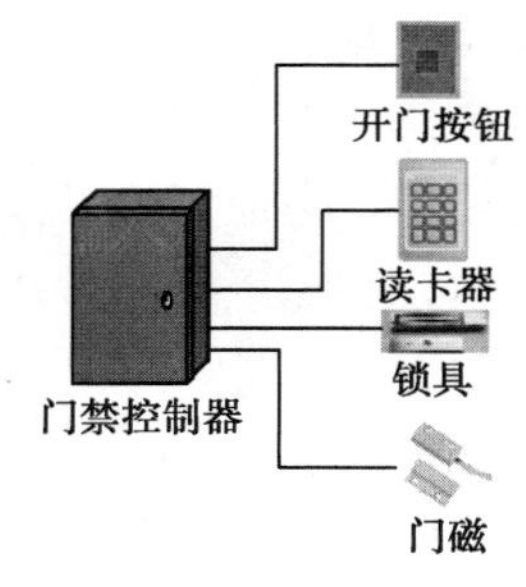

图 4-26　基本门禁系统的构成

这种结构通常应用在对门禁要求不高，需要有基本的卡片管理，记录刷卡事件的项目，安装数量只有一台的情况。

4.3.2 RS-485 联网门禁系统

RS-485 联网门禁系统是可以和计算机进行通信的门禁类型，直接使用软件进行管理，包括卡和事件控制。所以有管理方便、控制集中、可以查看记录、对记录进行分析处理以用于其他目的的优点。RS-485 联网门禁系统的价格比较高、安装维护难度大，但培训简单，可以进行考勤等增值服务。它适合人多、流动性大、门多的工程。这类产品是最常见的，适用于小系统或安装位置集中的单位。

RS-485 联网门禁系统的特点是具有门禁的基本功能；能将多种 485 型号门禁控制器联网；每个控制器都能接读卡器和按钮等外部设备；组网方便，成本容易控制；所有控制器通过一个 485 通信器连接到计算机，可以扩充增加更多控制器。RS-485 联网门禁系统图如图 4-27 所示。

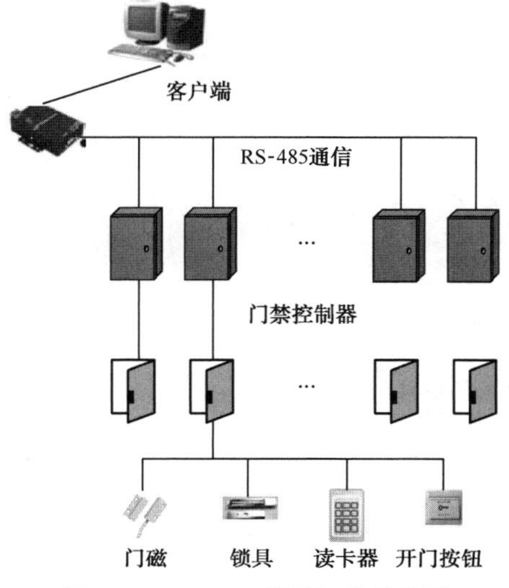

图 4-27　RS-485 联网门禁系统图

这种结构可应用于对门禁要求不高，需要有基本的门禁管理功能，记录刷卡记录的项目，安装数量多台的情况。所有的门在一个比较近的范围内。比较近的门使用多门控制器，比较远的门使用单门控制器。对性能要求不高，管理卡片较少。

4.3.3 TCP/IP 联网门禁系统

TCP/IP 门禁也叫以太网联网门禁，是可以联网的门禁系统，它通过网络线把计算机和控制器进行联网，其构成如图 4-28 所示。除具有 RS-485 门禁系统的全部优点外，TCP/IP 联网门禁系统还具有速度更快、安装更简单、联网数量更大、可以跨地域或者跨城联网等优点。但它的设备价格高，需要使用者有计算机网络知识。这种门禁适合安装在大项目、人数众多、对速度有要求、跨地域的工程中。它的通信方式采用的是网络常用的 TCP/IP 协议。

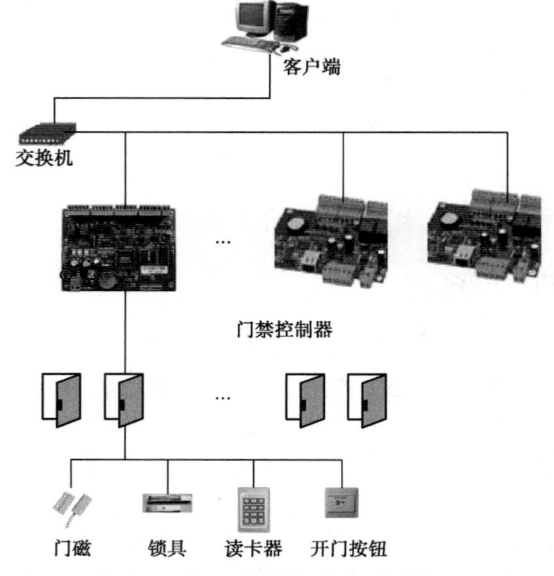

图 4-28　TCP/IP 联网门禁系统构成

TCP/IP 联网门禁系统的优点是控制器与管理中心是通过局域网传递数据的，管理中心的位置可以随时变更，不需要重新布线，很容易实现网络控制或异地控制。TCP/IP 联网门禁系统适合大系统或安装位置分散的单位使用。这类系统的缺点是，系统通信部分的稳定性依赖于局域网的稳定性。

【技能训练】 门禁控制系统功能测试

1. 实训目的

（1）了解门禁系统的组成及特点。

（2）认识门禁系统的主要设备。

（3）熟悉门禁系统的工作原理。

（4）掌握门禁系统设备间的电气连接、系统的参数设置及功能测试。

2. 实训器材

（1）设备：

门禁控制器 1 台。

读卡器 1 个。

出门按钮 1 个。

电控锁 1 把。

（2）工具：

6 英寸十字螺丝刀 1 把。

6 英寸一字螺丝刀 1 把。

小号一字螺丝刀 1 把。

小号十字螺丝刀 1 把。

剪刀 1 把。

尖嘴钳 1 把。

万用表 1 个。

（3）材料：

四芯线、二芯线若干。

3. 实训原理

门禁系统由被控制的门、控制器、锁具、读卡器及卡片、手动按钮、钥匙、指示灯、与上位机通信的线缆、上位 PC、专用软件等组成。

门禁系统的主要功能如下。

（1）刷卡开门：若卡号不对或属于黑名单将闭门并报警。

（2）手动按钮开门：门内人员出门使用。

（3）钥匙开门：门禁系统管理员使用。

（4）上位机指令开关门：在特殊情况下使用上位机指令控制门的开关。

（5）门的状态及被控信息记录到上位机中，以便于进行查询。

（6）上位机负责卡片的管理：发放卡片及登录黑名单。

系统组成如图 4-29 所示。

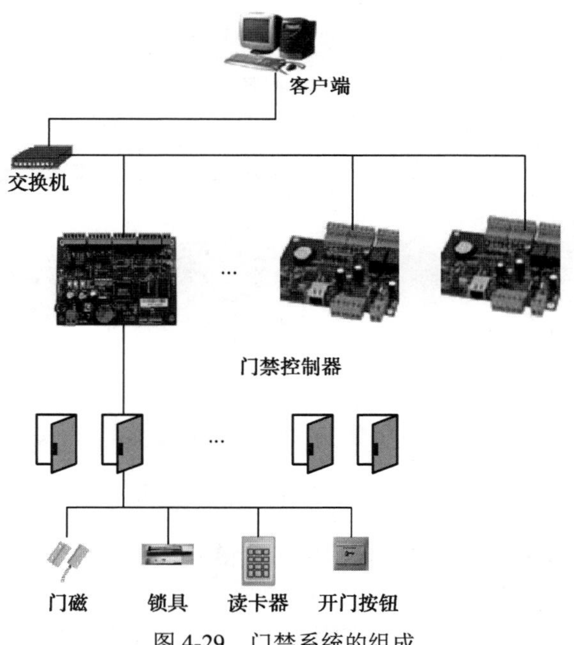

图 4-29　门禁系统的组成

门禁系统的工作原理如下。

（1）对需控制的出入口，连接受电锁和识读装置（如电子密码键盘、读卡器、指纹阅读器等）控制的电控门。

（2）授权人员使用有效证卡、密码和自己的指纹，就可以开启电控门。

（3）所有出入资料都被后台计算机记录在案；通过后台计算机可以随时修改授权人员的进出权限。

4．实训内容

（1）按图 4-30 所示的门禁控制系统连线图连接系统。

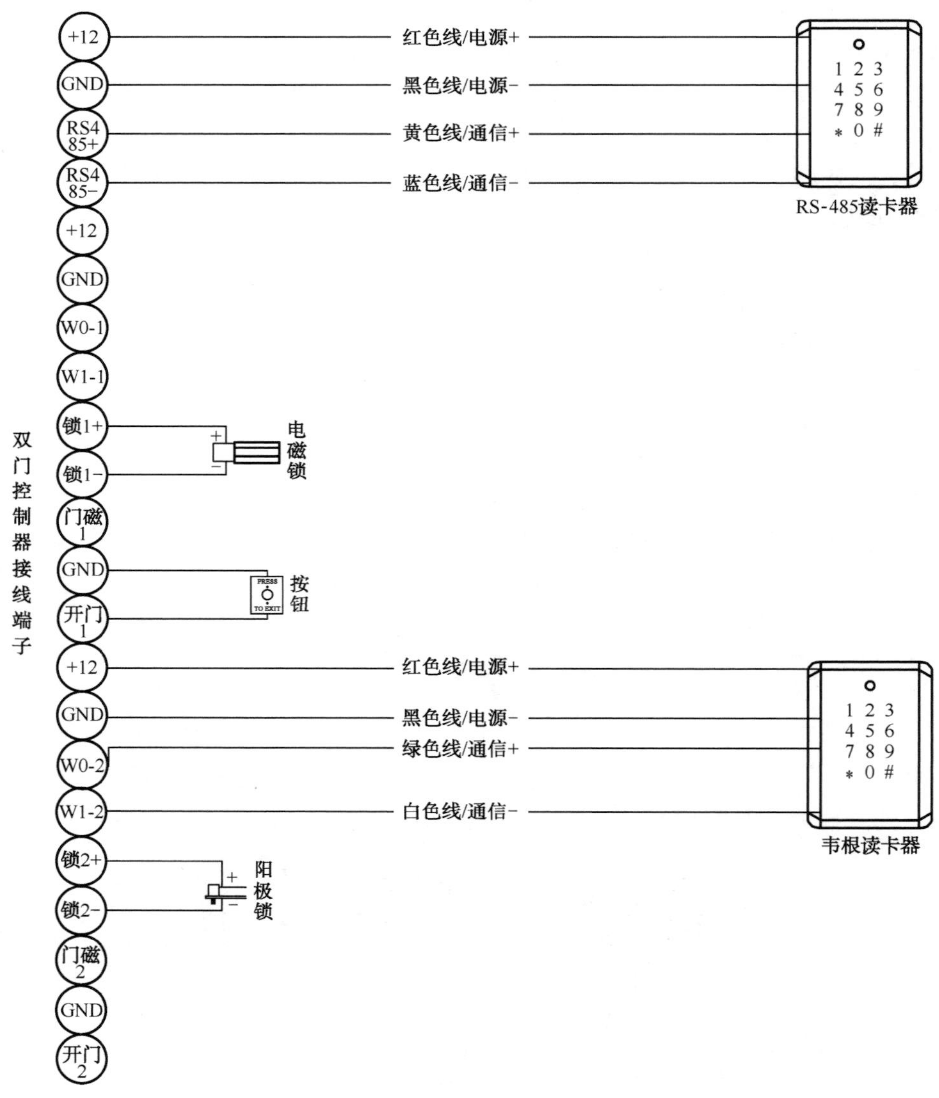

图 4-30　门禁控制系统连线图

（2）测量门禁控制器、读卡器、电控锁的工作电源。

（3）门禁控制系统的软件设置流程如图 4-31 所示。

（4）实现设置人员、发卡授权、开门测试和记录查询等相关实训内容。

图 4-31　门禁控制系统软件设置流程

5. 思考题

门禁系统功能实现

（1）门禁控制器电路板上有哪些电气连接端子？

（2）控制器的有效卡的数量是多少？

（3）控制器的上、下行通信分别使用什么样的通信方式？

6. 讨论分析

（1）门禁控制系统根据其出入凭证的不同有哪几种识别方式？

（2）密码识别方式的门禁控制系统配置的键盘有哪两种？它们各自的特点是什么？

（3）卡片识别方式的门禁控制系统有哪几种卡片？它们各自的组成结构、原理和特点是什么？

（4）生物识别技术是根据人体生物特征的什么特点对个人进行身份识别的？

（5）人像面部识别系统对面部特征的采集处理有哪些方法？

（6）一个基本完整的门禁控制系统通常应由哪几部分组成？它可以具备哪些扩展功能？

4.4　人脸识别门禁系统概述

随着人工智能技术的发展和应用，人脸识别门禁系统被研发生产，人脸识别设备能够实现动态人脸识别，对城市管理、交通卡口等多种实际场景发展有着巨大的推动作用。前些年，市场上主流应用的门禁系统基本上是使用密码、接触式 IC 卡、非接触的射频卡或者指纹认证。一方面忘记密码、卡片遗失或被盗、指纹被盗的案例时有发生，另一方面随着人员的增多，卡片这种可以离开人体的物理特征，对于安全管理来说就是一个巨大的漏洞。生物识别的出现能够很好地解决物理特征脱离个体而存在的问题。当前的人脸识别门禁系统已经初步完善，随着未来人工智能技术的进一步应用和 5G 技术的成熟，人脸识别门禁系统将会更加完善先进。

4.4.1 人脸识别技术概述

人脸识别技术是基于人的脸部特征，对输入的人脸图像或者视频流，先判断其是否存在人脸，如存在，则进一步给出每个脸的位置、大小和各个主要面部器官的位置信息。然后依据这些信息，进一步提取每个人脸中所蕴含的身份特征，并将其与已知的人脸进行对比，从而识别每个人脸的身份。广义的人脸识别实际包括构建人脸识别系统的一系列相关技术，包括人脸图像采集、人脸定位、人脸识别预处理、身份确认及身份查找等；而狭义的人脸识别特指通过人脸进行身份确认或者身份查找的技术或系统。

人脸识别技术主要包括三个部分，第一部分是人脸检测，是指在动态的场景与复杂的背景中判断是否存在人脸图像，并分离出人脸图像；第二部分是人脸跟踪，是指对被检测到的面貌进行动态目标跟踪；第三部分是人脸比对，是指对被检测到的人脸图像进行身份确认或在人脸库中进行目标搜索。这实际上就是，将采样到的人脸图像与库存的面像依次进行比对，并找出最佳的匹配对象。所以，人脸的描述决定了人脸识别的具体方法与性能。

1. 人脸识别过程

人脸识别技术在日常生活中得到广泛应用，其识别过程一般分为以下三步。

（1）建立人脸的面像档案，即用摄像机采集相关人员的人脸面像文件或获取相关人员的照片形成面像文件，并将这些面像文件生成人脸编码存储起来。

（2）获取当前的人体面像，即用摄像机捕捉当前出入人员的面像或获取照片输入，并将当前的面像文件生成人脸编码。

（3）当前的人脸编码与档案库存编码的比对，即将当前面像的人脸编码与档案库存中的人脸编码进行检索比对。

2. 人脸识别系统组成

人脸识别系统主要包括 4 个组成部分，分别为人脸图像采集及检测、人脸图像预处理、人脸图像特征提取、人脸图像匹配与识别。

1）人脸图像采集及检测

人脸图像采集主要是通过摄像镜头采集，如人脸静态图像、动态图像、不同位置、不同表情等图像均可得到采集。当被采集人员在采集设备的拍摄范围内时，采集设备会拍摄到相应的人脸图像。

人脸检测主要用于人脸识别的预处理，即在图像中准确标定出人脸的位置和大小，并确定人脸图像中包含的模式特征，如直方图特征、颜色特征、模板特征、结构特征及 Haar 特征等。人脸检测就是把模式特征中有用的信息挑出来，并利用这些特征实现人脸检测。不同的人脸检测方法就是基于相关特征信息采用不同的学习算法，通过分类器选择及训练，实现准确识别的目的。

2）人脸图像预处理

人脸图像预处理是基于人脸检测结果，对图像进行处理并最终服务于特征提取的过程。系统获取的原始图像由于受到各种条件的限制和随机干扰，往往不能直接使用，需要在图像处理中进行人脸图像的光线补偿、灰度变换、直方图均衡化、归一化（取得尺寸一致、灰度取值范围相同的标准化人脸图像）、几何校正、中值滤波（图片的平滑操作，以消除噪声）及锐化等图像预处理。

3）人脸图像特征提取

人脸特征提取也称人脸表征，它是对人脸进行特征建模的过程。人脸识别系统可使用的特征通常分为视觉特征、像素统计特征、人脸图像变换系数特征、人脸图像代数特征等。人脸特征提取就是针对人脸的某些特征进行的。人脸特征提取的方法归纳起来分为两大类：一类是基于知识的表征方法；另一类是基于代数特征或统计学习的表征方法。基于知识的表征方法主要是根据人脸器官的形状描述及它们之间的距离特性来获得有助于人脸分类的特征数据，其特征分量通常包括特征点间的欧氏距离、曲率和角度等。人脸由眼睛、鼻子、嘴、下巴等局部构成，对这些局部和它们之间结构关系的几何描述，可作为识别人脸的重要特征，这些特征被称为几何特征。基于代数特征方法的基本思想是将人脸在空域内的高维描述转化为频域或者其他空间内的低维描述，其表征方法分为线性投影表征方法和非线性投影表征方法。

4）人脸图像匹配与识别

人脸图像匹配与识别即将提取的人脸图像的特征数据与数据库中存储的特征模板进行搜索匹配，设定一个阈值，当相似度超过这一阈值时，就把匹配得到的结果输出。人脸识别就是将待识别的人脸特征与已得到的人脸特征模板进行比较，根据相似程度对人脸的身份信息进行判断。这一过程又分为两类：一类是确认，是 1∶1 识别进行图像比较；另一类是辨认，是 1∶*N* 即一对多进行图像匹配对比。

3. 人脸识别系统常见应用模式

日常生活中，人脸识别技术主要有两种用途，一种是用来进行身份验证（又叫人证比对），证实“你是你”；还有一种是验证“你是谁”。

1）身份确认 1∶1 模式

人脸识别中 1∶1 为身份验证模式，即将设备采集照与证件照的人脸特征相互比对，验证是否为同一个人。如汽车站、火车站、机场安检时，乘客要手持身份证等有效证件通过检查通道，人脸识别检票系统会将乘客人脸图像与身份证照片进行比对，这个过程就是典型 1∶1 模式的人脸识别。如图 4-32 所示为人脸识别 1∶1 流程图，证件凭证人脸特征 A 提取后和摄像头实时采集的人脸特征 B 进行比对，如果 A、B 特征符合度高出设定的阈值即完成人员身份确认，否则人证不符。人证核验除应用于交通领域外，还适用于其他需要实名制认证的场所，比如景区验票、考生身份验证、宾馆、酒店入住，或生活中的刷脸支付、手机刷脸解锁等。

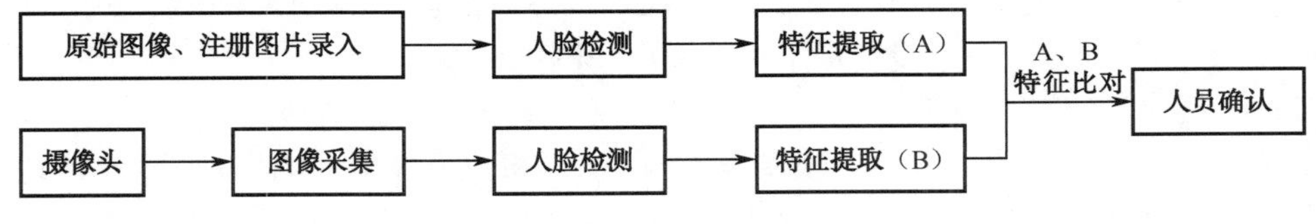

图 4-32　人脸识别 1∶1 流程图

2）身份辨认 1∶*N* 模式

人脸识别中 1∶*N* 是系统采集了某人的一张图像后，与海量的人像数据库中的图像依次进行比对，找到与当前使用者人脸数据相符合的图像，通过多次比对找出“你是谁”。流程图如图 4-33 所示，应用系统事先存入大量的人脸图像形成特征人脸库，也可以随时增加和删除相关人脸图像，人脸采集终端采集到的人脸图像会与库中所有图像进行比对，判断实时人脸图像与库中图像的同一性，以完成相关人员身份的辨认。该模式通常应用于企业、商业综合体的人脸考勤门禁，通过摄像头自动抓取人脸照片，在人脸特征库中查找是否为该企业或办公楼某公司的职员，匹配成功后智能打卡并放行。其还适用于社区人行通道、工地考勤、会场签到等场景，以及新零售概念里的 VIP 客户识别等。

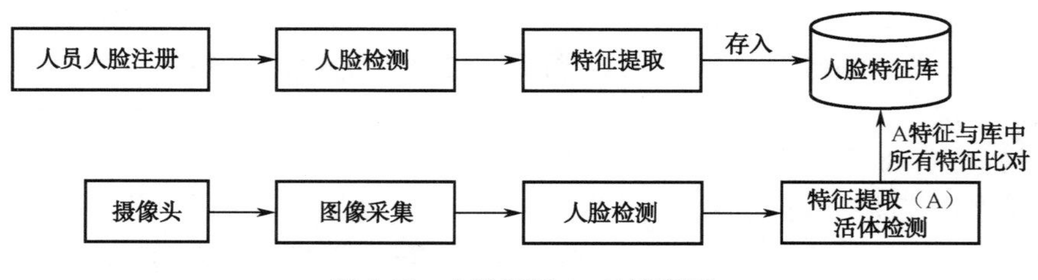

图 4-33　人脸识别 1∶*N* 流程图

将人脸识别两种应用模式进行对比，其中 1∶1 识别需要用户配合持卡（证），而 1∶*N* 的识别具有非配合的特点，识别对象不用到特定位置就可以完成识别工作。但是 1∶*N* 比对难度高于 1∶1 比对，特别是人脸库数量越大对硬件和算法的性能要求越高。

4.4.2　人脸识别技术的发展及现状

对于人脸识别方向的研究，大致是从 20 世纪 60、70 年代开始的，距今已有六十年之久。但由于该技术中存在一定的技术难题，几十年间世界各国的科研人员及学者，均对其投入了大量的时间和精力。从 20 世纪的 70 年代开始，对于自动人脸识别（Automatic Face Recognition，AFR）的研究日益增多。研究者在这一个起步的时间段内，主要是通过将模式识别方面的研究经验移植到该方向，将其作为其中的一个子问题来看待。在此期间，科研人员主要通过分析人类脸部的几何方面的特点，利用其中包含的信息来完成判断的过程。通过努力和发展，到了 20 世纪末，出现了许多标志性的人脸识别相关算法。在这个时间段内，该方向的研究取得了相当大的进展。这些代表性的算法对人脸识别方面的研究有着重要的意义，并保持影响发展至今。这期间世界范围内，各个国家随着投入的精力、财力的加大，产出了非常多的优良方法。这些方法包括经典的“特征脸”方法，此方法是由 MIT 首次公布于世的，随后，通过对比试验得出了“基于模板匹配优于基于结构特征”的结论。另外，FisherFace 算法是由 Belhumeur 等研究得出的，该方法的影响非常广泛，至今仍有使用。除此之外，还出现了基于双子空间进行贝叶斯概率估计的理论、EGM 算法，以及人脸描述方面创新的 AAM 概念和对其的改进 ASM 理论。在此基础上，还逐步制定了相关标准的测试样本。

以 21 世纪二十余年的研究内容来看，大家主要是在上一时期的研究成果之上，通过观察制约各算法的性能及在使用过程中出现错误的场景，分析出具体的影响因素。这个阶段是通过改进的措施，来使算法能够具有更强的健壮性，能够适用于复杂的使用环境。2001 年，由 Viola 等提出了 AdaBoost 方法，将大量的弱分类器组合形成强分类器，并采用级联的方式提高速度，这为后续的人脸识别提供了很好的基础。除此之外，这期间还产出了基于 SVM 及统计学习的方法。近几年，基于深度学习的人脸识别方法在实践中取得了成功，成为备受重视的技术发展趋势。

目前对于人脸识别技术的深入探究，全世界范围内均投入很大的精力，经过大家的相互促进，相关方面已取得了突破性的进展。由于该方向不断地取得了一些实质性的突破，各种脸部信息分析设备也相继问世。目前，这些系统对人的行为及外界环境有着较高的要求，在人员配合、采集条件好的情况下，能够取得满意的效果，但一旦不满足这些条件，识别的准确率就会大幅度地下降。因此，将人脸识别技术投入实际应用系统中并开启广泛使用时，还有很多挑战性的问题需要针对性地解决，如光线不足、姿态变化较大、部分遮挡等实际问题。

4.4.3 人脸识别门禁系统的组成及优势

1. 系统组成

人脸识别门禁系统主要由前端人脸识别门禁设备、中间网络传输、后台数据服务器及统一管理平台组成。其中，人脸识别门禁设备根据使用场景和方式的不同，具有多种设备形态，如门禁道闸使用的人脸识别闸机、重要办公室可以使用的壁挂式设备、访客识别系统涉及的人脸识别智能终端，等等。道闸设备里面可包括闸机、读卡器、门控板、视频监控等设备；前端设备包含系统服务器、客户端、发卡器、打印机等设备。

2. 系统功能

人脸识别门禁系统包含多种应用，主要由门禁通道识别系统、访客识别系统、考勤签到系统、食堂消费系统等内容组成。门禁通道识别系统是人脸门禁系统的核心组成部分，功能基于人脸识别解决方案，可以控制人员通行权限，可以在不同场景中选配不同形态产品。访客识别系统是对企业到访人员进行管理，可以验证人员身份，还可以临时授权访客通过刷脸能够访问的区域和时长。考勤签到系统可对企业员工进行考勤管理，设置考勤排班计划，通过人脸识别方式对员工进行身份识别，并在后台记录人员考勤信息。食堂消费系统则通过人脸识别机，满足企业食堂消费模式的就餐管理。可设置就餐时段、限时限次等，后端管理平台可按照就餐时段统计、查询就餐人员及次数等。

目前，人脸识别门禁系统采用集中管理的建设思路，将所包含的多个子系统进行融合，形成一套以人脸识别技术数据为依据的共享综合性管理平台，可以让整个系统真正实现“一体化、智能化”管理，提高整个系统的管理效率。同时，充分利用网络技术，让各个子系统通过网络，实现各子系统之间的数据共享，让单独的子系统组合成一个有机的整体，为未来的大数据应用奠定底层数据基础。

3. 人脸识别门禁系统的技术优势及特征

1）技术优势

（1）识别精准，识别速度快，可有效阻止非权限人员进出受限通道，减轻保安人员的人为核查工作，提高管控水平。

（2）实时为企业相关部门及领导展示并提供精准的出入人员信息及数量，为相关部门提供直观的大数据，同时为考勤部门提供第一手有效数据，为深度分析员工的勤工状态及信息绩效打下坚实基础。

（3）人脸识别门禁系统可为人员信息库增加人员的照片及人脸信息的数据库，通过人脸比对技术及摄像机技术，可实现员工及外来访客人员的行为轨迹跟踪和人员定位功能。

2）技术特征

（1）可见光识别技术远优于红外识别技术，可保证白天室内外的精准识别，将误识率与拒识率降到最低。采用 1∶N 识别，优于 1∶1 叠加密码或 IC 卡识别技术。海量数据后台存储，保证了数据的安全性和识别速度。

（2）动态识别。人脸识别门禁采用单目或者双目活体检测技术，基于视频流的动态识别，识别距离最远可达 2m，识别速度可达 0.5s。

（3）活体验证。活体识别是用于安防领域的一种深度识别技术，通过灵活部署，可以广泛应用于各种场景方式，可满足更高安全的需求。活体验证屏蔽了照片及视频流等的恶意攻击，为客户安全保驾护航。

（4）便捷性与安全性。人脸识别技术相对于传统的门禁交互方式，最显而易见的优势在于识别过程中不需要人员配合就能够完成整个验证过程，解放了双手，最大限度地方便通行。人脸信息是人员自身携带的唯一性的标志，消除了刷卡式通道一卡多刷、人卡不一的弊病，真正做到通行人员身份与通行授权合一，实现通行信息的精确记录。

4.4.4 人脸识别门禁系统的应用

近年来，随着传统门禁系统的应用，产生了内部精准考勤，外部人员准确门禁、安全管理访客，成为行业的需求之一。传统门禁考勤系统会出现代替打卡的现象，精准考勤管理难度很大，特别是人员频繁变化，门禁授权等管理工作比较繁杂，且管理成本较高。此外，访客流量大，门卫工作量相对较大，且人工审核耗时耗力，信息易出错。人工授权下，访客身份难以明确，内部停留进出机制较难完善。纸质访客档案难以留存，给后续查询带来不便。人脸识别门禁系统以先进的技术优势及技术特征在实时有效的监管与控制方面有巨大优势，可解决各类需求问题。

1. 门禁通道需求

门禁通道安装人脸识别智能终端，采用人脸识别技术，管控相关人员，通过 TCP/IP 方式部署，实现远程联网控制管理。传统刷卡方式容易出现卡片遗失、被盗、复制现象，随着生物识别技术，特别是人脸识别技术的不断成熟，采用人脸识别技术取代卡片进行身份识别认证已经成为未来的发展趋势，人脸识别极大地提升了系统的智能化程度。

2. 考勤管理需求

门禁系统的进出记录实时传入考勤系统，通过人脸识别方式完成考勤识别任务，并与门禁权限关联，人员出入的出入记录即为员工上下班的考勤记录。系统会统计每个员工的考勤信息，记录每位员工的出勤状况，根据此员工的上下班类型自动判断是否迟到、早退或旷工。可单独查询迟到、早退情况、缺勤情况及有效打卡时间的打卡明细、不正常的打卡数据等，并对这些数据进行处理。系统根据设置情况自动判断员工的打卡数据是上班卡还是下班卡，无须人为干预。灵活设置各班次的上下班有效打卡时间和打卡间隔，可通过管理软件查看个人考勤记录、报表，随时掌握考勤状况。

3. 访客管理需求

加装访客自助预约登记人脸系统，实现外来人员迅速登记身份及人脸信息并发放和管理门禁权限的功能。传统的访客业务流程，需要进行手工登记和人工身份验证，存在操作复杂、登记信息真实性难以分辨、访客体验差等不足。采用人脸技术，可以确保真实、准确记录访客信息，并对访客人脸识别进出进行完整记录，极大提升访客体验。在外来访客应用场景下，公安等监管方需要对所有内部人员和外部访客进出进行有效管控，采用人证比对技术验证来访人员的真实身份，同时将实时比对数据上传至平台汇总，平台将人员比对数据与黑名单库图片数据进行比对，若为黑名单人员将实时发送比对结果进行预警，防止非法人员进入现场。

人脸识别门禁系统进出人员具体划分为内部人员和外部访客，外部访客根据登记类型不同划分为预约访客和临时访客两类。进出以人脸识别为验证方式，一般人脸识别系统终端方式有通道、台式、一体机等多场景的人脸识别设备满足不同场景不同用户的身份认证需求。系统的架构由前端、传输网络、监控中心这三个部分组成。设备架构可包含人证访客一体机、人证通道、人脸门禁一体机的多种或单一一种设备。系统架构如图 4-34 所示。

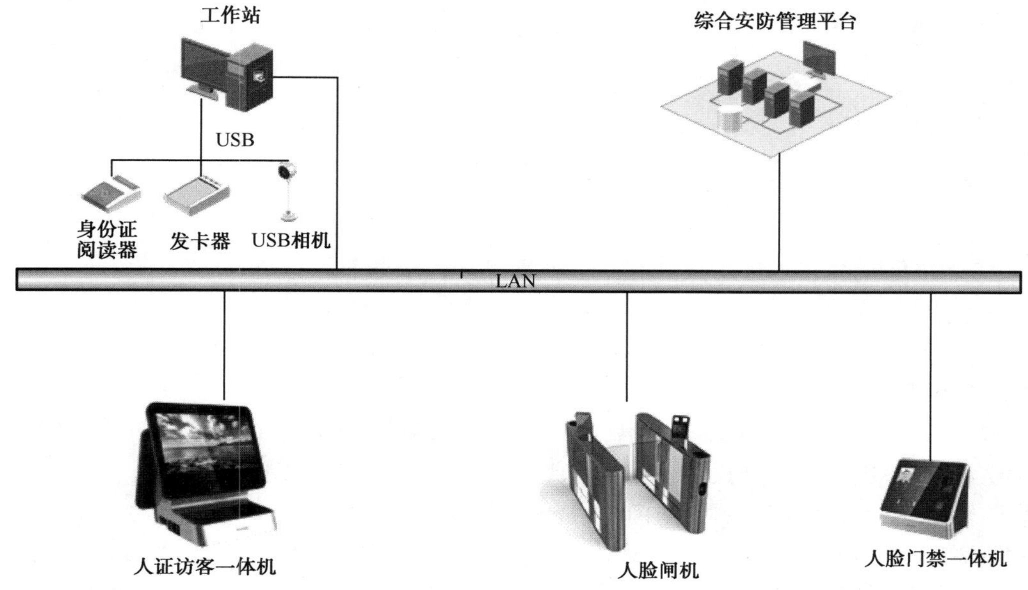

图 4-34　人脸识别门禁系统网络架构示意图

基于人脸识别的门禁系统的硬件功能模块分为五大部分：图像采集模块、人脸图像识别处理模块、人脸图像识别结果存储模块、人脸图像数据实时显示模块、门禁系统开关模块，其整体框图如图 4-35 所示。

图 4-35　人脸识别门禁系统整体框架图

基于人脸识别的门禁系统的主要工作流程是：首先摄像头采集人脸及其背景图案的图像，通过采集模块将采集的图像信息传递给视频解码器，解码器将图像信息解码成可处理的数据格式，然后将图片信息放入缓存并存储起来，以方便对图像的使用。

显示模块既可以显示实时监测的图像数据，也可以显示处理后的结果数据，在显示器上显示出来。开关模块通过外设端口连接到继电器上，继电器控制着门的开关，当成功识别待测人员的身份时控制继电器将门锁打开，如果没有识别出待测人员的身份则门锁不会打开。

人脸图像识别处理模块主要以软件算法为主，将嵌入式图像处理算法写入芯片上，执行程序对采集到的图像进行算法处理，进行人脸识别操作。

【技能训练】 人脸识别门禁系统设备及应用

1. 实训目的

（1）熟悉人脸识别门禁设备的组成及功能。

（2）会使用人脸识别门禁系统。

2. 实训器材

（1）设备：

门禁一体机 1 台。

管理计算机 1 台。

交换机 1 台。

电控锁 1 把。

开门按钮 1 个。

（2）材料：

连接线缆、网线若干。

3. 实训原理

人脸门禁识别系统适用于办公区域、酒店、通道闸机、写字楼、学校、商场、商店、社区、公共服务及管理项目等需要用到人脸门禁的场所。其应用主要有以下三种模式。

（1）单向感应式（人脸识别+出门按钮+电锁）。

授权者在门外识别，经主机识别确认合法身份后，控制器驱动打开电锁放行，并记录进门时间。出门按开门按钮，打开电锁，直接外出。该模式适用于安全级别一般的环境，可以有效地防止外来人员的非法进入。这也是最常用的管理模式，本实训主要应用此种模式。

（2）双向感应式（人脸识别+人脸识别+电锁）。

授权者在门外识别，经主机识别确认合法身份后，控制器驱动打开电锁放行，并记录进门时间。离开所控房间时，在门内同样需要授权者进行识别，经主机识别确认合法身份后，控制器驱动打开电锁放行，并记录出门时间。该模式适用于安全级别较高的环境，不但可以有效地防止外来人员的非法进入，而且可以查询最后一个离开的人及其时间，便于特定时期落实责任提供证据。

（3）人脸识别+卡式。

人脸识别后，必须刷卡，才能开门。该模式适用于安全性更高的场合，即使刷卡识别后也无法进入，还需要进行人脸识别。并且可以方便地进行模式的设置，例如，对于同一个门，有些人必须卡+人脸识别才允许进入，有些人可以人脸识别，无须刷卡就可以进入，最高权限的人输入超级通行密码也可以放行，等等。

4. 实训内容

（1）连接好电源线、开门线、网线。

（2）将开门按钮、电控锁、门禁一体机之间的线缆连接完成。

（3）激活设备。按设备说明书完成激活配置。

（4）登录管理。登录设备的后台管理界面，进行一些基本的信息设置，如设备信息设置、网络参数设置、授权组的设置、考勤规则的设置、功能模块的安装、人员分组等。

（5）人脸录入。可通过后台管理界面在线采集或导入，也可在前端人脸门禁一体机上实时录入相关人脸信息。

（6）人脸数据同步。人脸录入后在后台审核通过，系统同步管理的人脸数据库到本地设备上，等待数据同步成功验证刷脸出入开锁、刷脸考勤等，完成功能测试。

本章小结

本章针对门禁系统的主要设备及具体系统应用进行了详细的介绍。首先概述了门禁系统的组成及功能，接着对常见的识别单元、控制器和执行锁具进行了介绍，并明确了门禁控制系统的应用要点。最后对门禁控制系统的性能参数、功能测试进行实训练习。

第5章

楼宇对讲技术及系统应用

● 学习目标

通过本章的学习，了解楼宇对讲系统的基本知识，熟悉楼宇对讲系统的基本组成结构和工作原理，熟练掌握常见楼宇对讲系统及设备的使用和操作要领，提高楼宇对讲系统相关设备和系统的应用能力。

● 学习内容

1. 楼宇对讲系统的概念。
2. 出入口控制管理系统的识读方式。
3. 出入口控制管理系统的执行机构。
4. 出入口控制管理系统控制器及软件的功能。

● 重点难点

出入口控制管理系统的功能；识读方式的区别；控制器及软件的操作要领。

5.1 楼宇对讲系统概述

智能建筑已经在世界各地蓬勃发展，并已成为21世纪建筑业的发展主流，近几年来，随着计算机的普及和信息产业的发展，人们对居住环境要求的不断提高，"智能化"也被引入了住宅小区和家庭建设中。楼宇智能化的一个重要方面就是楼宇对讲系统，楼宇对讲系统已是现代化住宅必备的配套设施，它为住户提供防盗、防灾、紧急呼救等服务，可以有效地维护个人生命和财产的安全。所以，掌握楼宇对讲系统的结构原理和相关硬件设备的基础知识是参与安全防范系统设施和设备生产、建设与维护的基本要素。

5.1.1 楼宇对讲系统的概念

随着科技的进步，楼宇对讲系统正逐渐向智能化方向发展，可视对讲系统对于家居门户管理的最大特点是安全、便捷。在室内通过可视对讲器对来访者进行识别，既可免除烦扰，又可简化开门程序，是楼宇建筑必备的管理设施。楼宇对讲系统是集微电子技术、计算机技术、通信技术、多媒体技术为一体的出入口管理系统。它可实现住户与楼门的（可视）对讲、室内多路报警联网控制、户与户之间的双向对讲及联网门禁等功能。根据目前对讲系统的市场功能需求，可将楼宇对讲系统分为别墅型（可视）对讲系统、直按式（可视）对讲系统、数据型（可视）对讲系统、户户通（可视）对讲系统，以及智能联网型（可视）对讲系统等不同的产品系列，能充分满足市场的需要。

5.1.2　楼宇对讲系统的发展历史

小区智能化建设在我国虽然起步较晚，但发展日新月异。随着 Internet 的普及，很多小区都已实现了宽带接入，信息高速公路已铺设到小区并进入家庭。智能小区系统采用 TCP/IP 技术的条件已经具备。智能小区系统的运行基础正由小区现场总线向 Internet 转变，由分散式管理向集中管理转变。以下是楼宇对讲系统发展的各个阶段，从中可以看出，数字对讲是楼宇对讲的必然趋势。

1. 第一代楼宇对讲系统——单一对讲（4n 型）系统

最早的楼宇对讲产品功能单一，只有单元对讲功能。自 20 世纪 80 年代末期，国内已开始有（4n 型）单户可视对讲和单元型对讲产品面世。系统中仅采用发码、解码电路或 RS-485 进行小区域单个建筑物内的通信，无法实现整个小区内大面积组网。这种分散控制的系统，互不兼容，各自为政，不利于小区的统一管理，系统功能相对较为单一。当时，市场容量较小，对讲产品在广东地区有个别厂家生产，用户集中在广东。可视对讲产品主要有韩国、中国台湾品牌，以一对一为主，在上海、广东有销售。国内市场年需求量不足十万户。1993—1997 年是国内市场第一个发展期，广东地区出现了数家专业生产厂家，如深圳白兰、宝石等，这些厂家的产品开始规模生产，技术也不断进步，单元楼宇型对讲及可视对讲用户呈现持续增长势头，集中在房地产市场启动较早的广东、上海等经济发达城市。

2. 第二代楼宇对讲系统——单一可视对讲（总线型）系统

随着国内人们的需求逐步提升，没有联网和不可视已经不能满足人们的需求，于是进入联网阶段。20 世纪 90 年代初的产品以我国台湾地区品牌占据较多，如肯瑞奇等。20 世纪 90 年代中后期，尤其是 1998 年以后，组网成为智能化建筑最基本的要求。因此，小区的控制网络技术广泛采用单片机技术中的现场总线技术，如 CAN、BACnet、LonWorks，国内的 AJB-Bus、We-Bus，以及一些利用 RS-485 技术实现的总线等。采用这些技术可以把小区内各种分散的系统互联组网、统一管理、协调运行，从而构成一个相对较大的区域系统。现场总线技术在小区中的应用使对讲系统向前迈出了一大步。楼宇对讲产品进入第二个高速发展期，大型社区联网及综合性智能楼宇对讲设备开始涌现。

2000 年以后各省会城市楼宇对讲产品的需求量发展迅速，相应生产厂家也快速增加，形成了珠三角与长三角区两个主要厂家集群地。珠三角以广东、福建两地为主，主要厂家有广东安居宝、深圳视得安、福建冠林、厦门真振威等；长三角以上海、江苏两地为主，主要厂家有弗曼科斯（上海）、杭州 MOX、江苏恒博楼宇等。从市场需求来看，此类产品已进入需求量平台区。

经过大量的应用，传统总线可视对讲系统也表现出一定的局限性。

（1）抗干扰能力差。常出现声音或图像受干扰不清晰的现象。

（2）传输距离受限。远距离时需增加视频放大器，小区较大时联网困难，且成本较高。

（3）采用总线控制技术，占线情况特别多，因为同一条音视频总线上只允许两户通话，不能实现户户通话。

（4）功能单一，大部分产品仅限于通话、开锁等功能，设备使用率极低。

（5）由于技术上的局限性，产品升级或功能扩充困难。

（6）行业缺乏标准，系统集成困难，不同厂家之间的产品不能互联，同时可视对讲系统也很难和其他弱电子系统互联。

（7）不能共用小区综合布线，工程安装量大，服务成本高，也不能很好地融入小区综合网。

2000 年，推出了网络可视对讲系统，控制数字信号使用网线传输，音视频使用同轴电缆传输的楼宇对讲系统，布线时需要两套线。此系统打破了传统的总线结构，为楼宇对讲系统过渡到数字阶段提供了可行性，因此属于 2.5 代产品。

3. 第三代楼宇对讲系统——多功能的可视对讲（局域网型）系统

2001—2003 年，随着 Internet 的应用普及和计算机技术的迅猛发展，人们的工作、生活发生了巨大变化，数字化、智能化小区的概念已经被越来越多的人所接受，楼宇对讲产品进入第三个高速发展期，多功能对讲设备开始涌现，基于 ARM 或 DSP 技术的局域网技术开发产品逐渐推出，数字对讲技术有了突破性的发展。用网络传输数据模糊了距离的概念，可无限扩展。这种对讲系统突破传统观念，可提供网络增值服务（如还可提供可视电话、广告等功能，且费用低廉）。将安防系统集成到设备中，还可以提高设备的实用性。多功能可视对讲系统的主要优点如下。

（1）适合复杂、大规模及超大规模小区的组网需求。

（2）数字室内机实现了数字、语音、图像通过一根网线传输，这样不需要再布数据总线、音频线和视频线。只要将数字室内机接入室内信息点即可。

（3）可以实现多路同时互通，而不会存在占线的现象。

（4）对于行业的中高档市场冲击很大，并能跨行业发展。

（5）接口标准化，规范标准化。

（6）组建网络费用较低，便于升级和扩展。

（7）利用现有网络，免去工程施工。

（8）便于维护及产品升级。

事实上，传统产品的生产厂家也注意到了市场的这些需求，通过努力满足了其中部分需求。但随着用户需求的不断提高，传统厂商已经感到力不从心，纷纷终止原有产品线的开发，转而寻求数字化解决之道。根据市场调查，目前推出数字化产品的有国内少数厂家相继推出的具有多功能使用局域网技术的系列产品，并且在市场上得到良好的反应。网络技术在可视对讲及小区智能化发展上起到了积极作用。

4. 第四代楼宇对讲系统——自由自在的可视对讲（Internet 型）系统

广域网可视对讲系统是在 Internet 的基础上构成的，数字室内机作为小区网络中的终端设备起到两个作用：一是利用数字室内机实现小区多方互通的可视对讲；二是通过小区以太网或互联网同网上任何地方的可视 IP 电话或计算机之间实现通话。随着整个产业步入良性循环，一个全新的宽带数字产业链正逐步清晰，基于宽带的音频、视频传输和数据传输的数字产品是利用宽带基础延伸的新产品，它包括宽带网运营商和宽带用户驻地网接入商，未来以视频互动为特征的宽带网内容提供商、宽带电视等下游产业也在浮出水面。总之，可视对讲产品发展的主要方向是数字化，数字化是可视对讲系统发展的必由之路。

5.1.3 楼宇对讲系统的功能

楼宇对讲系统具有如下功能。

（1）对讲可视功能。来访客人可在单元门口主机上拨号呼叫住户分机，住户室内分机振铃，屏幕上同时显示来访者的图像。住户提起话机即可与来访者通话，以此来辨别来访者的身份。

（2）自动关门功能。住户与来访客人通话后，住户允许来访者进入时，可按分机上的开锁键对单元门遥控开锁，来访者进入大门后，防盗门在闭门器的拉动下自动关门。

（3）自动防盗功能。单元门口的防盗门平时处于关闭状态，非本单元人员无法进入单元楼道内，从而有效防止一些闲杂人员进入单元楼道，更有效防止小偷进入楼道内。

（4）密码开锁功能。住户回家时，可用钥匙开锁，也可在门口主机输入开锁密码开锁，能实现一户一码制，并且住户可随时更改开锁密码。

（5）紧急救护功能。如果住户有人生病需紧急救护，可按分机上的紧急按钮向管理中心报警求助，紧急按钮也可安装在老人床边或卧室内，方便紧急情况时报警求助，管理中心接到求救信息后，可立即与医疗救护单位联系，及时救护病人。

（6）住户与管理中心双向通话功能。住户在需要物业中心帮助时（如设备维修等情况），可以按求助按钮向管理中心求助。管理中心有情况需通知住户，如催交水电费、物业维修费或发布通告时，也可拨号呼叫住户，从而实现住户与中心的双向对讲功能。

（7）可扩展的功能。多路报警，每户室内分机可接门磁、红外探头、烟感探头、煤气探测器、玻璃破碎探测器等多种探头，共可接 5 个防区，可分不同防区进行布防、撤防及自动抄住户三表。通过户内报警分机可自行设置设防延时时间、撤防延时时间，布防、撤防方法简便，且具有很高的保密性，住户操作方便。住户布防后，当有人非法闯入时，门磁场就会自动报警到管理中心机，当煤气泄漏达到一定浓度时，煤气探测器也会自动报警到管理中心机，管理中心机可显示报警住户的单元号、房间号，并可区分出不同的报警类型，以便及时有效采取相应的处警措施。

5.1.4 楼宇对讲系统的工作过程

楼宇对讲系统使用过程中，来访者可通过楼下单元门前的主机方便地呼叫住户并与其对话，住户在户内控制单元门的开关，小区的主机可以随时接收住户报警信号，并将其传给值班主机通知小区保卫人员。系统不仅增强了高层住宅安全保卫工作，而且大大方便了住户，减少了许多不必要的上下楼麻烦。智能楼宇可视对讲系统是应用了单片机编程技术、双工对讲技术、CCD 摄像及视频显示技术而设计的一种访客识别电控信息管理的智能系统。住户楼门平时总是处于闭锁状态，避免非本楼人员在未经允许的情况下进入楼内。本楼的住户可以用钥匙或密码开门自由出入。当有客人来访时，客人需在楼门外的对讲主机键盘按被访问的住户房号，同主人进行双向通话或可视通话，通过对话或图像确认来访者的身份后，如住户主人允许来访者进入，就用对讲分机上的开锁按钮打开大楼入口门上的电控门锁，来访客人便可进入楼内，来访客人进入后，楼门自动闭锁。住宅小区物业管理部门通过小区对讲管理主机，对小区内各住宅楼宇对讲系统的工作情况进行监视。若有住宅楼入口门被非法打开，对讲系统出现故障，小区对讲管理主机就会发出报警信号和显示出报警的内容及地点。

小区楼宇对讲系统的主要设备是对讲管理主机、楼宇大门入口主机、用户分机、电控门锁、多（单）路保护器、电源等相关设备。对讲管理主机设置在住宅小区物业管理部门的安全保卫值班室内，入口主机设置安装在各住户大门内附近的墙壁上或台上，系统可按用户要求进行不同的配置，如在同一幢大楼中可视与非可视系统可同时共用等。系统的主要类别有如下几种。

1. 单户型

单户型楼宇对讲系统具备可视与非可视对讲、遥控开锁、主动监控功能，以及使住宅内的电话（与市话连接）、电视与单元型可视对讲主机组成单元系统等功能。

2. 单元型

单元型可视与非可视对讲系统主机分直按式和拨号式。直按式容量较小，分为 15、18、21、27 等户型类别，主要适用于十层以下的住宅。它的主要特点是：一按就应，操作简便。拨号式对讲系统的设计容量就大得多了，多为 256 户型类别，主要适用于十层及以上的高层建筑。它的特点是：操作方式与拨号电话一样，界面豪华。这两种系统都采用总线方式布线，其解码类别分为楼层解码和室内机解码两种方式。这种室内机通常与单户型的室内机兼容，均能实现可视与非可视对讲、遥控开锁等诸多功能，并能挂接管理中心。

3. 小区联网型

小区联网型楼宇对讲系统采用区域集中化管理（多功能）。它不仅具备可视与非可视对讲、遥控开锁等多种功能，而且能接收住宅小区内各种技防探测器的报警信息与紧急援助，主动呼叫辖区内任何一个住户或群呼所有住户实施广播功能。功能扩展联网型系统实现了三表（水、电、煤气）抄送、IC 卡门禁系统与其他系统组成小区物业管理系统等功能。

上述三种方式是从简单到复杂、从分散到整体逐步发展而成的。小区联网型系统是现代化住宅小区管理的一种标志，是实现可视与非可视楼宇对讲系统的最高级形式。可视对讲系统的工作方式为，楼门平时总处于闭锁状态，避免非本楼人员在未经允许的情况下进入楼内，本楼的住户可以用钥匙自由出入大楼。当有客人来访时，客人需在楼门外的对讲主机键盘上拨打欲访住户的房间号，呼叫欲访住户的对讲分机。被访住户的主人通过对讲设备与来访者进行双向通话或可视通话，通过来访者的声音或图像确认来访者的身份。确认可以允许来访者进入后，住户的主人利用对讲分机上的开锁按键，控制大楼入口门上的电控门锁打开，来访客人方可进入楼内。来访客人进入后，楼门自动闭锁。住宅小区物业管理的安全保卫部门通过小区安全对讲管理主机，可以对小区内各住宅楼安全对讲系统的工作情况进行监视。如有住宅楼入口门被非法打开、安全对讲主机或线路出现故障，小区安全对讲管理主机会发出报警信号、显示出报警的内容及地点。小区物业管理部门与住户或住户与住户之间可以用该系统相互进行通话。如物业部门通知住户交各种费用、住户通知物业管理部门对住宅设施进行维修、住户在紧急情况下向小区的管理人员或邻里报警求救等。

5.2 楼宇对讲系统的主要设备

楼宇对讲系统的核心部分由管理机、门口机、用户机组成，这三部分由层间适配器和联网切换器进行衔接。楼宇对讲系统整体框架如图 5-1 所示。

对于各个楼栋而言，每个层间适配器可以管理同层的多个用户，层与层之间，层间适配器采用并联的方式，这些用户通过联网切换器，完成与门口机的视频和会话过程。各个楼栋通过主机控制器或联网切换器级联的方式与管理中心机通信。

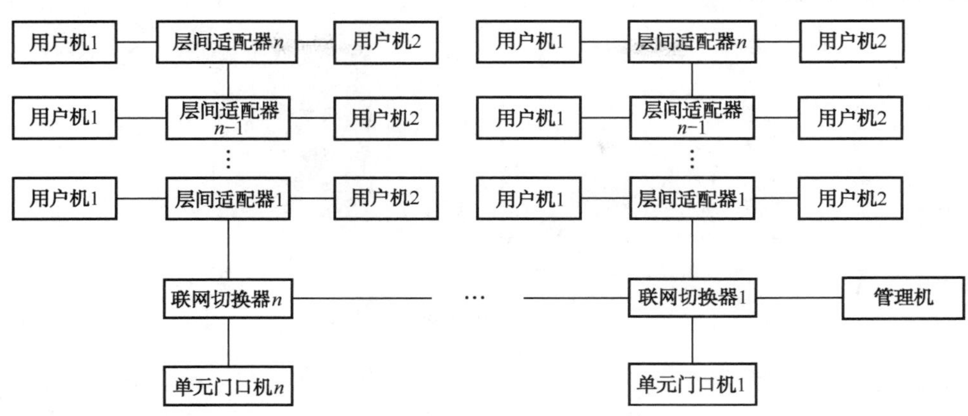

图 5-1　楼宇对讲系统整体框架

5.2.1　门口机的功能及应用

来访者可通过楼下单元门前的门口机方便地呼叫住户并与其对话，门口机的外形如图 5-2 所示。

图 5-2　门口机外形

住户在户内控制单元门的开关，小区的主机可以随时接收住户报警信号传给值班主机，然后通知小区保卫人员。系统不仅增强了高层住宅安全保卫工作，而且大大方便了住户，减少了许多不必要的上下楼麻烦。门口机是楼宇对讲系统的控制核心部分，每一户分机的传输信号及电锁控制信号等都通过主机控制，它的电路板采用减振安装，并进行防潮处理，抗震防潮能力极强，还带有夜间照明装置，外形美观大方。

5.2.2　室内住户机的功能及应用

室内分机是安装在住户室内的一个控制中心，它接收各种信号，如门前铃呼叫信号、烟感探测器等传来的警情信号等。经过处理，向各执行设备发出命令信号，如开锁、报警等，还有通过层间分配器和联网器等设备与外部通信的功能。住户机是一种对讲机，一般都是与主机进行对讲，但现在的户户通楼宇对讲系统则与主机配合成一套内部电话系统，可以完成系统内各用户的电话联系，使用更加方便，分为可视分机、非可视分机。室内住户机具有电锁控制功能和监视功能，一般安装在用户家里的门口处，主要方便住户与来访者对讲交谈。住户机如图 5-3 所示。

图 5-3　住户机

有些住户主机可连接火灾、煤气、门/窗磁、红外、紧急按钮等多种安防报警探头，当住户家中有警情（非法入侵、火灾、煤气泄漏或发生紧急情况需要救援）发生时，在主机和各分机上会发出相应的报警语音提示。有些住户机具有电话报警功能，当住户家中有警情发生时，住户主机可自动重复拨打住户预先设定的电话号码（可设定两个），并且提示信息是清晰的语音提示。警报信息通过系统总线传送到小区警卫室和管理中心室，在智能化管理中心配置有报警接收计算机管理中心，接收机可准确显示警情发生的住户名称、地址及报警方式等信息，并提示保安人员迅速确认警情，及时赶赴现场，以确保住户安全。

5.2.3　管理机的功能及应用

管理中心机是楼宇对讲系统的中心管理设备，可以安装在管理中心机房或值班室内。主要功能有接收住户呼叫、与住户对讲、报警提示、开单元门、呼叫住户、监视单元门口、记录系统各种运行数据、连接计算机等。

管理中心机实时监控可视对讲系统网络的数据信息，接收室外主机和小区门口机广播的打卡信息，接收室外主机、室内分机和小区门口机的报警信息，给出文字和声音的提示；与室外主机、小区门口机、室内分机或其他管理中心机进行可视对讲信令交互，实现与室外主机和小区门口机可视对讲，与室内分机对讲，或者监视、监听小区门口和单元门口。此外，管理中心机还扩展了 232 接口，可以连接计算机，能够将报警和打卡信息实时送往上位机，实现更加智能化的巡更、报警管理。管理中心机外形如图 5-4 所示。

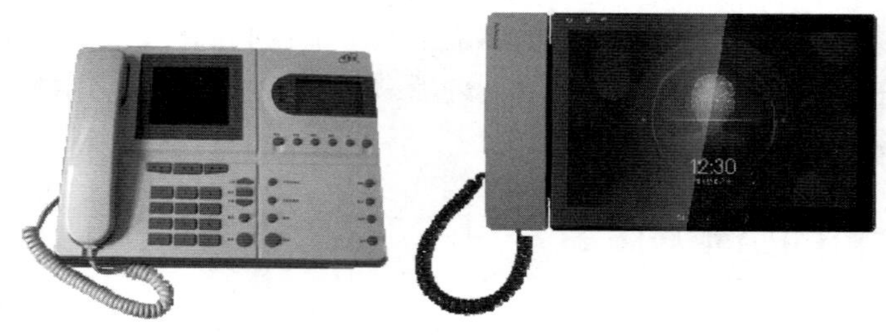

图 5-4　管理中心机外形

管理中心机的组成包括：听筒，用于进行通话；键盘，用于选通住户及编程；黑白（彩色）显示屏，用于显示各单元主机视频图像；功能按键，用于给各单元主机发送指令、查询住户报警信息、编程等；各种接线端子，连接管理员机与各单元主机、计算机；LED（LCD）显示屏，管理员机应该能够显示时间、住户房号等字符，通常的管理员机采用 LED 数码管显示时间及房号等信息。由于LED数码管显示有一定的局限性，目前很多厂家出现了使用LCD液晶显示屏显示的管理员机。LCD液晶显示屏可以显示中文字符，对于管理员进行编程、呼叫等操作非常方便。在报警联网系统中，还可以显示住户的警情信息，提升了管理员机的实用性及方便性。存储住户的警情信息是管理员机必须拥有的功能，内部存储部分主要存储住户的报警信息，包括警情类型、住户房间号码、报警时间等。

管理中心机一般具有呼叫、报警接收的基本功能，是小区联网系统的基本设备。使用计算机作为管理中心机极大地扩展了楼宇对讲系统的功能，很多厂家不惜余力在管理机软件上下功夫，使其集成如三表、巡更等系统。配合系统硬件，用计算机来连接管理中心，可以实现信息发布、小区信息查询、物业服务、呼叫及报警记录查询、设防撤防记录查询等功能。

管理中心机与单元主机、室内分机、小区门口机（可选）和联网器等设备构成可视对讲系统。系统通过数据总线和音视频信号线连接在一起，数据总线在单元外采用CAN总线，单元内采用H总线相连。音视频线连接采用两种模式，对于小型社区采用手拉手总线连接方式，对于大型社区采用矩阵交换连接方式，将大型社区根据地理位置划分成多个小的区域（其中每个管理中心机和小区门口机占用一个独立的区），在区内采用手拉手的连接方式，在区外通过矩阵切换器将各个区和管理中心机、小区门口机连接在一起，组成社区音视频矩阵交换式网络系统。

管理中心机实时监控可视对讲系统网络数据信息，接收室外主机和小区门口机广播的打卡信息，接收室外主机、室内分机和小区门口机的报警信息，给出文字和声音的提示；与室外主机、小区门口机、室内分机或其他管理中心机进行可视对讲信令交互，实现与室外主机和小区门口机的可视对讲，与室内分机的对讲，或者监视、监听小区门口和单元门口。此外，管理中心机还扩展了232接口，可以连接计算机，能够将报警和打卡信息实时送往上位机，实现更加智能化的巡更、报警等。

5.2.4 楼层分配器的功能及应用

楼层分配器位于室外主机和室内分机之间，为4部室内分机提供12V电源、总线、音频、视频信号。当室内分机线路有短路故障时，隔离室外主机和室内分机，使整个系统不受影响；故障排除时，恢复正常。楼层分配器外形如图5-5所示。

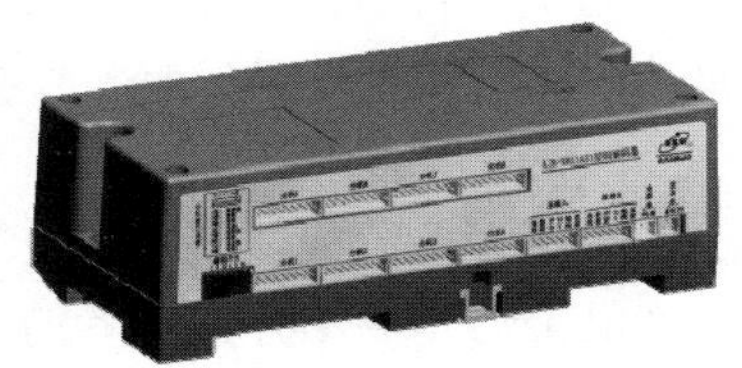

图5-5 楼层分配器外形

5.2.5 联网控制器的功能及应用

联网控制器是小区可视对讲系统的联网设备，实现各单元（大楼或别墅）和管理中心、小区门口的联网。各部分声音电路相对独立，可实现系统内多组设备同时通话；自动完成关联设备的音频和视频切换，是单元门口主机、分机、管理机及小区门口机等设备通信的中心交换机。联网控制器外形如图5-6所示。

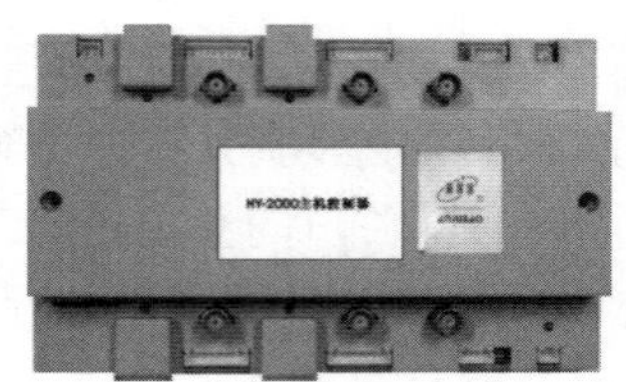

图 5-6　联网控制器外形

5.3　楼宇对讲系统的应用

除智能家居外，智慧社区也是近年行业热点，一些有 IT 背景的安防企业陆续推出整合楼宇对讲、视频监控、停车场、背景音乐、小区照明等子系统的智慧社区解决方案，提出利用 TCP/IP 数字技术的应用，实现小区内部的多网融合。同时，通过小区管理软件的平台化，实现不同子系统之间的信息互通和联动指挥。智慧社区相关的概念被行业广泛看好，并受到了开发商的广泛关注。

人脸识别、声纹识别等先进生物识别技术通过与楼宇对讲系统的融合，可以有效地提高社区出入口的出入效率，给业主带来更多的生活便利。智慧社区平台与微信、微博等社交媒体工具结合，业主可以实时获知家中动态，小孩提前到家，家长可以获得微信通知。视频监控平台的车牌分析与停车场道闸系统联动，可以实现业主车辆免停车刷卡，自动放行。综合化的智慧社区应用将使得人与建筑、人与人之间的关系更加紧密。联网型可视对讲系统的发展趋势如下。

（1）楼宇可视对讲系统将是智能建筑小区的基本配置。

（2）布线及产品接口标准统一。鉴于多厂家产品的不兼容性，使得系统难以持久地维护，所以布线和产品接口的标准化已成为迫在眉睫的问题，因此统一标准将是大势所趋。

（3）新技术不断引入使产品功能更多元化。如门口机引入图像识别技术、指纹识别技术使系统更人性化；采用音视频数字化技术、ARM 嵌入式技术可使系统直接接入宽带网，采用蓝牙技术可以实现免布线的无线楼宇对讲系统。

（4）成本进一步降低，市场继续扩大。目前，规模较大的厂家在销售、工程安装、服务方面的成本居高不下，随着产品标准化进程、工程安装、服务社会化的推进，产品成本将会逐步降低。

总之，楼宇对讲产品的发展已经到了新的阶段，但还有很多方面不是很成熟，未来的楼宇对讲产品将向新的高度发展。当然产品最终是离不开消费者的，所以楼宇对讲产品只能朝着更贴近人民的生活，更加适合小区的智能化、现代化的方向发展。

【技能训练】 楼宇对讲系统设备及应用

1. 实训目的

（1）熟悉楼宇对讲系统设备的组成及功能。

（2）会使用楼宇对讲系统。

2. 实训设备

可视门口机 1 台。

管理机 1 台。

住户机 1 台。

楼层解码器 1 个。

静音锁 1 把。

3. 实训原理

住宅小区楼宇对讲系统有可视型与非可视型两种基本形式。对讲系统把楼宇的入口、住户及小区物业管理部门三方面的通信包含在同一网络中，成为防止住宅受非法入侵的重要防线，有效地保护了住户的人身和财产安全。

楼宇对讲系统是采用计算机技术、通信技术、CCD 摄像及视频显像技术而设计的一种识别访客的智能信息管理系统。

楼门平时处于闭锁状态，避免非本楼人员未经允许进入楼内。本楼的住户可以用钥匙或密码开门，自由出入。当有客人来访时，需在楼门外的对讲主机键盘上按出被访住户的房间号，呼叫被访住户的对讲分机，接通后与被访住户的主人进行双向通话或可视通话。通过对话或图像确认来访者的身份后，住户主人允许来访者进入，就用对讲分机上的开锁按键打开大楼入口门上的电控门锁，来访客人便可进入楼内。

住宅小区的物业管理部门通过小区对讲管理主机，对小区内各住宅楼宇对讲系统的工作情况进行监视。

实训原理如图 5-7 所示。

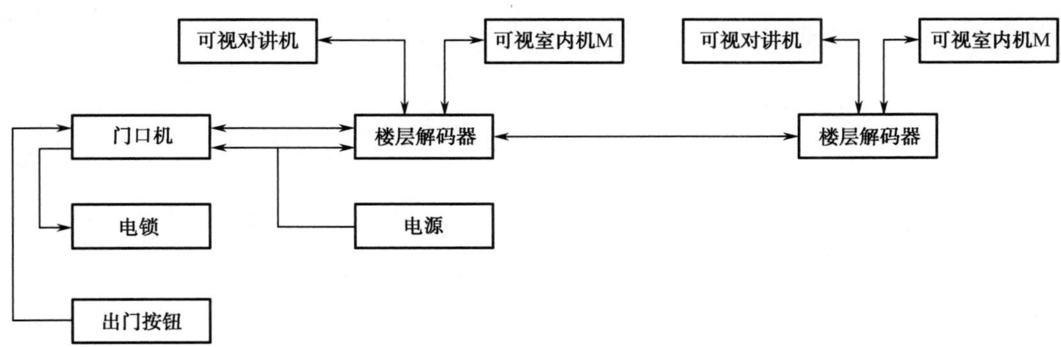

图 5-7 单元联网对讲系统实训原理

4. 实训内容

（1）查找设备间的接线关系，了解楼层解码器的作用。

（2）设置室外主机地址。

（3）设置室内分机地址，给每个房间配置一张 ID 卡。

（4）室外主机呼叫室内分机，实现可视对讲。

（5）室内分机呼叫管理中心机，实现对讲。

（6）室外主机呼叫管理中心机，实现可视对讲。

（7）相互间通话测试。

（8）开锁测试。

5. 思考题

楼宇可视对讲系统的主要功能是怎样实现的？

6. 讨论分析

（1）楼宇对讲系统的主要设备有哪些？

（2）门口机的功能有哪些？其特点是什么？

（3）住户机实现的功能有哪些？

（4）楼宇对讲系统应用过程中有哪些主要信号传输，都是什么信号？

（5）对于一个楼宇对讲系统来说，管理机是否是必备的？

（6）一个基本完整的楼宇对讲系统通常应由哪几部分组成？它具有哪些扩展功能？

本章小结

本章针对楼宇对讲系统的主要设备及具体系统应用进行了详细的介绍。首先概述了楼宇对讲系统的组成及功能，接着对门口机、住户机、隔离控制设备和管理机进行了介绍，并明确了楼宇对讲系统的应用要点。最后对楼宇对讲系统的性能参数、功能测试进行实训练习。

第6章 停车场管理技术及系统应用

学习目标

通过本章的学习，了解停车场管理系统的基本知识，熟悉停车场管理系统的基本组成结构和工作原理，熟练掌握常见停车场管理系统及设备的使用和操作要领，提高选用停车场管理系统相关设备的能力。

学习内容

1. 停车场管理系统的概念。
2. 停车场管理系统的组成。
3. 停车场管理系统中各设备的功能。
4. 停车场管理系统控制器及软件的功能。

重点难点

停车场管理系统的功能；系统组成及各部分功能；控制器及软件的操作要领。

6.1 停车场管理系统概述

6.1.1 停车场管理系统的概念及分类

停车场管理系统是出入口控制系统的应用领域之一。停车场管理系统是现代智能型停车场车辆收费及设备自动化管理的统称。停车场系统是指基于现代化电子与信息技术，在停车区域的出入口处安装自动识别装置，通过非接触式卡或车牌识别来对出入此区域的车辆实施判断识别、准入、拒绝、引导、记录、收费、放行等智能管理，其目的是有效地控制车辆与人员的出入，记录所有详细资料并自动计算收费额度，实现对停车场内车辆与收费的安全管理。

城市发展建设大量停车场的同时，如何有效地管理和利用停车场，优化和避免出入口拥堵，引导车主停车和找车，实现快速停车和快速离场，这是停车场管理者亟须解决的问题。在人工成本不断上升的今天，使用智能化技术，降低管理成本，提高停车场的通行速度，解决出入口拥堵、缴费不便利、车位利用不高、“找位难”和“找车难”等问题，提高停车场管理的自动化程度就显得极为必要。

常用的几种智能停车系统如下所述。

1. 车牌识别系统

车牌识别系统是目前市场占有率较高的智能停车场管理系统，可以在出入口自动识别车辆号牌，自动升降道闸进行放行；同时集成了视频监控功能，实时记录车辆的停车情况，防止停车场出现安全管理问题。

2. 取卡停车场管理系统

使用取卡管理停车场系统，进入停车场的车辆，通过管理人员进行发卡或者人工在票箱处取卡，实现道闸的开闸通行，它可以精确管理每一个进出场车辆，可支持多种自定义收费标准，多种收费算法可供车主进行不同缴费方式的选择。

3. 远距离蓝牙读卡识别停车场管理系统

远距离蓝牙读卡识别停车场管理系统主要针对特定车辆进行管理，是停车场系统中使用较多的一种设备。它可以在十几米的远距离就识别到车辆身份，自动升降道闸进行放行，让车辆快速进出。

6.1.2 取卡停车场管理系统

停车场管理系统在国外的发展最初可以追溯到 20 世纪 60 年代，以自动发票机的面世为标志。20 世纪 60 年代初，德国、瑞士、荷兰的一些企业开始使用自动化停车场管理系统，在出入口安装发票机和自动收费系统，最初的系统以打孔票为主。后来逐渐发展为卡片式系统，但随着视频技术的发展，视频采集已成为新的停车场管理系统的应用方式。

基本的停车场管理系统有入口系统、出口系统和管理系统三大部分。车辆管理系统如图 6-1 所示。

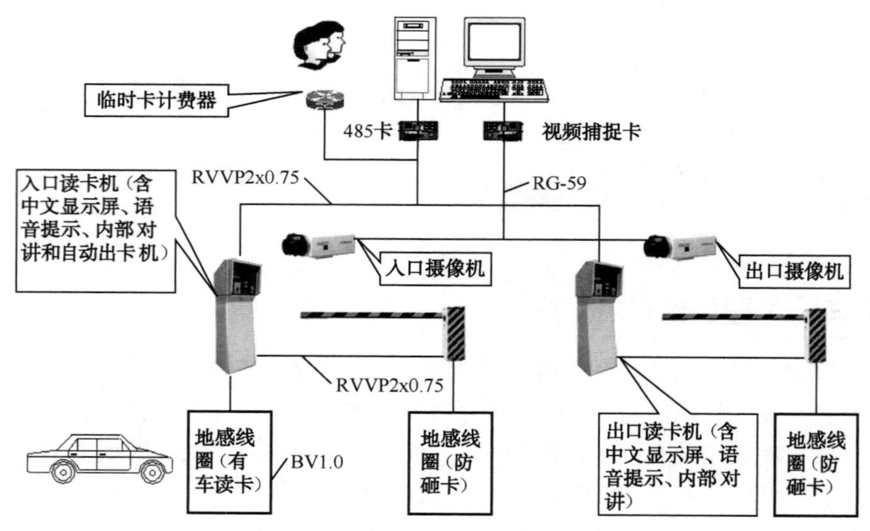

图 6-1　车辆管理系统（单进单出系统）

1. 入口系统

入口系统主要由自动发卡机（内含感应式 IC 卡读卡器、出卡机、车辆感应器、入口控制板、对讲分机）、自动路闸、车辆检测线圈、摄像头组成。

临时车辆进入停车场时，设在车道下的车辆检测线圈检测到车辆，入口处的自动发卡机显示屏用灯光提示司机按键取卡，待司机按键后，自动发卡机即发送一张 IC 卡，经输卡部件传送至自动发卡机的出卡口，并完成读卡过程，同时启动入口摄像机，摄录一幅该车辆图像，并依据相应卡号，存入收费管理处的计算机硬盘中。

司机取卡后，自动路闸起栏放行车辆，车辆通过车辆检测线圈后自动放下栏杆。

月租卡车辆进入停车场时，设在车道下面的车辆检测线圈检测到车辆，司机把月租卡在入口自动发卡机 15cm 感应距离内刷过，入口自动发卡机内的 IC 卡读卡器读取该卡的特征和有关信息，判断其有效性，同时启动入口摄像机，摄录一幅该车辆的图像，并依据相应卡号，存入收费管理处的计算机硬盘中。

若该卡有效，自动路闸起栏放行车辆，车辆通过车辆检测线圈后自动放下栏杆。

若该卡无效，则灯光报警，不允许进入。

当场内车位满位时，入口显示屏显示“满位”，并自动关闭入口处读卡系统，不再发卡或读卡。

2. 出口系统

出口系统主要由出口读卡箱（内含感应式 IC 卡读卡机、车辆感应器、出口控制板、对讲分机）、自动路闸、车辆检测线圈、摄像机组成。

临时车辆驶出停车场时，在出口处，司机将非接触式 IC 卡交给收费员，收费员在收费所用的感应读卡机附近晃动一下，同时启动出口摄像机，摄录一幅该车辆图像，并依据相应卡号，存入收费管理处的计算机硬盘中，计算机根据 IC 卡的记录信息自动调出入口图像进行对比，并自动计算出应交费用，提示司机交费。

收费员收费及图像对比无误后，按确认键，路闸栏杆升起放行，车辆通过埋在车道下的感应检测线圈后，路闸栏杆自动放下，同时收费计算机将该车辆的信息记录到数据库内。月租卡车辆驶出停车场时，设在车道下的感应检测线圈检测到车辆时，司机把月租卡在出口读卡机 15cm 感应区内晃过，出口 IC 卡读卡机读取该卡的有关特征和信息，判断其有效性，同时启动出口摄像机，摄录一幅该车图像，并依据相应卡号，存入收费管理处的计算机硬盘中，收费管理处计算机自动调出入口图像进行比对。

若收费员确认无误并且该卡有效，自动路闸起栏放行车辆，车辆感应检测线圈检测车辆通过后，栏杆自动落下，若无效，则系统报警，不允许放行。

3. 管理系统

收费管理处设备由收费管理计算机（内配图像捕捉卡）、IC 卡台式读/写器、报表打印机、对讲主机系统和收费显示屏组成。

收费管理计算机除负责与自动发卡机及出口读卡机通信外，还负责对报表打印机和收费显示屏发出相应的控制信号，同时完成同一卡号的入口车辆图像和出场车辆车牌号的对比、停车场数据采集下载、读取 IC 卡信息、查询打印报告、统计分析、系统维护和月租卡发售功能。

6.1.3 停车场管理系统的功能

停车场管理系统通常包括以下基本功能。

（1）图像识别功能。车辆入场时通过摄像机摄取车辆外形、颜色、车牌号等图像，出场时将出口图像和入口图像进行比较，确保车辆安全。

（2）语音提示功能。对重要信息、误操作或非法操作等做出语音提示。

（3）多种报表输出功能。输出车辆信息、收费信息、通行记录用户信息等相关报表。

（4）具有防砸车功能。只要车辆在道闸下，闸杆就不会下落，车辆离开后道闸自动下落。

（5）脱机运行功能。各出入口具有联网功能，保证数据一致性，当网络断开、处于脱机状态时，系统可正常运行，待网络接通，数据自动恢复。

（6）多种收费管理方式。具有多种收费或不收费管理方式。

（7）具有 LED 中文显示屏。显示屏可以显示时间、收费金额、实时车位数、车位满、卡有效期等信息。

（8）对讲功能。可通过对讲，保证各出入口和管理中心的联络。

停车场管理系统通常包括以下扩展功能。

（1）车位引导功能。利用超声波来检测某车位占用或空闲状态，并将检测到的车位状态变化信息通知车位引导控制器实时送至最佳停车位置。

（2）防砸人、砸车功能。除了采用车辆检测器防砸车外，还可选用压力电波或红外线技术实现防砸人、砸车功能。人或车在道闸下，闸杆就不会下落，人或车离开后，闸杆自动下落。

（3）多区域车位记数功能。对多区域或地下多层停车场，利用车辆检测器及计数控制器实现各区域车辆统计功能，通过车位记数显示屏实时显示。

6.1.4　取卡停车场管理系统的工作过程

临时车进入停车场时，设在车道下的车辆检测线圈检测到车，入口处的票箱语音提示司机取卡或读卡，汉字显示屏自动显示车场内剩余车位数，当车辆压到入口票箱感应线圈上时，司机按键，票箱内发卡器即发送一张 ID 卡，经输卡机芯传送至入口票箱出卡口，并同时读卡。司机取卡后，自动路闸起栏放行车辆，图像系统自动摄录一幅车辆进场图像，存放到计算机中，语音系统提示“欢迎光临”等声音，车辆通过车辆检测线圈后自动放下栏杆。

停车场刷卡管理系统月租卡车辆进入停车场时，设在车道下的车辆检测线圈检测到车辆，入口处的票箱语音提示司机读卡，司机把月租卡在入口票箱感应距离内刷过，入口票箱内的 ID 卡读卡器读取该卡的特征和有关信息，判断其有效性（指的是月卡使用期限、卡类、卡号合法性）。若有效，自动路闸起栏放行车辆，图像系统自动摄录车辆进场图像存放到计算机中，语音系统提示“欢迎光临”等声音，车辆通过车辆检测线圈后自动放下栏杆；若无效，不允许入场。

停车场管理系统特殊卡车辆进入停车场时，设在车道下的车辆检测线圈检测到车辆，入口处的票箱语音提示司机读卡，司机把特殊卡在入口票箱感应距离内刷过，入口票箱内的 ID 卡读卡器读取该卡的特征和有关信息，判断其有效性（指特殊卡使用期限、卡类、卡号合法性）。若有效，自动路闸起栏放行车辆，语音系统提示“欢迎光临”等声音，车辆通过车辆检测线圈后自动放下栏杆；若无效，不允许入场。

车辆入口操作流程如图 6-2 所示。

停车场刷卡管理系统临时车驶出停车场出口时，在出口处，司机将非接触式 ID 卡交给收费员，收费员将 ID 卡在出口票箱感应器感应距离内刷过，收费计算机根据 ID 卡记录信息自动计算出应交费用，提示司机交费，同时系统自动显示该车进场图像，收费员确认无误后收费，按确认键，图像系统自动摄录一幅车辆出场图像，存放到计算机中，语音系统提示“谢谢，祝您一路平安！”等声音，电动栏杆升起。车辆通过埋在车道下的车辆检测线圈后，电动栏杆自动落下。

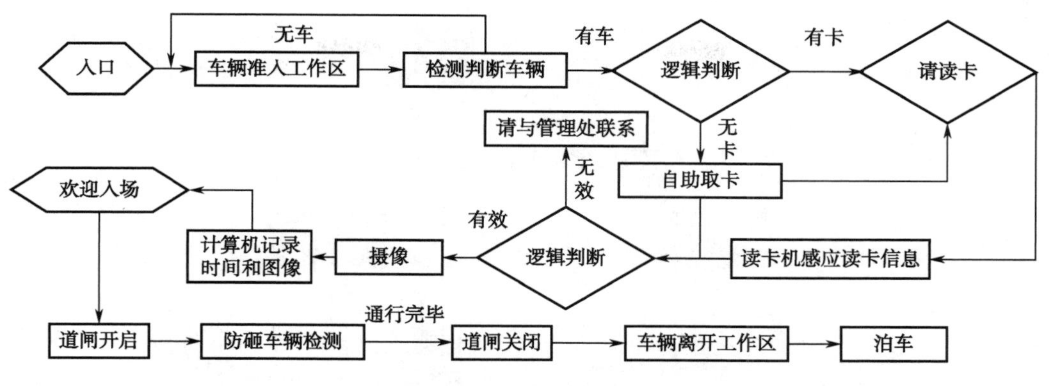

图 6-2　车辆入口操作流程

停车场刷卡管理系统月租卡车辆驶出停车场时，司机把月租卡在出口票箱感应器感应距离内刷过，出口票箱内的 ID 卡读卡器读取该卡的特征和有关 ID 卡信息，判断其有效性，同时系统自动显示该车进场图像，若有效图像和进场时自动摄录的图像一致，语音系统提示“谢谢，祝您一路平安！”等声音，自动路闸起栏放行车辆，车辆感应器检测车辆通过后，栏杆自动落下；若无效，则报警，不允许放行。

车辆出口操作流程如图 6-3 所示。

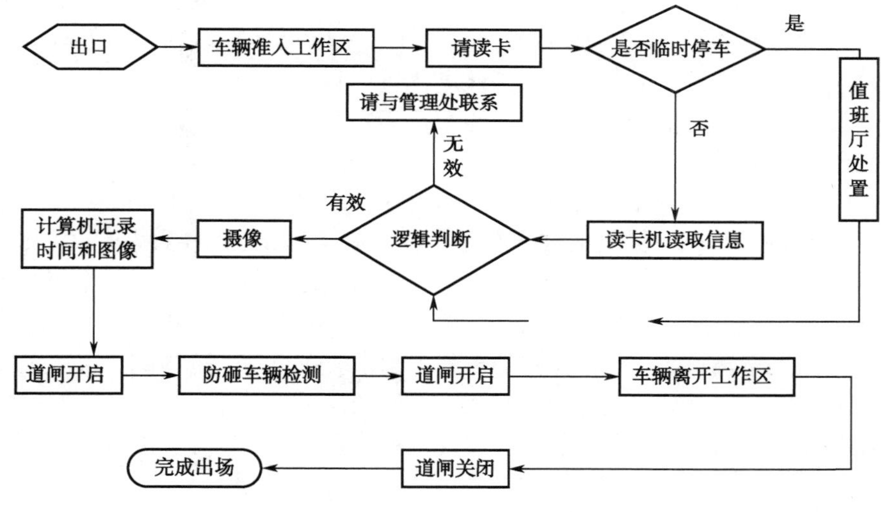

图 6-3　车辆出口操作流程

6.1.5　车牌识别停车管理系统

车牌识别技术是现代智能交通系统的重要组成部分，其应用十分广泛。它以计算机视觉处理、数字图像处理、模式识别等技术为基础，对摄像机所拍摄的车辆图像或者视频图像进行处理分析，得到每辆车的车牌号码，从而完成识别过程。通过一些后续处理技术，车牌识别停车管理系统可以实现停车场出入口收费管理、盗抢车辆管理、高速公路超速自动化管理、闯红灯电子警察、公路收费管理等功能，对于维护交通安全和城市治安，防止交通堵塞，实现交通全自动化管理有着现实的意义。一进一出车牌识别停车管理系统如图 6-4 所示。

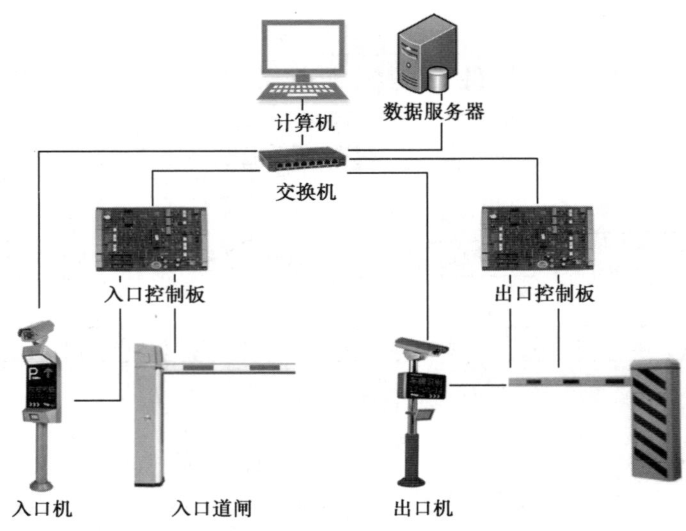

图 6-4　一进一出车牌识别停车管理系统拓扑图

车牌识别系统有两种产品形式，一种是软、硬件一体，或者用硬件实现识别功能模块，形成一个全硬件的车牌识别器，如 DSP；另一种是开放式的软、硬件体系，即硬件采用标准工业产品，软件作为嵌入式软件。两种产品形式各有优缺点。开放式体系的优点是硬件采用标准工业产品，运行维护容易掌握，备品备件采购可以从任何一家生产商获得，不用担心因为一家生产商倒闭或供货不足而出现产品永久失效或采购困难；而软、硬件一体式产品，对于使用者而言产品更容易操作和控制，后期的维护调试也更易于掌握。

1. 识别流程

车牌自动识别是一项利用车辆的动态视频或静态图像进行牌照号码、牌照颜色自动识别的模式识别技术。其硬件基础一般包括触发设备（监测车辆是否进入视野）、摄像设备、照明设备、图像采集设备、识别车牌号码的处理机（如计算机）等，其软件核心包括车牌定位算法、车牌字符分割算法和光学字符识别算法等。某些车牌识别系统还具有通过视频图像判断是否有车的功能，称为视频车辆检测。一个完整的车牌识别系统应包括车辆检测、图像采集、车牌识别等几部分。当车辆检测部分检测到车辆到达时触发图像采集单元，采集当前的视频图像。车牌识别单元对图像进行处理，定位出牌照位置，再将牌照中的字符分割出来进行识别，然后组成牌照号码输出。

2. 车辆检测

车牌识别系统有两种触发方式，一种是外设触发，另一种是视频触发。

外设触发方式是指采用线圈、红外线或其他检测器检测车辆通过信号，车牌识别系统接收到车辆触发信号后，采集车辆图像，自动识别车牌，以及进行后续处理。该方法的优点是触发率高，性能稳定；缺点是需要切割地面铺设线圈，施工量大。

视频触发方式是指车牌识别系统采用动态运动目标序列图像分析处理技术，实时检测车道上车辆的移动状况，发现车辆通过时捕捉车辆图像，识别车牌照，并进行后续处理。视频触发方式不需要借助线圈、红外线或其他硬件车辆检测器。该方法的优点是施工方便，不需要切割地面铺设线圈，也不需要安装车检器等零部件，但其缺点也十分显著，由于算法的极限性，该方案的触发率与识别率较之外设触发都要低很多。

3. 号码识别

为了进行车牌识别，需要以下几个基本的步骤：牌照定位，定位图片中的牌照位置；牌照字符分割，把牌照中的字符分割出来；牌照字符识别，将分割好的字符进行识别，最终组成牌照号码。车牌识别过程中，牌照颜色的识别依据算法不同，可能在上述不同步骤中实现，通常与车牌识别互相配合、互相验证。

1）牌照定位

自然环境下，汽车图像背景复杂、光照不均匀，如何在自然背景中准确地确定牌照区域是整个识别过程的关键。首先，对采集到的视频图像进行大范围相关搜索，找到符合汽车牌照特征的若干区域作为候选区。其次，对这些候选区域做进一步分析、评判。最后，选定一个最佳的区域作为牌照区域，并将其从图像中分离出来。

2）牌照字符分割

完成牌照区域的定位后，再将牌照区域分割成单个字符，然后进行识别。字符分割一般采用垂直投影法。由于字符在垂直方向上的投影必然在字符间或字符内的间隙处取得局部最小值的附近，并且这个位置应满足牌照的字符书写格式、字符、尺寸限制和一些其他条件。利用垂直投影法对复杂环境下的汽车图像中的字符分割有较好的效果。

3）牌照字符识别

牌照字符的识别方法主要有基于模板匹配算法和基于人工神经网络算法两种。基于模板匹配算法首先将分割后的字符二值化并将其尺寸大小缩放为字符数据库中模板的大小，然后与所有的模板进行匹配，选择最佳匹配作为结果。基于人工神经网络的算法有两种：一种是先对字符进行特征提取，然后用所获得特征来训练神经网络分配器；另一种方法是直接把图像输入网络，由网络自动实现特征提取直至识别出结果。

实际应用中，车牌识别系统的识别率还与牌照质量和拍摄质量密切相关。牌照质量会受到各种因素的影响，如生锈、污损、油漆剥落、字体褪色、牌照被遮挡、牌照倾斜、高亮反光、多牌照、假牌照，等等；实际拍摄过程也会受到环境亮度、拍摄方式、车辆速度等因素的影响。这些影响因素在不同程度上降低了车牌识别的识别率，也正是车牌识别系统的困难和挑战所在。为了提高识别率，除了不断地完善识别算法还应该想办法克服各种光照的不利条件，使采集到的图像最利于识别。

6.2 停车场管理系统的主要设备

6.2.1 停车场管理系统的设备构成

停车场管理系统主要由三大基本部分组成，即中心控制部分（管理服务器、车库管理软件、工作站）、数据传输与控制部分（系统控制器）、现场部分。一个完整系统的主要硬件部分包括具有通信控制功能的计算机服务器、系统控制器、现场控制接口单元、出入口控制箱、车辆探测器、地感线圈、数据采集器、LED 车位显示器、线缆等；操作部分有自动闸杆机、读卡器、自动出卡机等。停车场管理系统中的多进多出系统结构如图 6-5 所示。

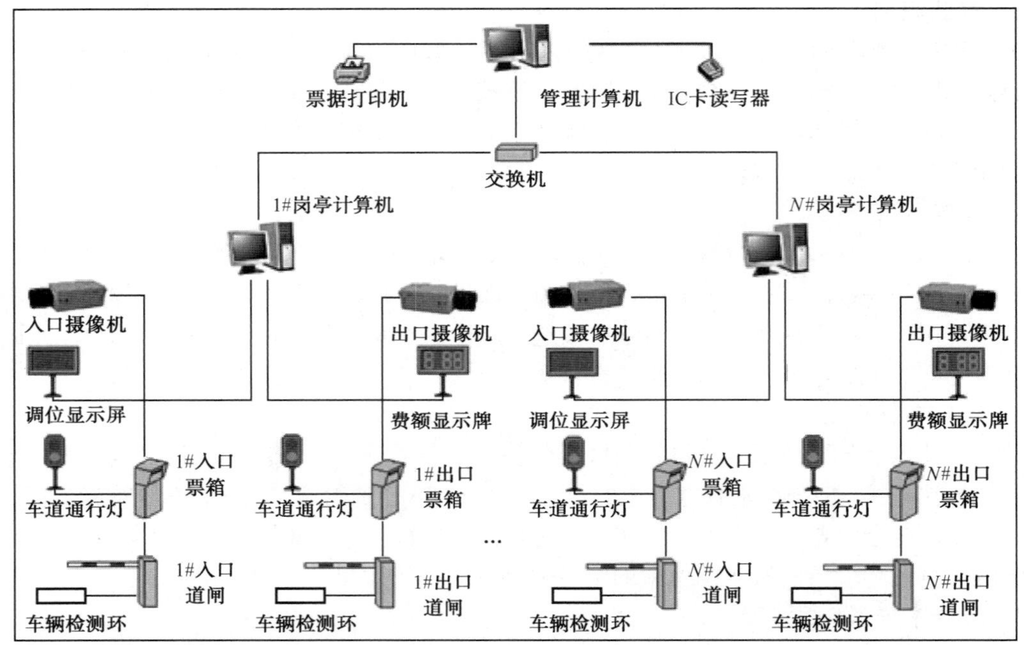

图 6-5　多进多出系统结构图

1. 中心控制部分

计算机与中央控制器属于中心控制部分。它们的主要任务是与现场控制部分设备进行通信，并通过管理软件使用计算机完成实时监视、命令下传、车辆派位、数据上传、数据查询等任务。计算机安装停车场管理软件和数据库，固定卡和临时卡及对应卡的图片都存在系统数据库中。中央控制器提供 12V 直流输出及 RS-232、RS-485 通信接口，连接收费显示屏、自动出卡机和其他设备的通信。用户的进出停车场情况信息都在中心控制室显示出来。用户车辆停在栏杆机处的线圈上时，摄像机实时抓拍的车辆图像显示在工作站的屏幕上，同时工作站自系统服务器数据库中调出该车辆进入时的历史图片资料，管理人员进行人工比对，判定车辆的符合性。中心控制设备属于车库管理系统的主要控制部分，一般要求安装在管理中心中央控制室或收费亭内，管理人员可以直观地查明车辆进出的情况。

管理系统除通过系统控制器负责与收费显示屏、自动出卡机和其他设备通信外，还负责收集、处理停车场内车位的停车信息，以虚拟电子地图的形式反映出来，并负责对收费电子显示屏和满位显示屏发出相应的控制信号。

2. 系统传输部分

系统传输部分主要是系统控制器。系统控制器主要用于管理系统内多台通信设备与计算机之间通过通信串口或通过网络连接通信。可以根据出入口机分布的实际情况安装一台或多台系统控制器。

系统控制器具有一个九针 RS-232 接口，主要用于与计算机通信。如果是网络型系统控制器，它自身安装有上网模块，外部连接通过 RJ45 接口将上网模块与系统集线器连接起来。计算机经通信口下达指令，并接收系统控制器的回应，从而使得系统控制器各接口上的设备与计算机之间能够通信。

计算机与系统控制器之间的通信遵循 RS-232 接口标准，与收费显示屏、自动出卡机之间的通信遵循 RS-485 接口标准。

3. 现场部分

现场部分由现场控制单元、地感线圈、地感线圈探测器、数据采集器、自动闸杆机、自动出卡机、车辆探测器、读卡器、辅助的刷卡用卡片、语音对讲设备及各类显示屏等组成。

6.2.2 停车场管理系统的具体设备

1. 系统控制器

系统控制器是系统传输部分的主要设备。系统控制器作为停车场管理系统各通信设备与计算机之间的连接中继设备，承担了系统所有数据的检测与传输职能。系统控制器如图 6-6 所示。

图 6-6　系统控制器

系统控制器的作用如下。

（1）由计算机来控制系统控制器各路通信。现场通信设备挂接到系统控制器的通信串口上，实时将接收到的信号通过系统控制器上传到计算机，并接收计算机指令。

（2）系统控制器选择装配模块后支持 TCP/IP。系统控制器具有以太网网络接口，不需要连接管理计算机即可直接挂在楼宇系统以太网上，实现数据传输及数据共享。

（3）具备与计算机通信的 RS-232 接口和与其他设备通信的若干 RS-485 接口，或一个 10M/100M 以太网接口。系统根据设备资源合理分配通信方式。

（4）系统控制器使用 220V、50Hz 交流电，输出电压为 DC 18（1±15%）V。一般安装在控制室内。

（5）全金属外壳，静电屏蔽；抗雷击等瞬间电压抑制电路。

2. 入口控制机

入口控制机是停车场入口处的主要管理设备，如图 6-7 所示，设置在停车场入口处。入口控制机设计紧凑，内设有读卡器、语音对讲分机、语音接口板和语音存储器、自动出卡机和主控制板等。入口控制机负责读取用户的卡片并进行判断；负责向用户播放定制的欢迎与提示等语音信息；负责处理地感线圈信号；控制入口电动闸杆的起落动作；保证车辆验证。当车辆压在地感检测线圈上，地感线圈探测器探测到有车辆时输出信号给主控板，读卡器处于工作状态，自动出卡机出卡，车主持卡片进行刷卡操作，刷卡有效后主控制板输出指令给自动闸杆机一个抬杆信号，闸杆抬起后用户驾车驶入，经过防砸线圈和复位线圈进入停车场，主控制板收到复位线圈检测信号后发出指令，自动闸杆机落杆，系统恢复等待状态。

入口控制机中，设计良好的专用电源可有效防止高频噪声和冲击；光电耦合输入/输出，能阻断外部信号对设备的影响；具有自检功能，保证稳定运行。

图 6-7 入口控制机

入口控制机的基本功能如下。

（1）完全模块化控制主机，可选配 EM/HID/Mifare 1/Legic/Indala 等感应卡技术。

（2）对临时停车的车辆自动发卡，卡箱缺卡或少卡自动报警。

（3）读卡时自动播放各种语言信息。

（4）LED 显示可根据需要发布各种信息，并能进行满位提示。

（5）智能逻辑控制功能，确保一车一卡，不可以重复进出。

（6）入场自动摄像，出场时自动调出图像进行对比，所有图像自动存储。

（7）临时卡可由系统自动计费，收卡收款后，由值班员放行。

（8）月租卡、特许卡可自动识别，合法卡自动放行。

（9）多方对讲功能，碰到问题及时解决。

（10）多种外形，可满足不同需求。

（11）采用冷轧镀锌钢板外壳，表面静电粉末喷涂，防水、防锈、防撞，外形美观、结构坚固，经久耐用。

（12）采用带灯光提示的大圆取卡按钮和对讲按钮。

3. 车辆检测器

车辆检测器由一组环绕线圈和电流感应数字电路板组成，与道闸或控制机配合使用，线圈埋于地下 30～50mm 处，只要车辆经过，线圈便产生感应电流信号，经过车辆检测器处理后发出控制信号控制出入口控制机或挡车器。车辆检测器包括信号处理装置和检测线圈，如图 6-8 所示。

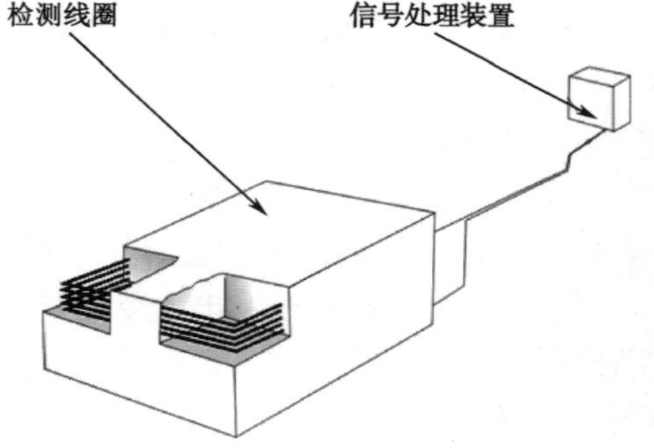

图 6-8 车辆检测器

检测线圈也称地感线圈，埋设于路面下，可做成长方形或平行四边形。信号处理装置可输出“有车信号电平”和“车辆离开脉冲电平”，提供给微控制器。地感线圈的线型采用 BV 1.0 线，匝数为 5，埋设深度一般为离地面 2～3cm，馈线长度一般小于 3m，使用寿命大于 10 年。在车辆出入口需安装三个地感线圈，按顺序分别是感应线圈、防砸线圈和复位线圈。由其探测到车辆后输出信号给地感探测器。线圈采用 1.0mm 以上铁氟龙高温多股软导线，具有良好的电气特性，柔性好，灵敏度高，抗干扰能力强，具有防潮防水功能，安装方便。

通常检测线圈应为长方形，两条长边与金属物运动方向垂直，彼此间距推荐为 1m；长边的长度取决于道路的宽度，通常两端比道路间距窄 0.3～1m。

为了使检测器工作在最佳状态，线圈的电感量应保持在 100～300μH 之间。在线圈电感不变的情况下，线圈的匝数与周长有着密切的关系，周长越小，匝数就越多。在线圈的绕制过程中，应使用电感测试仪实际测试地感线圈的电感值，并确保线圈的电感值在 100～300μH 之间。否则，应对线圈的匝数进行调整。

在绕制线圈时，要留出足够长的导线，以便连接到环路感应器，又能保证中间没有接头。绕好线圈电缆以后，必须将引出电缆做成紧密双绞的形式，要求最少 1m 绞合 20 次。否则，未双绞的输出引线将会引入干扰，使线圈电感值变得不稳定。输出引线长度一般不应超过 5m。由于检测线圈的灵敏度随引线长度的增加而降低，所以引线电缆的长度要尽可能短。

线圈埋设首先要用切路机在路面上切出槽来。在四个角上进行 45° 倒角，防止尖角破坏线圈电缆。切槽宽度一般为 4～8mm，深度一般为 30～50mm。同时还要为线圈引线切一条通到路边的槽。但要注意：切槽内必须清洁无水或其他液体渗入；绕线圈时必须将线圈拉直，但不要绷得太紧并紧贴槽底。将线圈绕好后，将绞好的输出引线通过引出线槽引出。在线圈埋好以后，为了加强保护，可在线圈上绕一圈尼龙绳。最后用沥青或软性树脂将切槽封上。

线圈的检测原理如下：

当车辆（金属物体）经过埋设在路面的地感线圈时，将导致地感线圈电感值减小。电感值的变化，使得车辆检测器的 LC 振荡电路的振荡频率变化。通过公式

$$f=\frac{1}{2\pi\sqrt{LC}}$$

可以看出，在车辆检测器中，C 值是一定的，来自线圈的 L 值是随着有车辆（金属物体）经过而变化的，则 f 值变化，因此有：

$$\Delta f=\frac{1}{2\pi\sqrt{L_2C}}-\frac{1}{2\pi\sqrt{L_1C}}$$

式中，L_1 为无车辆（金属物体）经过时线圈的电感量，L_2 为有车辆（金属物体）经过时线圈的电感量。车辆检测器通过精确检测 LC 振荡电路的频率变化可以准确判断是否有车辆经过。

地感线圈检测具有检测稳定可靠、检测速度快等特点，配合高性能车辆检测器，可以在 1ms 内检测到线圈中任一线圈发生的 0.01%的电感量变化，能够准确地捕获车速在 5～180km/h 的车辆，捕获率达 99%以上，并且可以准确地检测到经过线圈的摩托车、轿车、卡车、工程车等各种车辆。

4．出口控制机

出口控制机是停车场出口的主要管理设备，设置在停车场出口处，负责读取用户的卡片并进行辨别。同时，机箱内安装有语音接口板和语音存储器，负责向用户播放定制的语音信息。该设备还负责处理地感线圈的信号，控制出口电动闸杆的起落动作，保证车辆验证、控制闸杆

动作放行。出口控制机设计紧凑，带有读卡器、收费显示屏、语音对讲分机和主控板。当车辆压在地感检测线圈上，地感线圈探测器探测到有车辆时给主控板输出信号，使读卡器处于工作状态。

图 6-9　出口控制机

车主持有卡片刷卡有效后，主控板给自动闸杆机输出抬杆信号。闸杆抬起后用户驾车驶出，经过防砸线圈和复位线圈离开停车场。如果是临时用户，出口机的收费显示屏会出现相应的停车金额，车主交完管理费后闸杆经工作人员使用手动键盘抬起，车辆驶出。主控板收到复位线圈检测信号后发出指令，自动闸杆机落杆，系统恢复等待状态。出口控制机如图 6-9 所示。

出口控制机的箱体使用合金钢板外加特种喷塑，结构坚固，经久耐用；设计良好的专用电源，可有效防止高频噪声和冲击；光电耦合输入/输出，能阻断外部信号对设备的电冲击；内部控制板带看门狗电路，程序运行异常时自动复位；箱体进行全天候设计，抗干扰、防雷、防尘、防水；系统具有自检功能，保证稳定运行；检测有无车辆，无车时不读卡。

5. 收费显示屏

收费显示屏安装在出口机中，具有 RS-232 通信功能，液晶显示中西文方式，支持各种语音提示；通过计算机连接，及时在出口机上显示临时车辆停车产生的费用，便于用户了解停车费用；支持 16 色显示。收费显示屏如图 6-10 所示。

6. 自动闸杆机

自动闸杆机安装在停车场入口或出口处，如图 6-11 所示。

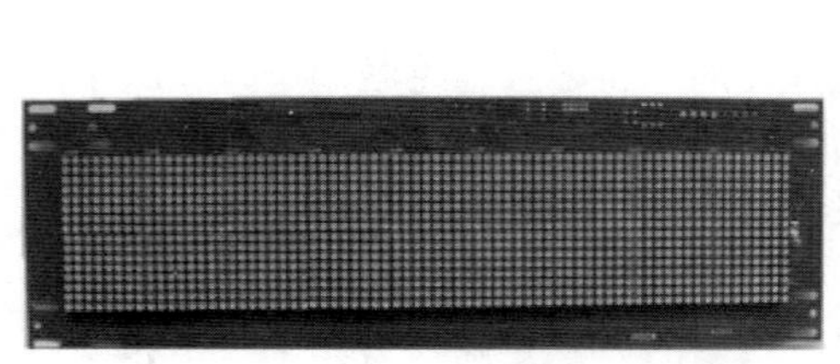

图 6-10　收费显示屏

图 6-11　自动闸杆机

自动闸杆机主要由控制板、微型电动机和闸杆组成。当接收到主控制板指令后，电动机进行正转或反转，达到抬杠和落杆的目的。

自动闸杆机具有三种运行方式：键盘方式、人工手动和程序自动运行。同时匹配先进的液压自控传动系统。它的闸杆臂长可调，可折叠，开启时间可调节；具有光电耦合输入和电磁继电器输出，能接收手动输入信号，便于调试安装；可接收控制终端输出的 TTL 电平操作信号，带有 RS-485/RS-232 通信接口，可接收收费管理计算机的直接控制；检测到车辆通过后，自动落杆；具有安全防护措施，防止闸杆砸车情况发生；可连续过车，具有延时、欠压、过压自动保护装置；具有光电隔离保护功能；微型免维护直流电动机驱动，功耗低；电动闸杆外部箱体喷塑，全天候设计，防水、防锈、防腐蚀，结构紧凑、安装方便。

7. 车牌识别器

车牌识别器集图像采集、车辆检测、车牌识别于一体，减少了图像压缩与传输的中间处理过程，从而提高了设备的处理性能。车牌识别器如图 6-12 所示。

车牌识别器由防护罩及高清智能摄像机组成，内置摄像机采用高清逐行扫描 CCD，具有清晰度高、照度低、帧率高、色彩还原度好等特点，适用于对停车场出入口的车辆进行抓拍和识别。只需将设备安装在停车场的出入口，进行调试与配置，即可实现图像采集与车牌识别功能，简化了工程施工与售后维护。

一个车牌识别器需配置一个 LED 补光灯，如图 6-13 所示。

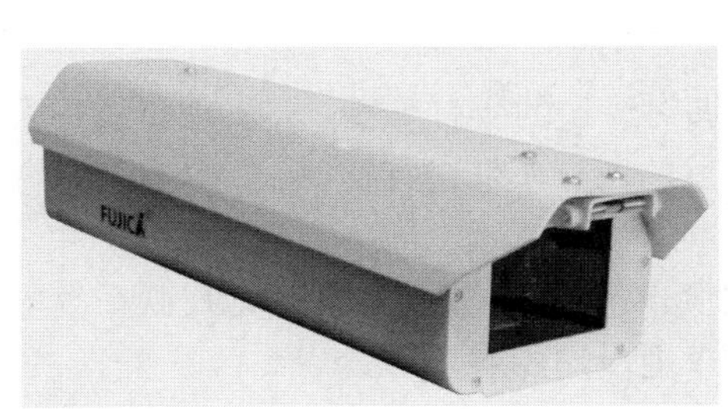

图 6-12　车牌识别器

图 6-13　LED 补光灯

8. 管理软件

管理软件主要包括系统管理、月卡管理、临时卡、事件管理、报表管理、道闸控制等模块，其界面通常如图 6-14 所示。

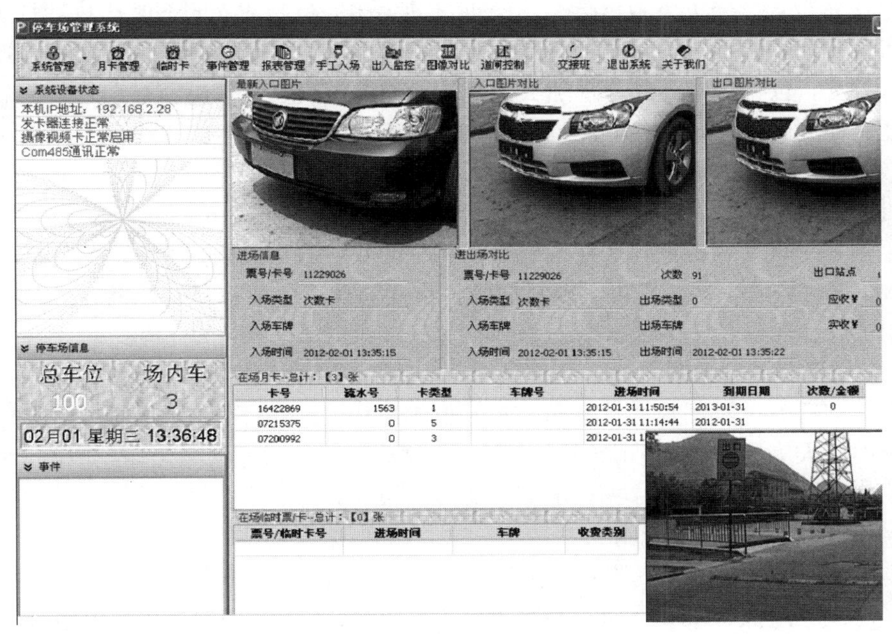

图 6-14　管理软件界面

6.2.3　校园智能停车场管理系统解决方案介绍

建设一套智能停车场管理系统，提高停车场的信息化、智能化管理水平，可以给车主提供一种更加安全、舒适、方便、快捷和开放的环境，实现停车场运行的高效化、节能化、环保化，降低管理人员成本、节省停车时间。高校校园是一个开放的场所，进出校园车辆多、流动性大，对校园环境和道路安全产生了严重影响。校园停车管理系统主要有以下几个方面的应用需求。

（1）对出入车辆实现有效管理，对外来车辆做好信息登记工作，采用校内停车收费制度，有效控制进入校园内车辆的数量。

（2）校内主要道路要进行限速及监控，并禁止在消防通道等重要场所停车，对于违规车辆需要进行记录和警告等。

1. 主要功能

1）捕获功能

停车管理卡口系统采用先进的视频检测方式，能够对经过的所有车辆、非机动车及行人进行捕获；限速干道采用雷达测速检测方式，能够对经过的所有车辆进行捕获。

2）高清图像记录功能

系统对通过监测区域的车辆记录一张高清全景图像。所记录的图像能清晰地反映车辆的特征、车内前排驾乘人员的脸部特征及衣着面貌、行驶车道、周围环境等。

3）号牌自动识别功能

系统采用国内领先的图像识别算法，对通过的所有车辆进行车辆号码识别、号牌颜色识别、车身颜色及车型等自动识别。

4）智能补光功能

补光是卡口系统的重要组成部分，关系到最终的图像质量，系统采用了高性能、低功耗、无光污染的补光设备，配以光敏器件，白天可自动关闭，夜间或光照弱时会自动打开。

同时为了更好地提高夜间模式的捕获率和号牌识别率，在夜间情况下，通过 LED 补光灯对车道进行补光，依据车牌反光原理加大了视频检测的准确性，解决了行人、自行车、大型车辆干扰问题。通过闪光灯则可将光照打到车内，对车内进行补光，以达到看清人脸的目的，并且还能有效抑制车大灯的强光对镜头造成的影响。

5）数据存储功能

系统采集的车辆图片数据可选用前端存储和中心集中存储。前端存储设备主要是抓拍摄像机内置的 SD 卡，系统在前端即可实现数据的备份存储功能；中心存储是将数据保存在位于后端中心的集中存储系统中，如大容量磁盘阵列等。

6）图像记录防篡改功能

系统在前端摄像机对图片进行水印加密，也就是从数据的源头加密，防止在传输、存储、处理等过程中被人为修改，断绝了数据被篡改的可能性。图片通过网络传输到中心管理服务器，中心管理软件自动对每一张图片进行水印验证，以保证数据的安全性和真实性。

7）数据传输与断点续传功能

系统支持多种方式的数据传输：可通过 FTP 或 TCP/IP 方式将车辆图片、违法图片、车辆通过信息（时间、地点、车牌号码、车身颜色等）、设备监测数据等上传到中心管理系统；也可在中心通过网络调用或下载操控前端设备存储的数据。

系统支持数据的断点续传：如因网络中断或其他故障，数据无法上传至管理中心时，可暂时将数据存储在前端，待网络恢复后前端存储设备自动上传网络中断期间的数据至管理中心。

8）远程系统管理维护功能

系统具备故障自动检测功能，能通过软硬件自动检测系统故障并恢复正常工作；具有断电自动重启动、自动侦错报错、自动监测主要设备（摄像机、终端管理设备、车辆检测器、服务器等）和主要运行软件（采集识别软件、传输软件等）的工作状态等功能。

系统具备权限管理功能，能够对不同对象分配不同类型的使用权限。

系统具备日志记录功能，可记录主要设备、网络状态和主要运行软件的工作日志，还能记录设备或者网络状态改变（重启或者重新连接）、主要软件发生重启或故障等事件日志。

系统具有主动校时功能，24h 内设备的计时误差不超过 1.0s。

系统还具备远程维护及参数设置等功能。

2. 出入车辆管理系统

本方案采用卡口监控系统，系统采用视频检测方式，对进出校园的机动车、非机动车、行人进行抓拍。该系统采用嵌入式一体化摄像机，系统结构简单，前端不需要工控机，系统可扩展性好、施工简单、低温性能好。

1）车辆进出流程

停车场出入口系统通常设置在大门口、地下车库出入口等处，所有进出口对临时和长期用户开放。长期用户通过进出口的高清摄像机识别车牌或者刷员工卡进出停车场，临时用户进出时，通过取卡获得进出场权限。通过不同的权限设置可以提高入场安全级别，提升管理的有效性。车辆进出流程如图 6-15 所示。

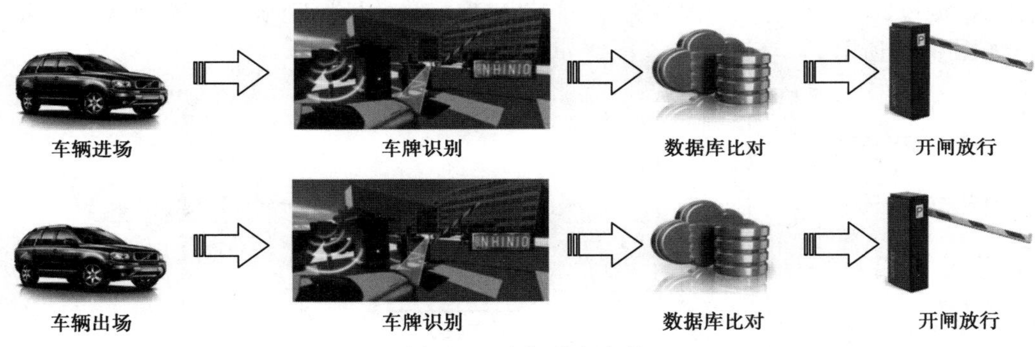

图 6-15 车辆进出流程

系统监控中心的管理平台对抓取到的图像和信息进行存储记录。抓拍系统可以实现车牌、车身颜色等的自动识别，将车辆信息及抓拍的图像一起存储到数据库中，可以自动辨别校内外车辆，方便出入口安保人员管理进出车辆。可以手动添加车辆的其他信息，如车主姓名、联系方式等，在紧急情况下可以快速查询到相关人员信息。外来车辆进出校园时，除了记录车辆信息，还可记录车辆进出校园的时间，计算时间差可以得出车辆在校园中停留的时间，依据车辆停留时间对车辆进行收费。最后在出口处设置卡口，通过 LED 显示屏提示缴费。

2）系统架构及设备

系统采用视频识别进出场管理方式，由杆式抓拍一体机、道闸、防砸雷达、停车场管理软件、云平台、管理计算机等组件构成。

通过前端抓拍摄像机采集识别获取车辆信息（车牌、车型、车系、车标），利用网络将车辆信息数据发送至后端管理中心，对进出场车辆信息数据进行比对，确保车辆的进出有据可查、进出可控，同时保证停车位的合理利用，加强出入口的高效和安全管理。

出入口控制机用于验证车辆通行权限，并具备刷长期卡、发放临时卡的功能；挡车器用于从物理上阻拦车辆，控制车辆进出；高清出入口摄像机实现车牌识别和图像比对功能；IC 发卡器用于注册授权员工卡；吐卡地感用于检测车辆，实现“一车一卡”功能；防砸地感用于检测车辆，实现道闸防砸功能。出入管理系统中的主体采用 TCP/IP 的组网结构，在保障数据传输速度和安全性的基础上，极大地方便了设备安装布线。同时各部件均为模块化设计，某一设备的变动不会影响其他设备的正常工作。这种组网结构在后期产品部署位置发生变动的时候，可以体现出巨大的优势，只需要将部署到新位置的产品接入已部署好的局域网内即可实现正常工作，方便快捷。

系统可选择的设备：出入口一体机、道闸、防砸雷达、检测线圈、管理计算机及软件等。

3. 车辆限速卡口系统

车辆限速卡口系统可以实现在校园主干道上，对进出校园的机动车进行超速抓拍，采用的是线圈测速方式。监控中心对超速车辆进行记录，并通过室外 LED 显示屏将超速车辆信息实时发布警告信息。限速卡口系统可与出入车辆管理系统和车辆违章管理系统有效结合，可以实现扣分、出入口警告、处罚等，并禁止有严重违规记录的车辆进入校园。

车辆限速卡口系统的工作原理如下。

系统正常时，采用感应线圈检测车辆，但当车检器或线圈的链路发生故障，摄像机在一段时间内无法检测到来自车检器的信号时，则默认判断为线圈模式发生故障，并自动切换到纯视频检测模式；待车检器或线圈链路修复后，摄像机重新检测到来自车检器的信号，则又自动恢复到线圈检测模式。整个过程全部由摄像机自动处理，无须人为干预，真正做到了检测机制智能化，如图 6-16 所示。

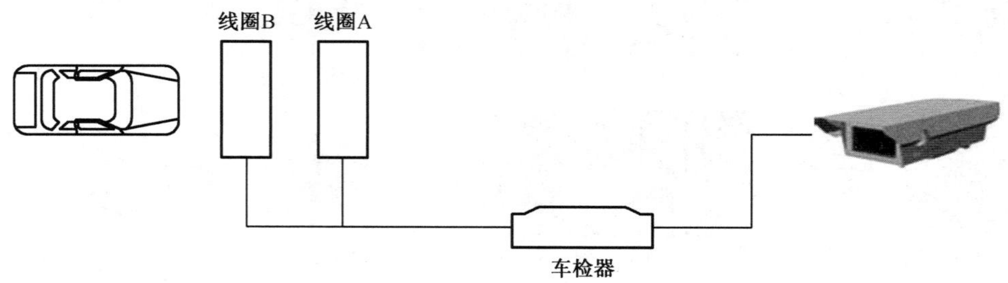

图 6-16 车辆限速卡口系统原理示意图

车辆通过地感线圈时，车辆检测器检测到车辆通过的信号，根据两线圈间距和通过的时间差计算出车辆速度，并将抓拍信号发送给摄像机，从而触发摄像机进行抓拍，摄像机将抓拍到的图片通过网络传输至中心服务器。

车辆触发线圈 B 时，系统记录下当前的时刻 T_B；当车辆触发线圈 A 时，系统记录下当前的时刻 T_A，同时计算车辆的速度：

$$S_B = \frac{D_B}{T_A - T_B}$$

式中，D_B 为线圈 B 与线圈 A 之间的距离。车辆检测器给出触发信号，触发高清摄像机进行图像捕捉；同时，高清摄像机给出触发信号同步闪光灯补光。高清摄像机捕捉到车辆图片，并生成图像存储在主机或智能交通终端管理设备中。系统对车辆图像进行处理，识别出车辆的信息，通过网络上传至控制中心服务器。

前端数据采集子系统对经过的所有车辆的综合信息进行采集，包括车辆特征照片、车牌号码与颜色、车身颜色、司乘人员面部特征等，并完成图片信息识别、车辆速度检测、超速判别、数据缓存，以及通过网络向中心管理平台传送数据等功能。

4. 车辆违停抓拍系统

车辆违停抓拍系统采用带智能功能的前端摄像机，安装在校园禁止停车区域，如消防通道等。当有车辆进入该区域时，摄像机产生报警信息，管理人员可以通过前端的扬声器进行喊话等。

将违章停车系统与违章管理系统和出入车辆管理系统结合，可以实现对违章停车的车辆进行进一步的处理。

1）系统原理

前端摄像机通过对实时监控画面的分析，可以检测出指定区域是否有车辆闯入且长时间停放，如果指定区域有车辆停放，则产生报警信息。

监控中心管理人员可在管理平台上的报警管理页面查看报警信息，通过前端摄像头实时监控画面确认后，可以发起远程喊话功能，通过连接在前端摄像机上的扬声器，向现场违停车辆驾驶人发出警告。通过接入摄像机的拾音器，还可以实现监控中心与违停现场的双向语音对讲。

2）架构设计及主要设备

监控摄像机通过网络接入校园网，监控中心管理平台通过校园网接入前端设备，当前端摄像机检测到有车辆停留在设定的禁止停车区域时，管理平台能获取到相应的报警信息。管理人员通过连接有音箱和麦克风的 PC 客户端登录到管理平台，并可发起对讲，进行喊话或询问。前端设备可采用带智能功能的网络摄像机，需外接扬声器和拾音器。前端摄像机视场应该能够覆盖禁止停车区域，安装调试后打开违停检测功能。可选择普通带智能 IPC 或智能摄像机，或者带智能抓拍的球机作为前端采集设备。

6.3 智能停车场系统应用

6.3.1 系统概述

智慧型停车场系统是采用纯车牌自动识别技术、视频停车诱导技术及移动互联网 App 停车应用技术，同时支持多种缴费场景和支付方式的全新智能化停车场系统。

系统能准确识别进出车辆的车牌号码，并以车辆的车牌号码作为车辆的识别标志，实现车辆快速进出、轻松准确地停车定位及找车等功能。实现停车场的自动化、可视化，并且无须人工值守管理，降低了停车场的管理费用，大大提高了停车场的管理水平。

实现智能化的核心技术方法是系统集成。智能化的系统集成包括功能集成、网络集成及软件界面集成，是将智能化系统从功能到应用进行开发与整合，从而实现对停车场进行全面及完善的综合管理。高度集成化是进行智能化系统设计的首要原则。

智能化停车场管理系统采用工业级组网和布线方式，采取安装防火墙软件、网络数据库备份、管理人员分级按权限操作、实时更新黑名单等多种有效措施，满足系统能够确保全天不间断运行的要求，确保整个系统的稳定性、安全性。基于网络连接的安全问题也不容忽视，设计应考虑整体的安全性，包括网络安全、主机安全等。

智能化停车场管理系统还可扩展为通过移动终端支付停车费用（如微信、支付宝、城市一卡通等），也可和车位引导系统（微波引导、视频引导）、反向寻车系统、区位引导系统、灯光控制系统等实现无缝对接。

6.3.2 出入口无卡进出车辆管理

通过车牌自动识别技术，运用动态视频和静态图像高精度识别车牌时，可以实现识别率高，响应速度快，达到快速通行，避免排队拥堵；配合采用快速道闸，确保车辆出入场快速通行；杜绝收费漏洞，通过车牌识别核算停车费用，核算机制严密。

管理中心为 B/S 架构模式，无须安装客户端，可直接通过 Internet 远程对停车场设备进行设置及数据分析、查询。

6.3.3 系统设备组成部分

智能停车场系统的设备一般包括入口控制、出口控制、中心收费、管理控制等几个部分，如图 6-17 所示。

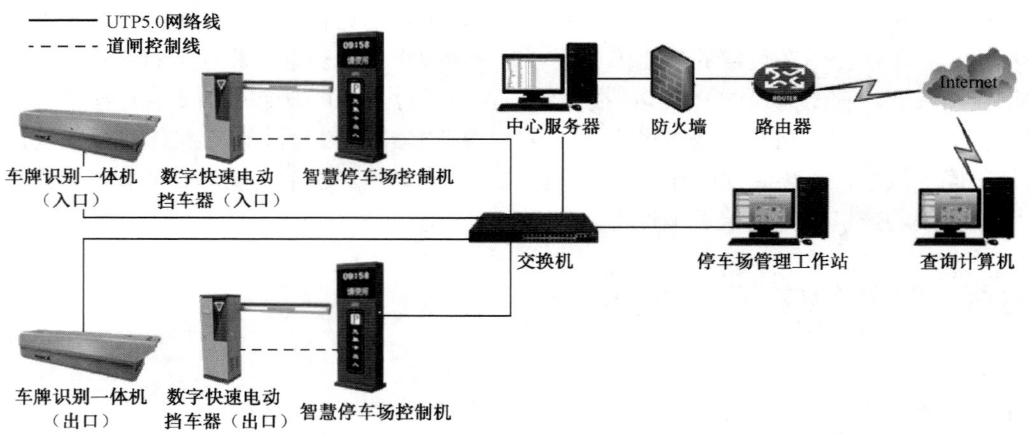

图 6-17　智能停车场管理系统架构图

（1）入口控制部分：包括自动挡车器、车辆检测器、车牌识别器（包含一体式网络高清摄像机、爆闪灯）、智慧停车场控制机。

（2）出口控制部分：包括自动挡车器、车辆检测器、车牌识别器（包含一体式网络高清摄像机、爆闪灯）、智慧停车场控制机。

（3）中央收费部分：包括岗亭、收费计算机、管理软件（B/S 架构）、自助缴费终端（寻车与缴费二合一功能）或手机 App 应用客户端。

（4）管理中心部分：包括服务器、管理计算机、管理软件（B/S 架构）。

6.3.4 车辆进/出场流程

1. 固定车辆进/出场流程

固定车辆驶入停车场入口，车辆压地感线圈，触发车牌识别器抓拍图片并识别车牌号码，系统记录车牌号码、入场图片、入场时间等信息，显示屏和语音提示相关信息（如车牌号码、欢迎入场、固定车辆剩余日期等）并开启挡车器，车辆入场，闸杆自动落下，车辆进入车场内泊车。

固定车辆驶到停车场出口，车辆压地感线圈，触发车牌识别器抓拍图片并识别车牌号码，系统记录车牌号码、出场抓拍图片，与入场车牌号对比，若车牌号一致，显示屏语音提示相关信息（如车牌号码、一路平安、固定车辆剩余日期、延期等）并开启挡车器，车辆出场。若车牌号不一致，系统弹出修正窗口，人工修正车牌后，显示屏语音提示相关信息（如车牌号码、一路平安、固定车辆剩余日期、延期等）并开启挡车器，车辆通过后，闸杆自动落下，车辆通行离开停车场。固定车辆进/出场的具体流程如图 6-18 所示。

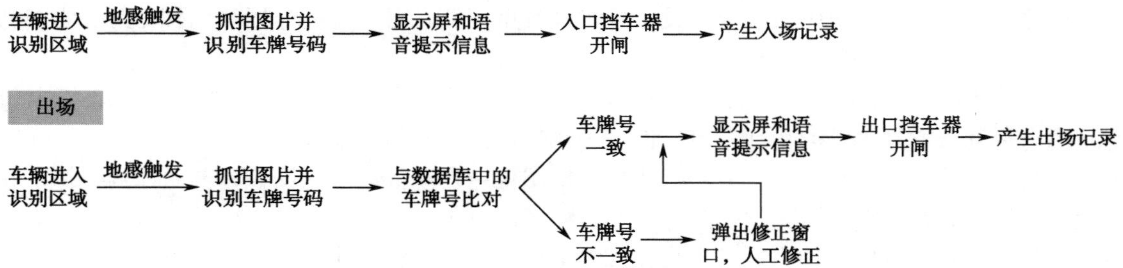

图 6-18　固定车辆进/出场流程

月卡车进出场车牌识别都正确的情况下，系统直接开闸。

当出入口摄像机识别的车牌号错误时，有效对比位数在设置的范围之内，系统可自动找出正确车牌号，无须人工修正。如出场车牌识别错误后，会弹出修正窗口，由人工进行修正。

2. 临时车辆进/出场流程

临时车辆驶入停车场入口，车辆压地感线圈，触发车牌识别器抓拍图片并识别车牌号码，系统记录车牌号码、入场图片、入场时间等信息，显示屏语音提示相关信息（如车牌号码、欢迎入场等）并开启挡车器，车辆入场，闸杆自动落下，车辆进入车场内泊车。

临时车辆驶到停车场出口，车辆压地感线圈，触发车牌识别器抓拍图片并识别车牌号码，系统记录车牌号码、出场图片、出场时间等信息，显示屏语音提示相关信息（如车牌号码、缴费信息等）。

临时车辆不需要缴纳费用（免费）或已在中央收费处缴纳过费用，则自动开启挡车器，车辆出场。车辆通过后，闸杆自动落下，车辆通行离开停车场。

临时车辆需要缴纳费用的（系统无中央收费处），完成缴费后，手动开启挡车器，车辆出场。车辆通过后，闸杆自动落下，车辆通行离开停车场。

临时车辆车牌号码识别有误时，需要人工操作，完成缴费后，手动开启挡车器，车辆出场。车辆通过后，闸杆自动落下，车辆通行离开停车场。

临时车辆进/出场的具体流程如图 6-19 所示。

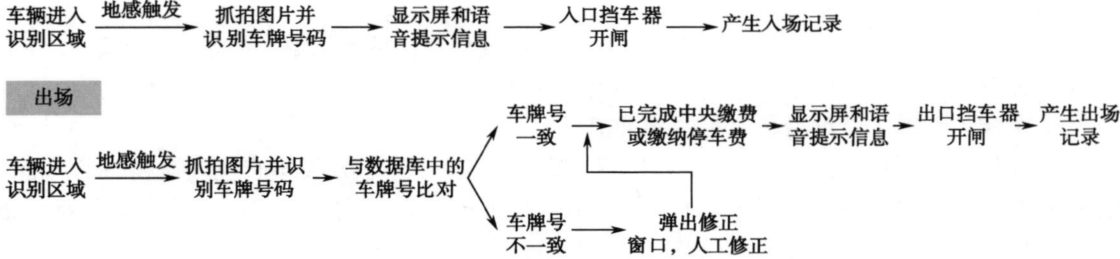

图 6-19　临时车辆进/出场流程

车辆出场时，若出、入场识别的车牌号不一致，需首先修正车牌号，保证进场和出场的车牌号码一致，然后由人工收费开闸放行。当入口识别到空车牌时，系统会自动放行，在出口识别到空车牌时，由工作人员选择入口对应的空车牌车辆。

6.3.5 特殊车辆情况处理

教练车、军警车可事先在系统中设定好车辆类型，当识别到此类车牌时，系统会自动按照设定好的车辆类型来处理。

车牌识别技术（License Plate Recognition，LPR）以计算机技术、图像处理技术、模糊识别技术为基础，建立车辆的特征模型，识别车辆特征，如号牌、车型、颜色等。它是一个以特定目标为对象的专用计算机视觉系统，能从一幅图像中自动提取车牌图像，自动分割字符，进而对字符进行识别。它运用先进的图像处理、模式识别和人工智能技术，对采集到的图像信息进行处理，能够实时准确地自动识别出车牌的数字、字母及汉字字符，并直接给出识别结果，使得车辆的电子化监控和管理成为现实。与采用卡片式的停车场管理系统相比，该系统在车辆出入繁忙的时段可以节省时间，增加吞吐量，提高效率，应用前景较好。

【技能训练】 停车场管理系统的原理及使用

1. 实训目的

（1）掌握停车场管理系统的一般组成结构及原理。

（2）了解停车场管理系统的一般配置及安装。

（3）熟悉停车场管理系统软件参数配置及功能验证方法。

2. 实训设备

多媒体计算机 1 台。

停车场管理系统。

DC 12V 一体化电源 2 个。

车辆卡口 1 个。

3. 实训要求

（1）熟悉停车场系统的工作流程。

（2）以实际停车场管理系统为对象，对照系统图，完成该系统的设备配置、接线等工作，以增强对该系统的操作和理解能力。

（3）画出停车场管理系统各设备之间的实物接线图。

（4）使用停车场管理系统软件（如密码设置、添加用户、发卡、卡号挂失、卡号注销等）。

（5）软件设置。

① 系统设置：对相关属性进行设置，如图像存放路径、保留天数、车位显示等。

② 预览车辆进出口图像：预览启停、码流选择、录像启停等。

③ 车辆信息导入：批量导入车辆相关信息。

④ 抓拍机功能配置：出入口摄像机触发模式为牌识系统，触发类型有视频检测、I/O 线圈、RS-485 等可选项；根据实际场景绘制牌识区域、车道线、车道右边界线；设置视频参数（如亮度、对比度、宽动态、快门、饱和度、白平衡等）。

⑤ 牌识参数设置：进入抓拍参数→牌识参数设置页面，手动填入相应省（市）后，可对车牌方向、车牌类型等进行设置，并可勾选需要的识别类型，如图 6-20 所示。

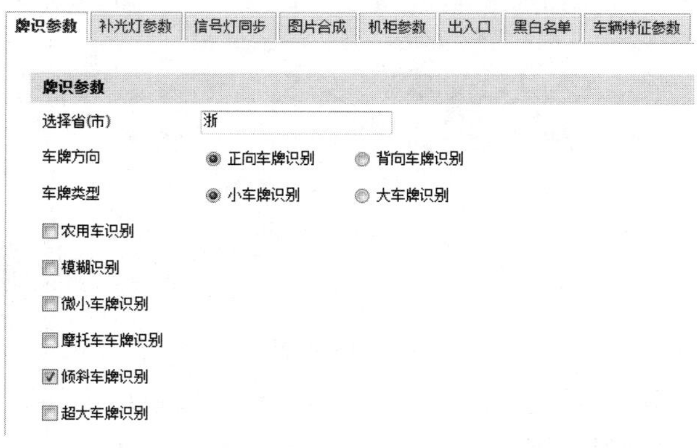

图 6-20　牌识参数设置

⑥ 出入口参数设置：包括出入口配置、车辆控管方式、车辆信息管理、继电器、ALARM 报警、远程控制道闸、常亮灯控制等参数的设置，如图 6-21 所示。

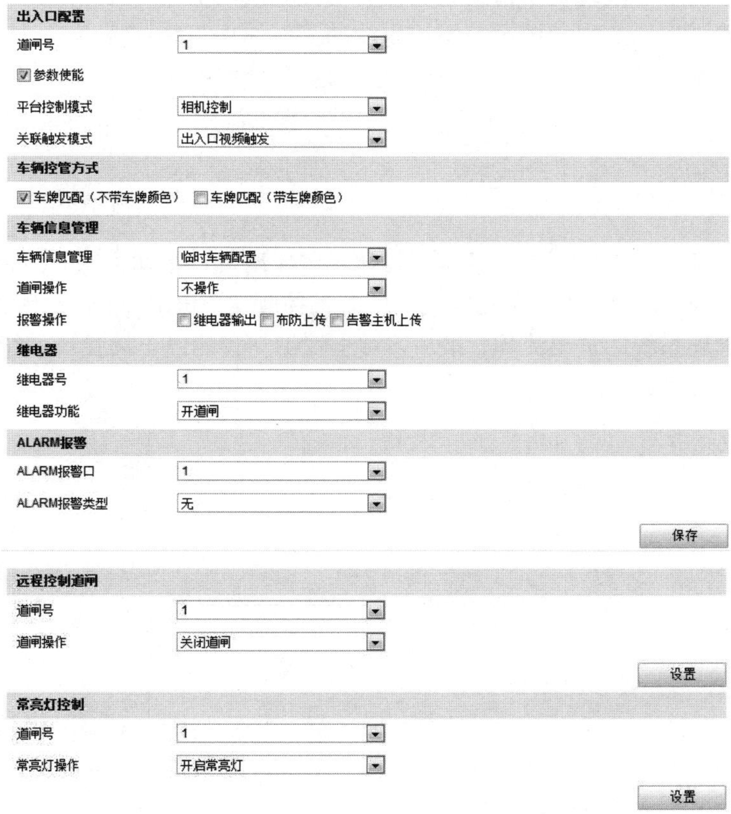

出入口配置
道闸号 1
参数使能
平台控制模式 相机控制
关联触发模式 出入口视频触发
车辆控管方式
车牌匹配（不带车牌颜色） 车牌匹配（带车牌颜色）
车辆信息管理
车辆信息管理 临时车辆配置
道闸操作 不操作
报警操作 继电器输出 布防上传 告警主机上传
继电器
继电器号 1
继电器功能 开道闸
ALARM报警
ALARM报警口 1
ALARM报警类型 无
保存
远程控制道闸
道闸号 1
道闸操作 关闭道闸
设置
常亮灯控制
道闸号 1
常亮灯操作 开启常亮灯
设置

图 6-21　出入口参数设置

⑦ 黑白名单设置：可以添加、修改或导入车牌号码、卡号黑白名单，并对抓拍数据内的黑白名单内容进行更改，如图 6-22 所示。

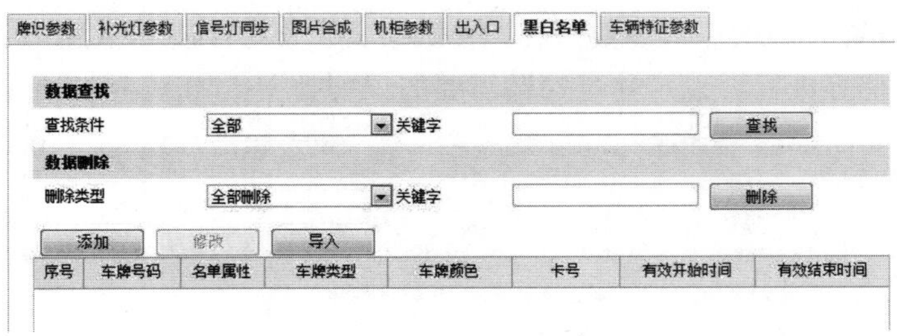

图 6-22　黑白名单设置

4. 实训内容

（1）熟悉、认知停车场管理系统设备及安装位置。

（2）进行停车场车辆进出场过程的演示，关注控制器及机械部件的动作过程。

（3）进行停车场车辆进出场过程的演示，关注应用软件的操作要领。

（4）系统处于断电状态时，根据系统图比对系统配置的设备，并画出各设备之间的连接图。

（5）调试系统管理软件。

5. 讨论分析

（1）演示停车场管理系统是如何配置的？有哪些基本功能？

（2）通过车辆进出场的现场演示，阐述系统的工作原理与结构特点。

（3）停车场管理软件有哪些基本功能？在使用过程中应注意什么问题？

本章小结

本章针对停车场管理系统的主要设备及具体系统应用进行了详细的介绍。首先，概述了停车场管理系统的组成及功能。其次，对常见的停车场控制器、道闸、车辆检测器等进行了介绍，并明确了停车场管理系统的进出流程。最后，对车牌识别智能停车场管理系统的性能参数、功能测试进行了实训练习。

第7章 防爆安全检查技术及系统应用

学习目标

通过本章的学习，了解防爆安全检查系统的基本知识，熟悉安检技术的种类及应用，熟练掌握常用 X 光、金属探测等安全检查设备的功能和原理，掌握安全检查设备的操作和使用，提高识别违禁品的能力。

学习内容

1. 防爆安全检查系统的概念。
2. 常用的安检手段。
3. 安全检查的要领。

重点难点

防爆安全检查系统的种类；安全检查的重点；安全检查的具体操作。

7.1 防爆安全检查系统概述

防爆安全检查系统是指检查有关人员、行李、货物是否携带爆炸物、武器或其他违禁品的电子设备系统或网络。

7.1.1 防爆安全检查系统的概念

1. 安全检查设备概述

由于国际恐怖活动的日益加剧，机场、车站及重要部门、公共场所已经成为恐怖活动袭击的主要目标。为了防止恐怖事件的发生，各国政府采取了高标准的安全措施，使用了更先进的安全检查设备。在机场，对旅客手提行李、托运行李实行 100%的检查，零担货物、航空集装箱、大型集装箱在装载之前也都要进行防爆安全检查。同时，对旅客进行携带危险品和违禁品的人体扫描检查，以阻止炸药、爆炸装置、易燃易爆的液体、武器、刀具等被带上飞机。车站、港口、重要部门、公共活动场所对旅客及携带物也进行检查，严防危险品被带入火车、轮船及其他重要的场所。

安全检查的检查对象是人员、物品、车辆等所携带或装载的物品。

对人体携带的危险品可用金属探测设备、质谱仪、毫米波、X 射线人体检查设备等手段进行探测。

对行李等物品的第一级检查目前主要使用能量型的 X 射线检查设备，大都使用 140keV 能量的 X 射线能量探测器，不仅可以探测行李中隐藏的金属武器，更主要的是能探测隐藏的炸药、毒品及违禁品。第一级判定为可疑的行李被送到第二级或第三级再进行判识，后级设备采用更先进的多视角、衍射或断层扫描 X 射线设备。

对货物和航空集装箱的检查设备则使用较高的能量，范围在 140～250keV。大型集装箱的检查使用能量更高的 450keV X 射线源、X 射线加速器、放射性同位素源钴 60，以及其他类型的 γ 射线源，有些设备使用了中子探测技术，使设备具有更高的穿透力和分辨能力，从而得到高质量的被检客体的图像。

对瓶装易燃、易爆液体非接触检查的设备正处于开发和试验阶段，这些设备使用了 CT 技术、双能量技术、微波技术、磁谐振技术、拉曼光谱技术等。

2. 安全检查设备的分类

安全检查设备的种类很多，从不同的角度有不同的分类方式。

1）按使用技术的不同分类

安全检查设备按使用技术的不同可分为 X 射线检查设备、中子探测设备、核四极矩谐振分析探测设备、质谱分析设备、毫米波探测设备、金属探测设备等。

2）按应用方式分类

安全检查设备按应用方式的不同可分为通过式、便携式、固定式和移动搜索式等。

3）按探测对象分类

安全检查设备按探测对象的不同可分为金属探测设备、炸药探测设备、液体炸药探测设备、毒品毒物探测设备和武器检查设备等。

4）按检查对象分类

安全检查设备按检查对象的不同可分为手提行李检查设备、人体检查设备、车辆检查设备、集装箱检查设备等。

3. 安全检查设备的应用

安全检查是世界各国普遍采用的一种查验制度，凡是登机旅客都必须经过检查后，方能允许进入飞机。这种检查与海关和边防检查不同，不存在任何免检对象，无论是什么人，包括外交人员、政府部长和首脑，无一例外，一律要经过检查。主要是检查旅客是否携带枪支、弹药、凶器、易燃易爆物品、剧毒品，以及其他威胁飞机安全的危险物品。具体应用在以下几个方面。

（1）用于机场、铁路、港口及重要部门的安全检查。

重要部门包括重要的国家机关、监狱、法院、博物馆等部门。防爆安全检查有效地防范和阻止了武器、炸药、违禁品和危险物进入安全区域、重要部门及公共场所可能引发的爆炸、劫持等恐怖事件的发生。

（2）重大活动的安全检查。

结合活动的出入口管理系统对出入活动现场的人、物、车辆等进行检查，发现和阻止违禁品进入现场，防止恶性事件发生。

（3）重大活动和重要部门环境与现场的安全检查。

在重大活动中，通过安全检查，可以发现爆炸、生化等危险因素，防止重大事件的发生。

（4）海关和出入境的检查。

发现非法携带和运输违禁品，有效打击走私和倒买文物等活动。

（5）安全检查设备也广泛地应用于毒品、食品残毒的检查，打击有组织贩毒活动，保证食品安全。

7.1.2　防爆安全检查系统的工作过程

1. 设施设备的检查

安检人员应提前开启安全检查的设施设备，检查其性能是否完好。准备好安全检查登记簿，便于安全检查时记录情况，使安全检查工作有据可查。

2. 人员配备

安检部门应当根据安全检查工作需要，配备一定数量的安全检查人员，如图 7-1 所示，其中应当配备一名女性安全检查人员。安全检查人员应当具备相关的安全检查业务知识和专业技能。

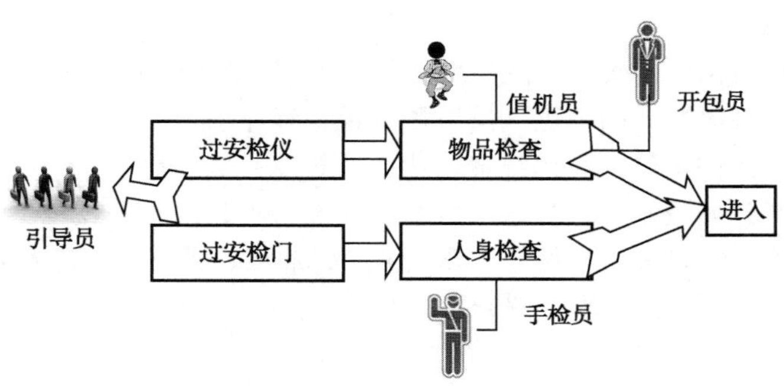

图 7-1　安全检查岗位基本分工图

（1）引导员。

做好受检人引导和告知工作，使其接受和配合安全检查，维护安全检查秩序，确保安全检查工作有序进行。

（2）开包员。

如发现物品内含有可疑物品，要认真核对、查验受检人的有效证件，开包仔细检查。

（3）值机员。

通过检测设备显示的图像识别受检人携带物品的种类、性质，发现可疑物品时，应当提示人工检查员对可疑物品做进一步检查。

（4）手检员。

对通过安全检查门出现报警的人员及随身携带物品有疑点的，人工检查员采用手持金属探测器与人工相结合的方法进行检查。

3. 安全检查的基本流程

安全检查的基本流程如下。

（1）引导员引导受检人到指定区域接受安全检查。

（2）登记员对受检人的证件进行查验和登记。

（3）受检人将身上的随身物品放入搁物筐、连同随身携带的箱包等物放到 X 光检测仪的传送带上接受检查。如携带的物品不便进行 X 光检测仪检查的，应采用摸、掂、试等方法进行检查。

（4）受检人依次通过安全检查门并接受人工检查员补检。

7.1.3 常见危险品种类

常见危险品是指易燃、易爆、有毒、有腐蚀性、有放射性和有可能危及人身与财产安全的危险物品。

根据我国《危险货物运输规则》等有关规定，有 10 类 36 项数千种物品属禁止旅客携带上车的危险品，这些物品大多化学性质比较活泼，一旦遭遇明火、剧烈振动、摩擦等，极易引发火灾、爆炸事故，这 10 类物品如下。

（1）爆炸品类。如雷管、传爆助爆管、导爆索、导火索、火帽、引信、炸药、子弹、烟火制品（礼花、鞭炮、摔炮、拉炮等）、点火绳、发令纸等。

（2）氧化剂和有机过氧化物类。如氯酸钠、高氯酸钾、漂粉精、硝酸铵化肥、过氧化氢（过氧化氢）、硝酸铵、氯酸钾等。

（3）压缩气体和液化气体类。如液化石油气、甲烷、乙烷、（压缩、液化的）丙烷、丁烷、煤气、氧气、氢气、打火机、微型煤气炉用贮气罐、气体杀虫剂等。

（4）自燃物品类。如黄磷、硝化纤维胶片、油布及其制品等。

（5）易燃液体类。如酒精、去光水、引擎开导液、鸡眼水、染皮鞋水、打字蜡纸改正液、强力胶、汽车门窗胶、橡胶水、脱漆剂、环氧树脂、油漆、香蕉水、皮革光亮剂、显影剂、印刷油墨、樟脑油、松节油、松香水、擦铜水、纽扣磨光剂、油画上光油、刹车油、防冻水、汽油、柴油、煤油等。

（6）遇湿易燃物品类。如金属钠、镁铝粉、电石等。

（7）易燃固体类。如红磷、硫黄、火补胶、松香、铝粉、镁粉、火柴等。

（8）有毒害物品类。如砒霜、氢化钠、磷化锌、氰化物、砷、赛力散、灭鼠安（含各类鼠药）、美曲磷脂、敌敌畏、滴涕农药、灭草松、敌稗灭草剂等。

（9）腐蚀性物品类。如硝酸、硫酸、盐酸、有液蓄电池、溴、过氧化氢、烧碱、苛性碱等。

（10）放射性物品类。如夜光粉、发光剂、碘 131、磷 32 气体、氧化铀、放射性同位素、独居石、沥青铀矿等。

7.2 X 射线安全检查技术

X 射线安全检查设备是利用 X 射线和被检物（客体）相互作用时发生的光电吸收、康普顿散射、瑞利散射和电子对效应而得到被检物特征信息的设备。X 射线之所以能使行包在荧屏上形成影像，一方面是基于 X 射线的特性，即其穿透性、荧光效应和摄影效应；另一方面是基于行包内各种物品有密度和厚度的差别，由于存在这种差别，当 X 射线透过行包内各种不同物品时，就会使探测板接收到的 X 射线量产生强弱差异，同时 X 射线光机根据物质具有的不同原子系数，赋予物质不同的颜色。这时探测板将向 CAG 板发出信号，经过 DSP、ALU 和 VGA 板处理后，在显示器上形成颜色对比不同的影像。

早期使用的 X 射线安全检查设备一般是透射式的单能 X 射线设备，只能得到被检物按密度及原子序数衰减的黑白图像，而不能探测到塑料手枪及陶瓷刀具和炸药等有威胁的物品。随之出现的双能 X 射线检查设备成为探测此类威胁物的有力工具。双能 X 射线检查设备利用了两个或多个 X 射线能谱和物质的相互作用，从不同的高、低能谱信号中得到有关被检物原子序数的信息，从而得到被检物的物质组成信息，有效地区分了有机物和无机物，并给出不同的颜色。此类设备被广泛用于机场、铁路、港口、海关及重要部门。

双能 X 射线检查设备虽然能够得到被检物质的穿透图像，但由于多种物质的重叠，准确地探测混在不同种类物质中的炸药，特别是从有机物中识别出炸药是非常困难的，探测薄片形、无规则的炸药对于传统的双能系统也是不可能的。这种薄片形、无规则炸药的鉴别，可利用散射 X 射线检查设备。康普顿散射 X 射线检查设备可以用来探测片状炸药及低原子序数的物质，特别是探测碳、氢、氧成分丰富的物质。利用 X 射线相干散射原理的 X 射线衍射设备，可以准确地探测物质的晶格常数，但由于检查速度慢及探测器对温度的要求，目前只是作为第二级安全检查使用。

X 射线 CT 设备不仅能得到被检物的透视图像，还可以得到被检物的断层图像及三维图像。单能 X 射线 CT 设备通过被检物体密度信息去识别物质，双能 X 射线 CT 设备通过测量被检物的有效原子序数和密度两个信息去识别物质，这样就提高了设备的探测率，降低了误识率。

因此，X 射线影像的形成，应具备以下三个基本条件：首先，X 射线应具有一定的穿透力，这样才能穿透照射的物体；第二，被穿透的物体必须存在着密度和厚度的差异，这样，在穿透过程中被吸收后剩余下来的 X 射线量才会是有差别的；第三，这个有差别的剩余 X 射线仍是不可见的，还必须经过显像这一过程，如经 X 射线片、荧屏或电视屏显示才能获得具有颜色对比、层次差异的 X 射线影像。

物体组织结构和形态不同，厚度也不一致。其厚与薄的部分，或分界明确，或逐渐移行。厚的部分吸收 X 射线多，透过的 X 射线少，薄的部分则相反，因此，在荧屏上显示出的颜色对比和明暗差别及由深到浅和由明到暗，其界线比较分明或渐次移行，都是与它们厚度间的差异相关的。X 射线透过梯形体时，厚的部分 X 射线吸收多，透过的少，荧光屏上呈深色，薄的部分相反，呈浅色，深与浅之间界限分明。X 射线透过三角形体时，其吸收及成影与梯形体情况相似，但深浅色是逐步过渡的，无清楚的界限。X 射线透过管状体时，其外周部分 X 射线吸收多，透过的少，呈深色，其中间部分呈浅色，深与浅之间的界限较为清楚。

由此可见，密度和厚度的差别是产生影像对比的基础，是 X 射线成像的基本条件。应当指出，密度与厚度在成像中所起的作用要看哪一个占优势。

7.2.1　X 光机的组成及工作原理

X 射线是一种电磁波，它的波长比可见光的波长短，穿透力强。

X 射线安检仪是借助于输送带将被检查行李送入 X 射线检查通道而完成检查的电子设备。行李进入 X 射线检查通道，将阻挡包裹检测传感器，检测信号被送往系统控制部分，产生 X 射线触发信号，触发 X 射线的射线源发射 X 射线束。X 射线束穿过输送带上的被检物品，X 射线被被检物品吸收，最后轰击安装在通道内的半导体探测器。探测器把 X 射线转变为信号，这些很弱的信号被放大，并送到信号处理机箱做进一步处理，处理后就通过显示屏显示出来。可以说，“无论包有几层，X 射线都能穿透，并一层层地将包内的物品显示出来”。

一般 X 射线安全检查系统由硬件和软件两部分组成。例如，8065 型 X 射线安全检查系统如图 7-2 所示。

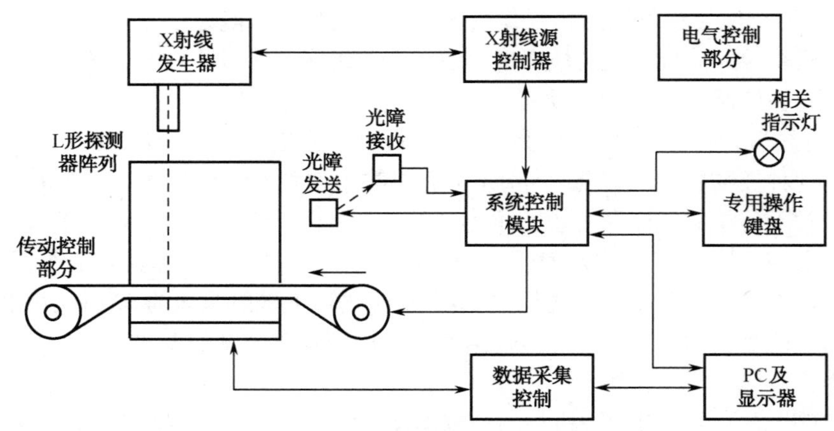

图 7-2　8065 型 X 射线安全检查系统

1. X 射线源

X 射线源包括三个部分：①高压发生器（两个高压倍加及反馈电路）；②X 射线管；③准直器。

X 射线管和两个高压倍加及反馈电路组成的高压发生装置放入充满油并具有铅屏蔽的壳体中，电缆 WS9 给 X 射线源提供灯丝和高压驱动信号，并将高压和阳极电流的取样信号反馈给 X 射线控制盒驱动机箱，以保持检查期间高压和阳极电流的稳定。准直器的作用是将 X 射线束整成扇形射线束。

2. 探测器阵列盒

两个探测器阵列形成 L 形状，以解决探测死角问题。竖直侧（或称侧探测盒）及水平侧（或称底探测盒）中各有多块探测板，每块板包括 32 个通道。高、低能模拟信号在探测板上经放大后进行数字化并传送到工业控制计算机进行处理。

3. 电子控制部分

控制板负责接收工业控制计算机的指令，控制电动机的运行与停止，监测光障状态，判断行李的进入与离开，控制 X 射线的发射与关闭，监测 X 射线控制模块是否正常工作，若发现异常，则自动报警。

4. 图像处理系统

图像处理系统的工作通过工业控制计算机来实现。计算机接收来自数据采集传输系统的探测信号，进行数据处理。

（1）图像处理功能。设备提供的图像处理功能包括边缘增强、超级图像增强、彩色、反色显示、局部穿透增强、图像回拉、放大等。

（2）数据存储和检索功能。设备提供存储图像、检索图像和记录操作人员工作情况的功能。

5. 显示装置

系统使用 17 英寸高分辨率显示器，可根据需要显示彩色图像和黑白图像。

6. 输送装置

输送装置包括以下部分。

（1）传送皮带。

（2）位于输送机出口端的一个电动（驱动）滚筒。

（3）位于输送机入口端的一个改向滚筒。

（4）位于设备下方两个引导皮带运行方向的拖动滚筒。

7. 光障装置

在通道的入口处装有一对光障装置（对射式光电开关），用于探测在传送带前进时进入检查通道的行李，若行李阻断光障，则光障接收端输出信号至电子控制单元，由控制单元通知射线控制器开始发射 X 射线。

8. 系统软件

（1）软件运行环境为 Microsoft Windows。

（2）系统软件由两部分组成，即专用驱动程序和用户控制界面。控制系统硬件实现数据采集自动化，定时读取数据采集系统。

由软件将传输过来的信号进行复杂的数据处理，将处理后的图像显示在屏幕上，供操作人员进行辨别，软件提供边缘增强、反色显示、伪彩色、局部穿透增强等图像处理功能，便于操作人员对违禁物品进行识别，同时具有图像回拉、放大等图像处理功能及图像存储功能。

8065 型 X 射线安全检查设备由行李输送部分、X 射线源及控制部分、信号采集处理及传输部分、图像处理部分和电器控制部分组成。8065 型 X 射线安全检查设备是借助于传送带将被检查行李物品送入履带式通道完成安全检查的。物品进入通道后，检测装置将相关信息送至控制单元，由控制单元触发 X 射线源发射 X 射线。X 射线经过准直器后形成非常窄的扇形射线束，穿透传送带上的行李物品落到探测器上，探测器把接收到的 X 射线变为电信号，这些很弱的电流信号被放大后量化，通过通用串行总线传送到工业控制计算机做进一步处理。其工作原理如图 7-3 所示。

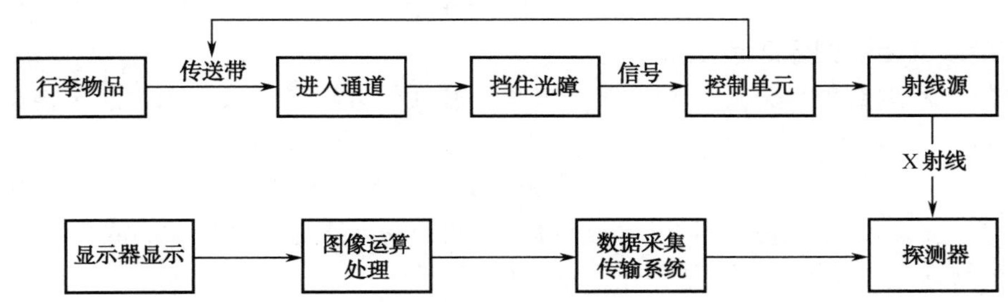

图 7-3　X 射线安全检查设备工作原理

7.2.2　X 射线机图像颜色的定义

1. 物质与原子

世界是由物质构成的，物质是由分子组成的，分子是由原子组成的。

元素是同一类原子的总称，同一类原子具有相同的核电荷数，即原子序数。表 7-1 所示为常见物质原子序数表。

表 7-1　常见物质原子序数表

元素名称	原子序数	组成的物质
氢（H）	1	水、油、塑料、木材、纸和其他化合物
碳（C）	6	油、塑料、木材、纸、食物和其他化合物
氮（N）	7	油、塑料、木材、纸和其他化合物
氧（O）	8	水、油、塑料、木材、纸和其他化合物
钠（Na）	11	食盐、烧碱、化肥和其他化合物
硅（Si）	14	沙子、土壤、玻璃和其他化合物
磷（P）	15	单体或化合物
硫（S）	16	单体或化合物
铁（Fe）	26	单体或化合物
铜（Cu）	29	单体或化合物
锌（Zn）	30	单体或化合物

2. 有机物、无机物的概念

有机物即有机化合物，是含碳化合物或碳氢化合物及其衍生物的总称。有机物是生命产生的物质基础，如食品、水、塑料、石油、天然气、棉花、染料、化纤、天然和合成药物等，均属于有机化合物。

无机物即无机化合物，通常指不含碳元素的化合物，如铁、铜、锌、钢等都为无机物。简单来说就是纯净物里不是有机物的就是无机物了。

3. 影响 X 射线穿透能力的因素

X 射线的波长很短，对各种物质都具有不同程度的穿透能力。影响 X 射线穿透能力的因素有 X 射线的能量、被穿透物质的结构和原子性质。同一 X 射线，对原子序数较低元素组成的物体贯穿本领较强，对原子序数较高元素组成的物体贯穿本领较弱。

4. X 射线安检仪图像颜色定义

物品经过 X 射线的穿射后，X 射线设备按照物质等效原子序数范围，赋予物品一定的颜色，并在显示器中显示。在显示器中显示的图像从广义上分类共有 4 类：橙色、蓝色、绿色、红色，如图 7-4 所示。X 射线设备对等效原子序数小于 10 的有机物赋予橙色，对等效原子序数大于 18 的无机物赋予蓝色，对介于两类材料之间的物质或这两类材料的混合物赋予绿色。

（1）红色——非常厚、X 射线穿不透的物体。

图像能显示为红色的物体主要是密度大或体积厚的物体。因为密度较大、体积较厚将会严重削弱 X 射线的穿透力，X 射线无法有效地穿透物体，就会使探测板无法正常接收 X 射线。这时探测板将向 CAG 板发出信号，经过 DSP、ALU 和 VGA 板处理后，将以红色的图像显示在显示器上。

（2）橙色——有机物（原子序数小于 10 的物质）。

橙色表示有机物在显示器上显示的颜色，有机物是指我们平时所说的水、油、炸药、油漆和香蕉水等物体。在三品检查仪中规定，有机物是指由原子序数小于 10 的化学元素组成的物体，这些物体主要是由氢、碳、氮和氧组成的。无论任何物质只要其大部分是由这 4 种元素组成的，则显示在显示器上的图像颜色均为橙黄色、暗黄色和土黄色。

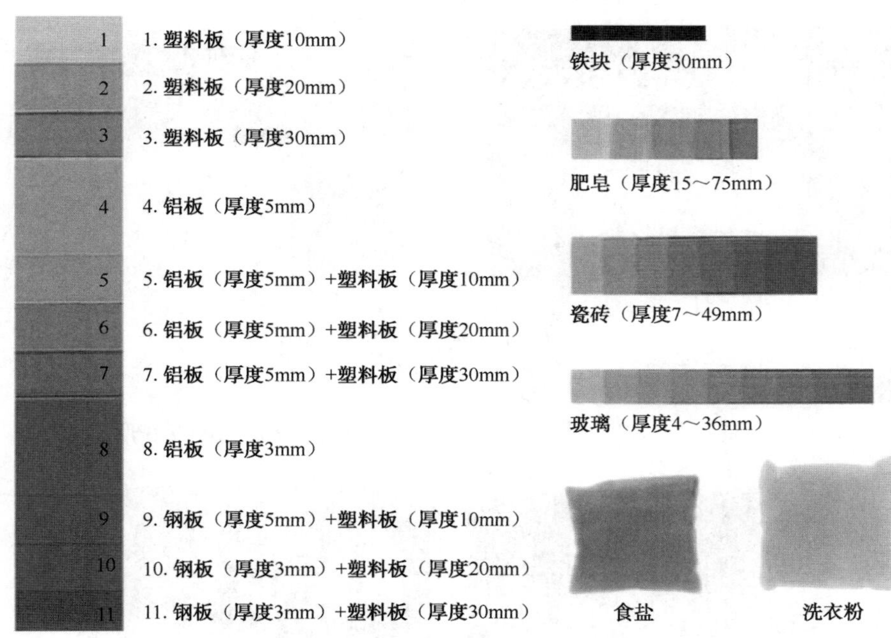

图 7-4 不同物质的 X 光图像颜色

对有机物的观察主要是根据其所显示的形状和颜色来判断，由于有机物数量繁多，形状多样，相似性多，所以判断起来比较麻烦。例如，炸药，尤其是 TNT 炸药，其形状和显示的颜色与肥皂极为相似，判断起来颇为困难，这时就要求操作人员不但了解其形状和显示颜色，还要根据它周围所在的物品来判断（包装造型、有没有雷管等）。另外，各种油类放在相同的容器内显示的图像颜色也差不多。

（3）绿色——混合物（原子序数在 10～17 之间的物质），包括有机物与无机物的重叠部分。

绿色为混合物的颜色，主要的物质为铝和硅。三品检查仪将混合物定义为原子序数在 10～17 之间的物质。另外，无机物与有机物的重叠也可能显示为绿色，这时就需要用 S/E 无机物与有机物剔除键来剔除并判断物体。

（4）蓝色——无机物（原子序数大于 18 的物质）。

蓝色为无机物的颜色，如铁、铜、锌、钢等都为无机物，对于物体主要指刀、枪等。在三品检查仪中定义的无机物为由原子序数大于 18 的元素组成的物质。无机物中常见的危险品主要是刀、枪。由于无机物的密度由小到大相差甚远，所以蓝色又按密度由小到大分为浅蓝色、蓝色和深蓝色。

观察无机物的最好办法是用黑白显示器观察，因为黑白显示器显示的颜色比较单一，只是灰度不同，更有利于看清楚物体的形状，正好适合对刀、枪的检查。

7.2.3 典型图像

1. 标准模块的图像

彩色图像使用的三种颜色分别是蓝色、橙色、绿色。其中，蓝色代表铁、钢等原子序数较大的无机物，如铁、钢等金属；橙色代表原子序数较小的有机物，如水、有机玻璃、塑料等；绿色代表介于有机物和无机物之间的物体，如铝等。图 7-5 是标准模块的成像效果。

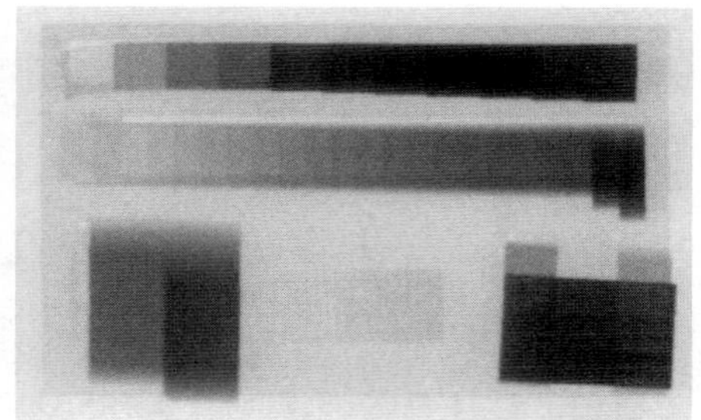

图 7-5　标准模块的图像

2. 典型违禁品的图像

典型违禁品包括刀具、打火机、鞭炮、液体等，其成像效果如图 7-6 所示。

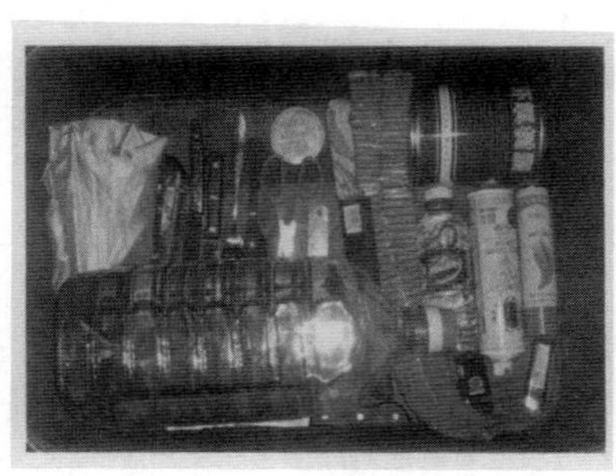
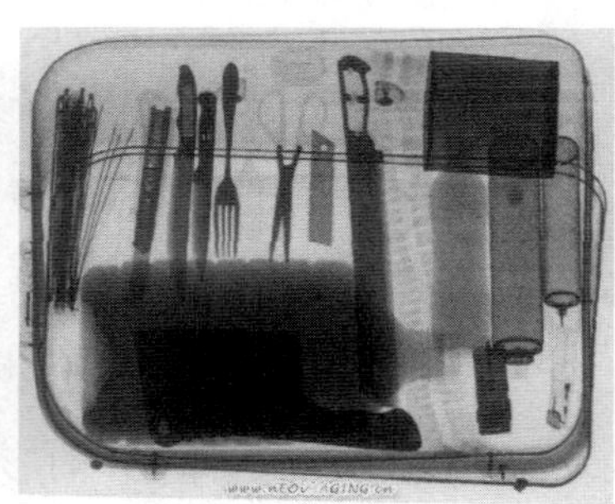

图 7-6　典型违禁品的图像

3. 枪支的图像

由于枪支一般由高分子金属制成，密度很大，因而在 X 射线机中显示的图像灰度很大，在伪彩色图像中一般呈暗红色。正放时，枪的外观轮廓明显，较易识别；侧放时，可通过分辨枪的结构和外观特征，如握柄、枪管、护环和准星等来识别。其成像效果如图 7-7 所示。

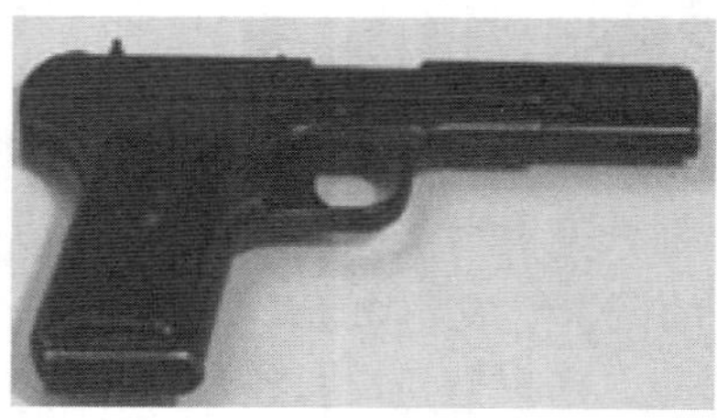

图 7-7　枪支的 X 光图像

4. 液态物品的图像

液态物品一般有牛奶、饮料、调味品、药品等，在检查中需要开封检查以确定物品性质，此类液体的主要成分是水，在 X 射线图像中显示为淡橘黄色，有的调味品因含有大量盐分颜色会稍微偏蓝或偏绿一些。药品由于所含的成分不同也可能有一些颜色差异，在 X 射线图像中显示为橘黄色，塑料瓶体的密度很小，瓶盖处密度稍大。当瓶中只有半瓶或少半瓶液体时所显示的颜色要变浅，须仔细观察。液态物品的 X 光成像效果如图 7-8 所示。

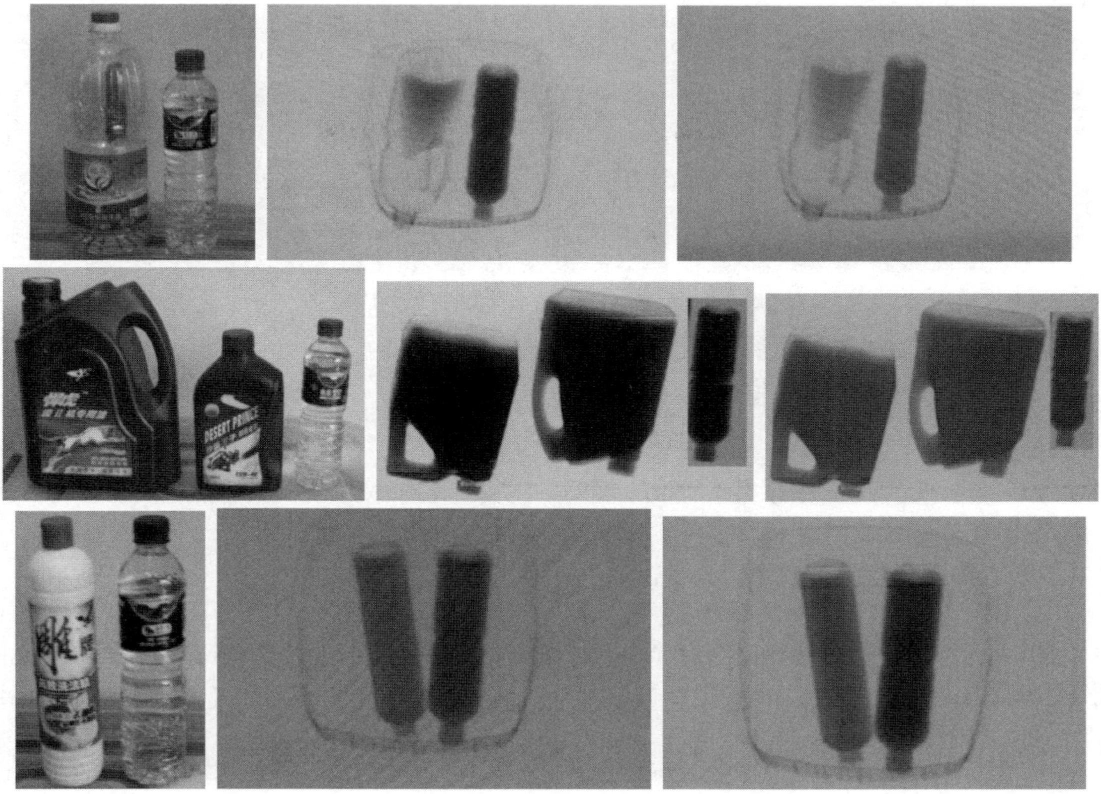

图 7-8　液态物品的 X 光图像

5. 易燃、压缩气体的图像

本类物品都灌装在耐压容器中，由于受热、撞击等原因造成容器内压力急剧升高，或由于容器内壁被腐蚀、容器材料疲劳等原因使容器耐压强度下降，都会引起容器破裂或爆炸。自动喷漆、空气清新剂、杀虫剂、打火机气体等一般被压缩成液态装在小型耐压金属罐内，大多属于有机物，与金属罐重叠后在 X 射线图像中显示为黄绿色或蓝绿色。自动喷漆由于油漆内的颜料含有金属元素或矿物质，密度要稍大一些。此类物品容器金属罐的上、下、侧面接缝处密度较大，在图像中呈线形圆环状，喷嘴处一般是一个密度较大的点，有的喷嘴外还有一个圆环。其成像效果如图 7-9 所示。

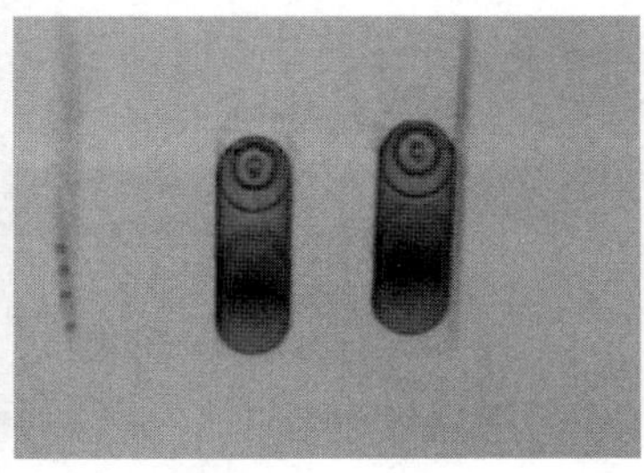

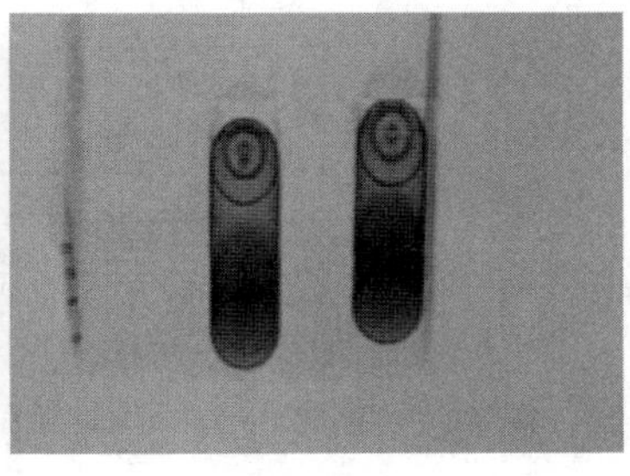

图 7-9　易燃、压缩气体的 X 图像

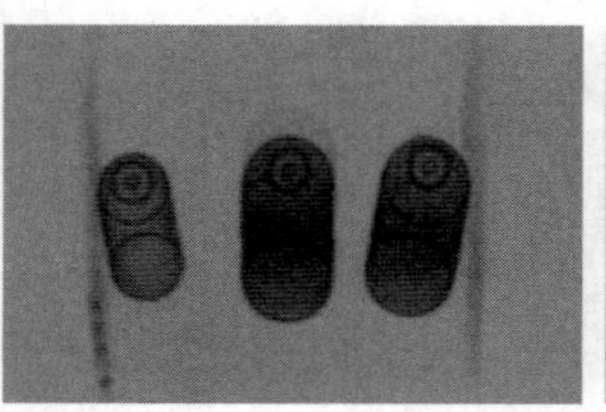
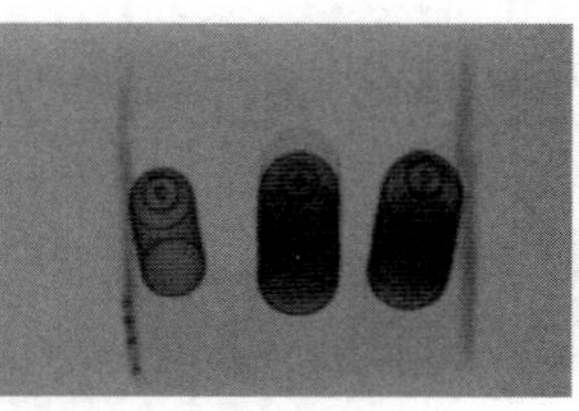

图 7-9　易燃、压缩气体的 X 图像（续）

7.2.4　X 光机的操作和使用

1. 开机

（1）将钥匙插入钥匙开关中，顺时针旋转，按绿色启动按钮听到设备启动后，等待启动完成。

（2）设备上的电源接通指示灯点亮。

（3）系统自动进入软件应用程序界面。

（4）程序自动检查通道中是否有异物。若有异物，皮带会转动将异物送到出口。当异物清理完毕后，整个软件系统初始化完毕。

2. 进行物品检查

（1）将待检物品放在传送带上进行检查。

（2）按下“皮带正转”按钮，控制电动机运转，启动传送皮带。

（3）物体一旦进入检查通道，首先遮挡住光障，从而启动 X 射线发生器。

（4）在物品通过检查通道时，设备对它进行逐行扫描，相应的检测图像则实时显示在显示器屏幕上，使图像从右向左传输。

3. 图像处理

1）彩色/黑白显示

单击“彩色/黑白”按钮，两种颜色可以切换选择显示。彩色图像为 4 色图像，将扫描物体分为 4 大类，其中橙色代表有机物，蓝色代表无机物，绿色代表混合物，黑色（或者红色）表示物质属性不确定，一般指难以穿透的物体。黑白图像有 256 级灰度，由纯黑到纯白的灰度级显示。越白（灰度越大）的图像区域表示该物体区域对 X 射线的吸收率越低，即更多的射线穿透。吸收率不同的物体对应不同的灰度等级。当操作“彩色/黑白”按钮时，可进行彩色图像和灰度图像的显示转换。彩色图像和黑白图像对比如图 7-10 所示。

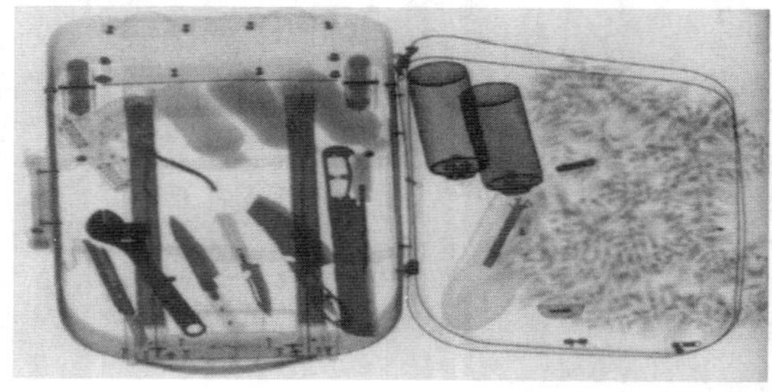
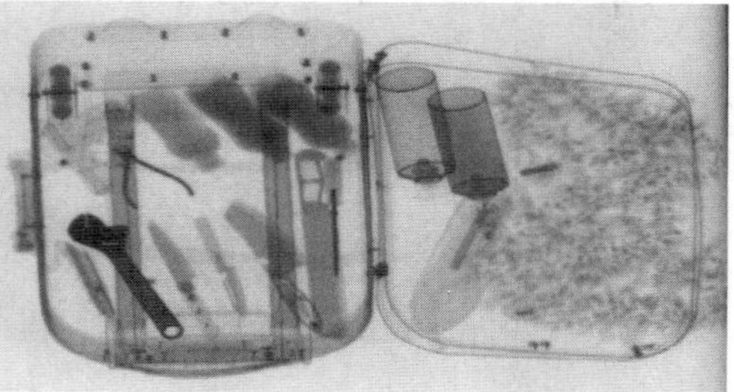

图 7-10　彩色图像和黑白图像对比

2）图像反色

在图像显示中，一般对 X 射线吸收率高的物体显示为深黑色，吸收率低的物体显示为亮白色。在反白显示中，则正好相反。单击“反色”按钮，可进行正负片显示切换，这样，较小或较细的高密度物体（如金属丝）将变得更加清晰。当操作“反色”按钮时，可进行彩色图像和灰度图像的反色设置。正常图像和反色图像对比如图 7-11 所示。

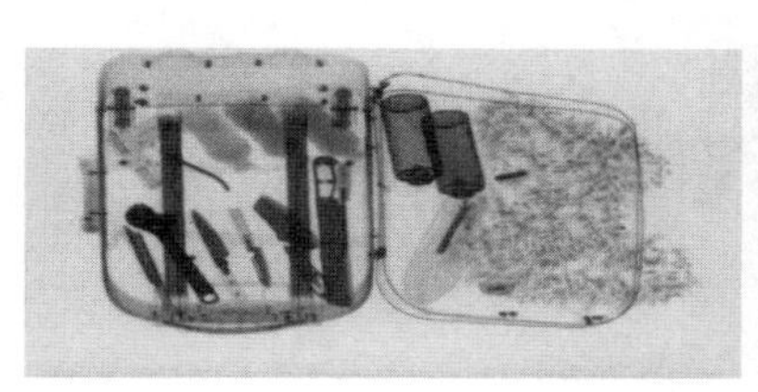
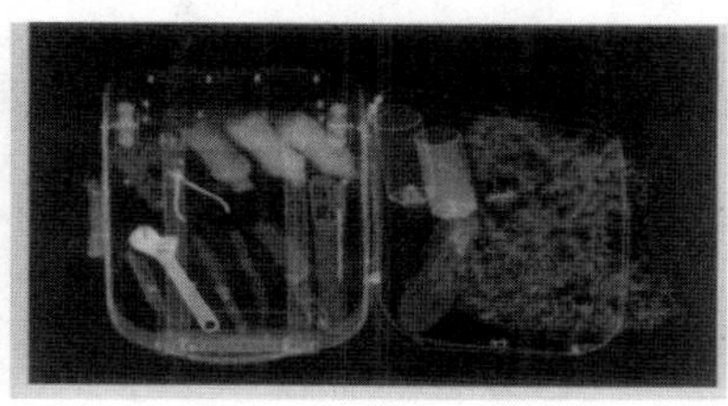

图 7-11 正常图像和反色图像对比

3）边缘增强（边增）

当需要对物体边缘进行进一步判读时，按下“边增”按钮，图像中的物体边缘会突出显示，更利于操作员区分不同的物体。当操作“边增”按钮时，可进行彩色图像和灰度图像的边缘设置，其对比效果如图 7-12 所示。

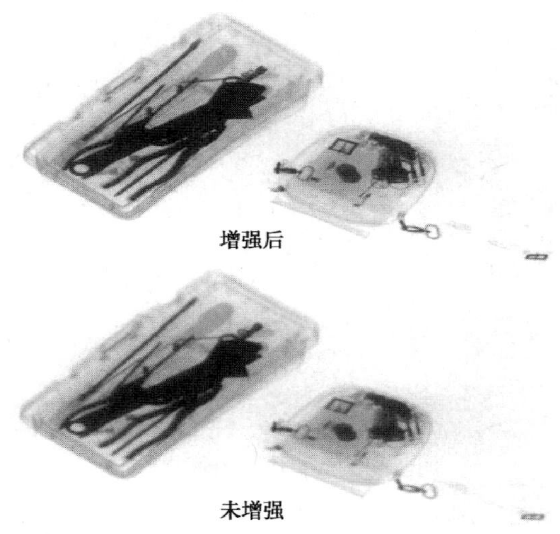

图 7-12 图像边缘增强效果对比

4）图像局部增强（局增）

该功能可对图像中较暗的区域进行增亮处理，使隐藏在厚物体后面的物体清晰显示，而正常的图像区域不受影响。按下“局增”功能键时图像自动在正常显示和局部增强显示之间切换，二次按下（或者按“恢复”键）可以停止显示切换。

5）高穿透力加强（高穿）

如图 7-13 所示，穿透力强的区域亮度较高，对比度较小，通过“高穿”操作将较亮的区域以一个合适的对比度显示，可以清晰地显示高穿透力区域，但同时正常区域也受到影响，对比度降低。

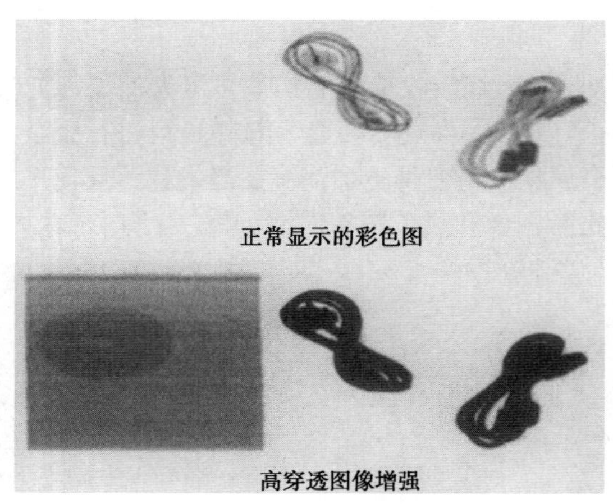

图 7-13　高穿透力增强效果对比

6）低穿透力加强（低穿）

如图 7-14 所示，穿透力低的区域亮度较低，不易观察，通过“低穿”操作将该区域增亮，提高该区域的对比度，可以清晰地显示该区域图像，但同时正常区域也受到影响，对比度降低。

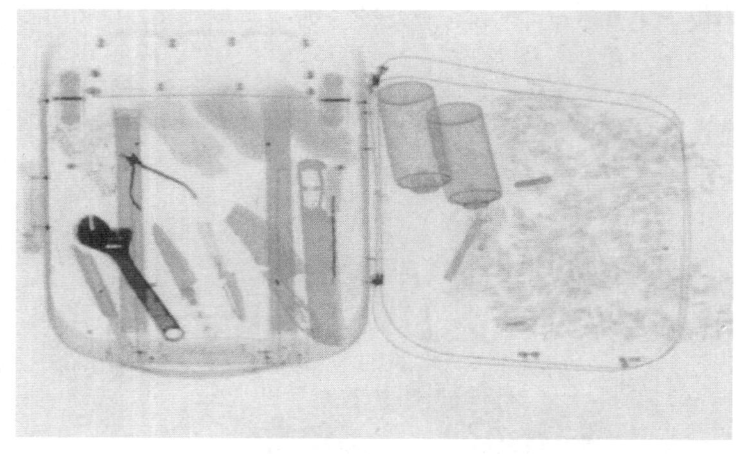

图 7-14　低穿透力增强效果

7）有机物突出显示（有机）

该操作的效果就是将无机物（蓝色部分）以灰度显示，使橙色部分（有机物）突出显示。该功能便于操作员对炸药、毒品和汽油等易燃易爆品的判读。

8）无机物突出显示（无机）

该操作的效果与有机物突出显示相反，就是将橙色部分（有机物）以灰度显示，使无机物（蓝色部分）突出显示。该功能便于操作员对刀具、枪支和煤气罐等物品的判读。

9）图像放大

该功能可对整个图像区域无级连续放大，同时在右下角有一个增幅图像的缩略图。放大显示的时候，将有一个红色的方框将当前全屏显示的图像区域标示出来。使用方向键可以移动显示图像放大区域，如图 7-15 所示。

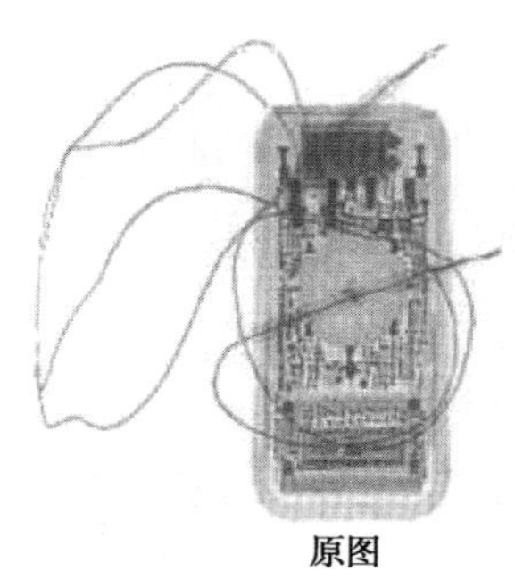

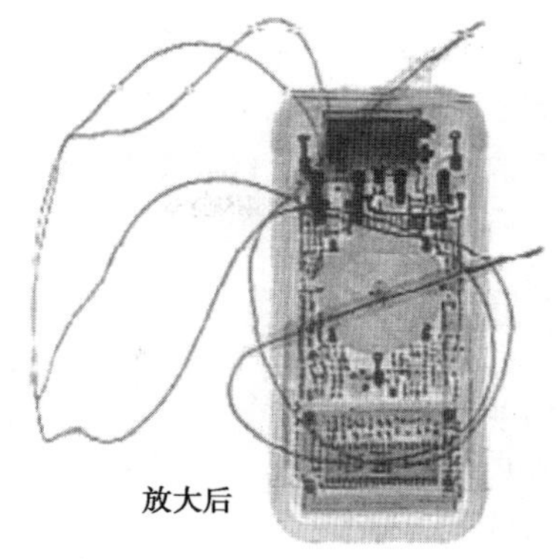

图 7-15　图像放大效果

10）灰度扫描（灰扫）

按下“灰扫”键图像会自动变换灰度映射，将暗区逐渐变亮，同时亮区逐渐变暗，便于操作员寻找一个最适合当前图像的对比度和亮度效果。

4. 软件操作

软件包含以下 8 个子菜单。

（1）登录/注册菜单：可以进行登录操作，登录后用户 ID 在状态条中会有显示，注册时只能注册比当前用户低一级的用户权限。该菜单中还有软件注册码一项，限制版的软件需要将注册信息发送到厂家，以获取序列号。

（2）文件设置菜单：查询历史图像。

（3）探点设置菜单：设置探测器的数量及位置。

（4）实时曲线菜单：查看每个探测器的响应。

（5）图像设置菜单：对图像的现实效果进行设置。

（6）功能设置菜单：一些辅助功能在此菜单中。

（7）硬件配置菜单：射线源及控制板通信口的设置。

（8）信息提示菜单：提供厂家信息及过包信息等。

【技能训练】 X 射线安全检查设备的原理及使用

1. 实训目的

（1）了解 X 射线安全检查设备的原理及结构。

（2）掌握 X 射线安全检查设备的使用方法。

（3）正确辨识被检测物品的种类和性质。

2. 实训设备

8065 型 X 射线安全检查设备 1 台。

装有饮料、刀具等违禁物品的旅行包等。

3. 实训内容

1）设备的安全检查

使用设备前，确保进行以下各项检查。

（1）系统通电前必须检查通道入口和出口处用于防止 X 射线泄漏的铅门帘是否完好，如有损坏，须立即更换。

（2）检查是否有物品遮挡住光障。

（3）检查传送带是否完好，是否有污损被检行李的尖刺和污迹，传送带是否偏离或者卡住。

（4）检查 X 射线安全检查设备的外壳板面、显示器、键盘及电缆是否有损伤。

（5）确认所有盖板均已盖好。

2）X 射线系统操作

（1）开机。

（2）进行物品检查。

（3）图像处理。对所得物品图像按如下步骤进行图像处理，观察经过处理后的图像效果，理解和掌握图像处理方法。

① 彩色/黑白显示。

② 图像反色。

③ 边缘增强（边增）。

④ 图像局部增强（局增）。

⑤ 高穿透力加强（高穿）。

⑥ 低穿透力加强（低穿）。

⑦ 有机物突出显示（有机）。

⑧ 无机物突出显示（无机）。

⑨ 图像放大。

⑩ 灰度扫描（灰扫）。

4. 软件操作

根据系统提示进行系统软件操作，体会各文件操作菜单的功能，掌握标准模块图像、典型违禁品图像、典型细小物品图像的特点，以便在检测中加以区分。

5. 关机退出

每次工作结束时都应该关机退出。

【注意事项】

（1）任何一个产生 X 射线的设备都是有害的，因此，请尽量减少暴露在辐射环境中的时间。

（2）提供的外界电网、电源，必须有良好的接地，必须真正接入大地。

（3）8065 是具有辐射的 X 射线设备，只能用于检查物品！严禁用于检查人体或其他生物！

（4）禁止坐或站在传送带上。

（5）禁止在启动 8065 X 射线设备时身体任何部位进入检查通道内。

（6）防止各种液体流入机器，如发生这种情况应立即关机。

（7）8065 X 射线设备及显示器上的散热口不能被挡住。

6. 讨论分析

（1）试比较反射式和透射式 X 射线检查系统的区别。

（2）上网搜索本书列举之外的 X 射线检查系统产品两个，写出具体网址、产品参数等信息。

7.3 金属探测技术

金属探测设备主要用来探测被检人、物及场所内是否有金属存在。它可以探测出人及所携带包裹、行李、信件、织物等是否携带武器、炸药或小块金属物品，是机场、车站、港口等重要出入口进行安全检查的常用设备。当金属探测器指示出被检物品或场所内有金属存在时，就应引起警觉。

生理学的研究表明，人的听觉对音量的变化是比较迟钝的（对数关系），而对音调的变化是比较敏感的（线性关系）。金属探测器可以根据上述特性，用音调的高低来判定金属物品的大小，这是金属探测器有别于其他同类产品的优点。

7.3.1 金属探测器的种类

目前生产的金属探测器材，一般都由探头和报警系统组成。探头内装有一组电感线圈，工作时产生交变电磁场，又称发射场。发射场遇金属产生涡电流形成新的电磁场，使发射场产生畸变，传送到报警系统中。现在常用的金属探测器材有两类。一是被动式的，这类器材只能探测黑色金属，如我国常用的铁磁物探测器和梯度仪等，它对探测矿产和战争年代投入地下没有爆炸的废旧航/炮弹相当有效；二是主动式的，这类器材可以探测绝大多数金属制品，可以广泛应用于人身、场地的安检。现在常用的主动式金属探测器有金属探测门（安检门）、手持式金属探测器、扫雷器等。

7.3.2 安检门

安检门是一种通过式金属探测器，该探测器是一种结构上做成人可通过的门状，门中建立有电磁场，当人体携带金属物品通过时能产生报警的装置。它能准确探测到人身上或手提包箱中携带的金属物品或含有金属的物品，如各种管制刀具、武器、金属制品、电子产品及其他含有金属的物品等，是用来进行安全检查、防偷窃检查的一种有效工具，主要应用于政府机关、公安机关、检察院、法院、监狱、看守所、海关、机场、车站、体育场馆、会展场馆、娱乐场所、大型集会等场所，以及五金、电子、首饰、军工、造币等工厂或企业。普通的安检门如图 7-16 所示。

图 7-16 安检门

下面以 ST 系列数码金属探测门为例介绍金属探测门的功能及使用。

1. 金属探测门的功能

当有人从金属探测门经过时，如果身体上藏有含金属的物品，经过安检门时，安检门会发出报警声，并伴随有报警灯亮，报警灯可指示所藏物品的位置，多个地方藏有金属物品，会有多个报警灯亮。同时，金属探测门还可以自动统计通过人数和报警次数等数据。

2. 金属探测门的结构

ST 金属探测门的结构如图 7-17 所示，主要包括以下几个部分。

（1）主机箱调试面板。控制面板上有 4 个按键。

- “调试”键：调试各种数据的按键。
- “选择”键：即程序键，对各个程序进行选择。
- “确认”键：调试以后对数据进行确认。
- “复位”键：统计人数和报警次数归零；灵敏度调试完后可以按此键直接确认。

（2）红外线开关。

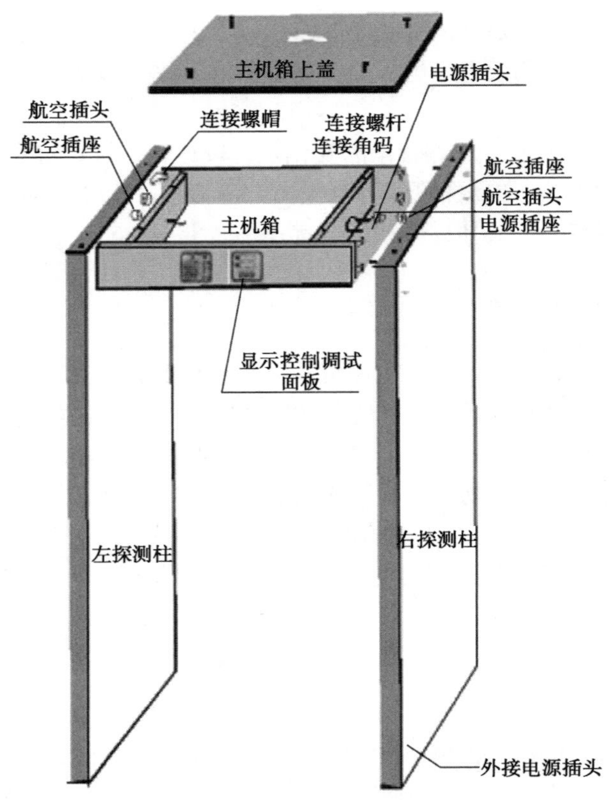

图 7-17　ST 金属探测门结构

（3）区位显示灯。

（4）外接电源插座。

（5）电源开关。

3. 控制面板说明

（1）待机灯（方绿灯）为电源指示灯，接通电源后，绿灯亮，说明安检门已通电工作。

（2）金属物品通过探测区时，信号指示灯闪烁，报警灯亮，喇叭发出报警声，同时区位指示灯亮，指示被检测的金属物品在哪个区位。数码显示管的左边显示通过人数，右边显示报警次数。

4. 灵敏度调试方法

（1）先按“确认”键，此时显示面板显示“1234”，此数字为出厂密码（如果密码不是“1234”，则需要输入正确的密码，可通过“调试”键来更改目前正在跳动的数值，按“确认”键来换位）。

（2）再按“确认”键，此时还是显示“1234”（显示“1234”时，表示为正确的密码，此时是更改密码的状态，如需更改可参考以下密码更改方法，若不需要更改则进行下一步操作，可以进入下一个调试程序；显示为“E-”表示密码错误，需重新输入正确密码）。

（3）再次按“确认”键后，此时显示“1．××”（“1”代表第一区位，“××”表示灵敏度数值），进入区位灵敏度的调试设置（“调试”键用于更改数值，“选择”键用于个位、十位的换位）。例如，调节至“1．85”时表示第一区位的灵敏度为 85，可探测到一元硬币或更小的金属物体。

（4）依次按“确认”键，可以进入下一区位的调试程序，分别为2～7区位，其调试方法与1区位相同。

（5）2～7 区位灵敏度调试完毕以后，按“复位”键保存所有的参数并退出设置模式，此时所有的调试程序均调试完毕，设备可以正常工作。

（6）本探测门自动显示报警次数和通过人数，记忆次数为9999，按“复位”键可重新计数。

5. 金属探测门探测工作流程

金属探测门探测工作流程为：CPU 探测→一组红外线被挡→检测各采集卡数据是否变化→报警→检测另一组红外线→复位，重新探测。

7.3.3 手持式金属探测器

手持式金属探测器由探头和报警器（蜂鸣器或指示灯）组成，用于检查人身携带金属的具体位置，也可配合金属探测门使用，当探测门报警发现金属物品时，用手持式金属探测器即可找到藏有金属物品的准确位置。这种金属探测器重量轻、体积小、便于携带、灵敏度较高（大头针的探测距离为 10mm）、使用方便，是探测被检目标（主要是人和物）内是否有金属的较理想器材。常用的手持式金属探测器如图 7-18 所示。

图 7-18　手持式金属探测器

使用之前，需打开仪器背面的电池盒盖板，装入电池（注意，使用电池的电压要和说明书中的电压要求相一致）。每一节新装电池可累计工作 50 小时左右。当电池电量下降到 10%时，仪器将不能正常工作，这时喇叭会发出断续的“嗒嗒”声，提示我们必须更换新电池。

使用时，安检人员用手握住手柄，用拇指按一下启动按键，然后松开，仪器的信号灯便开始闪烁，喇叭同时发出极轻微的蜂鸣声，表示仪器进入工作状态。工作人员手持开机后的仪器在被检人（或物体）表面来回扫描，如果有金属物体，仪器就会发出声音。检查工作完成之后，应该按下停机按键，以免浪费电池的电量。

当仪器的探头扫过人体（物体）时，如果发出较低沉的响声，而且探头停留在发声处的上方后这个响声会逐渐消失，我们可以判定它是一件很小的金属，如皮带扣、拉链等；如果发出的声音很尖锐，即使探头停着不动，声音仍然是持续不断的，那就一定是一块较大的金属，如匕首、手枪等。

7.3.4 液体检测仪

危险液体检测仪是一款用于检测易燃易爆液体的安检仪器，检测仪可检测多种易燃、易爆液体，如汽油、柴油、煤油、无水乙醇、丙酮、苯、香蕉水、乙醚、二氯甲烷、三氯乙烯、石油醚、松节油、液体石蜡、甲苯、二甲苯、乙酸乙酯、正丁醇、二氯乙烷、正戊烷、环己胺、环己烷、二硫化碳、甲醇、异丙醇、乙二胺、硝基甲烷、液体炸药（IED）等。

常用的液体检测仪如图 7-19 所示，本节主要介绍手持式液体检测仪。

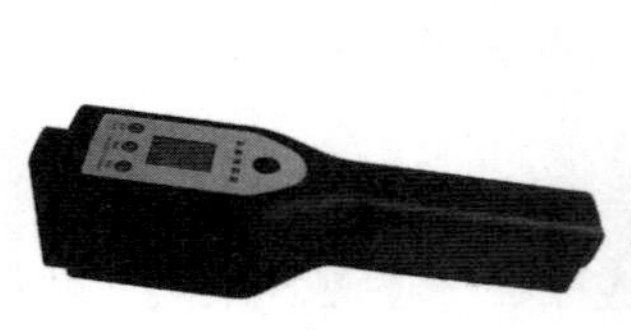

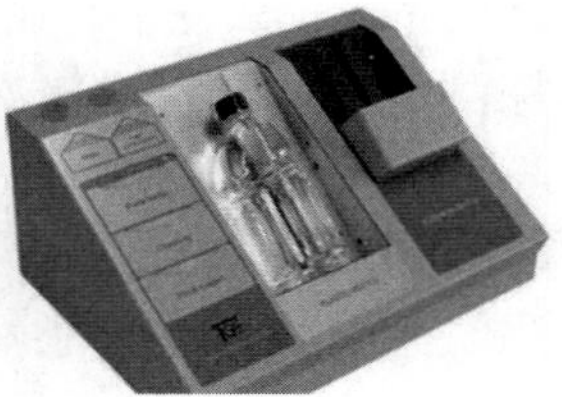

图 7-19　液体检测仪

1. 手持式液体检测仪的特点

手持式液体检测仪可对非金属容器内的液体进行安全检查。其采用准静态计算机断层扫描技术，通过测定待测液体的介电常数和电导率，从而判断其易燃易爆性。检测仪能够在不直接接触液体的情况下将液体炸药、汽油、丙酮、乙醇等易燃易爆液体与水、可乐、牛奶、果汁等安全液体区分开。

2. 手持式液体检测仪的使用

手持式液体检测仪不需要任何调整或编制，非常容易使用。将该设备传感器贴近想要检查的液体水平面以下，然后按下按钮即可。自动检测绿灯表明液体不易燃；若发出红色信号，则表明存在潜在的危险液体（爆炸性或易燃液体）。检测过程如图 7-20 所示。

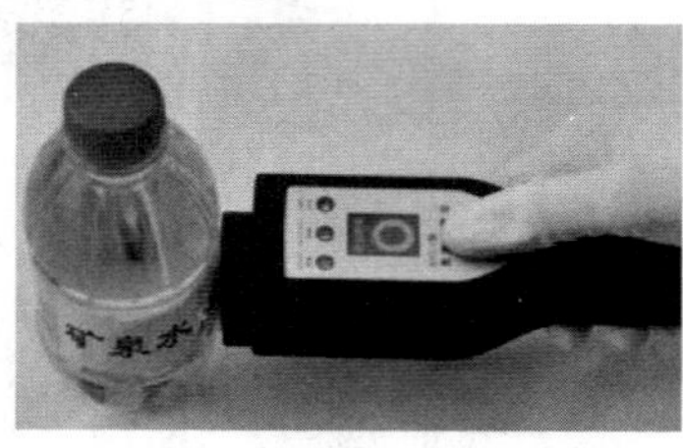

图 7-20　手持式液体检测仪检测过程

1）正确的操作方法

（1）传感器的整个探测头都要与容器壁正对相接触，如图 7-21（a）所示。

（2）如果液面不足以覆盖整个传感器表面，则应使用如图 7-21（b）所示的测试方法。

2）错误的操作方法

如果测试方法不得当，会出现不准确的测试结果，如图 7-21（c）所示。

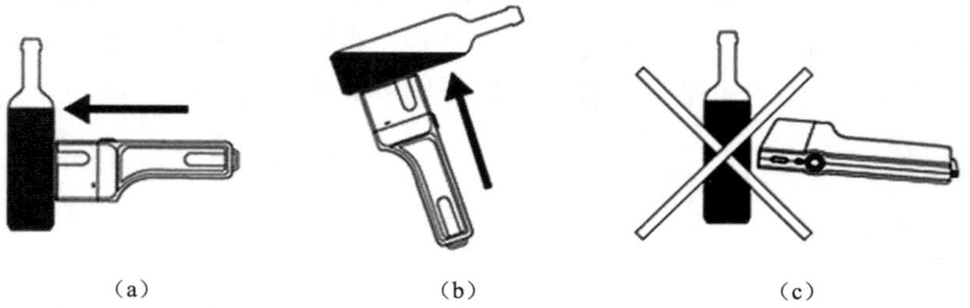

（a）　（b）　（c）

图 7-21　手持式液体检测仪操作指示

手持式液体检测仪操作指示灯如图 7-22 所示。

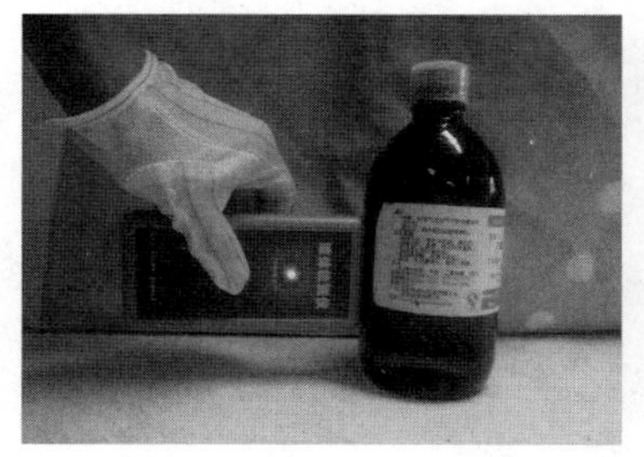

图 7-22　手持式液体检测仪操作指示灯

7.3.5　扫雷器

扫雷器如图 7-23 所示，主要由探头和报警系统组成，适合大范围场地的安全检查。使用时将探头接近被检场地表面平行移动，如遇金属就会报警，探测距离视金属体积大小而异（探测深度为子弹 10cm、炮弹大于 50cm）。目前世界先进的扫雷器不仅能探测金属，同时也能探测塑料地雷、陶制管道等埋在地下的突出异物，有的探测器还能部分地伸入水下工作，报警方式也从单纯的信号报警发展成仪表、数字形式报警，大大方便了使用。

图 7-23　扫雷器

7.3.6　信件炸弹检测仪

信件炸弹检测仪是专门检测信件/邮包内是否含有金属的仪器。一般由送信口、探头组、显示灯三部分组成，使用时只需将邮件放入送信口，探头就会自动探测，显示灯会做出正常/报警的指示。信件炸弹检测仪能无损地检测成捆信函和小件包裹，快速、准确地判断出被检物品是否含有潜在可疑物，并及时做出报警，最高灵敏度为可检测 0.1mm 厚，对被检物中的胶卷及磁性物质（磁带、信用卡、磁盘等）无任何不良影响。图 7-24 所示为一款信件炸弹检测仪。

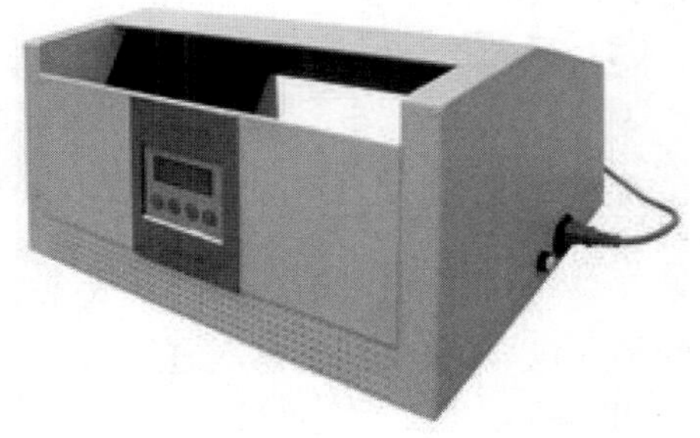

图 7-24　信件炸弹检测仪

【技能训练】 人身箱包安全检查应用

1. 实训目的

（1）了解人身安全检查设备的原理及结构。

（2）掌握金属探测设备的使用方法。

（3）正确操作进行人身安全检查。

2. 实训设备

金属探测门 1 个。

手持式金属探测器 1 个。

随身携带的金属物品、违禁品等。

3. 实训内容

（1）探测检查门检测。被检者通过安检门，并在引导员的指引下来到手检工作人员面前，安检门主要用于被检者的身体检查，主要检查人员是否携带禁带物品。

（2）手持式金属探测器检测。主要用于对旅客进行近身检查；人工检查，即由安检工作人员对旅客行李实施手工翻查和男女检查员分别进行搜身检查等。

（3）人身安全检查操作。

① 当受检人通过安全检查门发生报警时，人工检查员应提示受检人前往手检区进行人工复查。

② 提示受检人面向人工检查员双脚自然分开、双手微举，人工检查员借助手持式金属探测器进行仔细检查，基本顺序为：由上到下，从里到外，从前到后。

③ 进行人身检查。由上到下、由里到外、由前到后，即从受检者前领起，至双肩外侧、双手手掌、双肩内侧、腋下、背部、后腰部、裆部、双腿、脚部。进行手持探测器检查时，探测器移动要平稳、匀速；进行手工检查时，应以“触压”为主，手的用力要适当、均匀。

（4）注意事项。

人工检查员应手持金属探测器在前，另一只手在后；手持金属探测器所到之处，人工检查员用另一只手配合做摸、捏、按的动作；手检过程中，应注意对头部、衣领、领带、手腕、肩胛、腋下、胸部、腹部、腰部、腰带、臀部、裆部、脚、鞋等部位进行重点检查。如果手持金属探测器报警，人工检查员左手应配合触摸报警部位，以判明报警物质性质，同时请受检人取出该物品进行检查；受检人将报警物品从身上取出后，人工检查员应对该报警部位进行复检，确认无危险品后方可进行下一步检查。当检查到脚部有异常时，应让受检人脱鞋进行脚部检查，并将受检人的鞋通过 X 光检测仪检查，确认无问题后放行。

（5）箱（包）检查。

① 检查外层。看它的外形，检查外部小口袋及有拉链的外夹层。

② 检查内层和夹层。用手沿箱（包）的各个侧面、边缘上下摸查，将所有的夹层、底层和内层小口袋检查一遍。

③ 检查箱（包）内物品。按 X 光检测仪操作员所指的重点部位和物品进行检查。对有疑点的箱（包），应提示其再次进行 X 光检查。在没有具体目标的情况下应逐件检查，将已查和未查的物品分开放置，仔细甄别。

④ 善后处理。检查后如有问题应按规定处理，没有发现问题则应协助受检人将物品放回箱（包）内。

（6）箱（包）安全检查注意事项。

① 人工检查员站立在 X 光检测仪行李传送带出口处疏导箱（包），避免过检箱（包）被挤压。

② 当有箱（包）需要开检时，X 光检测仪操作员应给人工检查员以语言提示，待受检人到达前，人工检查员控制需开检的箱（包）；受检人到达后，人工检查员当面打开箱（包），对箱（包）实施检查。

③ 检查箱（包）时，开启的箱（包）应侧对受检人，使其能通视自己的物品。

④ 时刻保持高度的警惕性，既要妥善保护受检人物品，又要严防各类危险情况发生。

4. 讨论分析

（1）安检门和手持式金属探测器相互是怎样配合工作的？

（2）人身检查时重点查验的部位有哪些？

7.4　其他安全检查技术

多年来广泛使用的安全检查设备，如金属探测门、X 射线检测仪等，能发现武器和普通炸药等危险品，在安全检查工作中发挥了重要作用。随着科学技术的发展，犯罪嫌疑人和恐怖分子也在利用高新技术，制造新的武器、爆炸物等。对此上述传统检测手段就有些无能为力。因此，世界各国都在研制安全检查的新技术、新设备，这些设备包括人体检查、行李检查和大宗货物检查及安全监视系统几个方面。

1. 气味识别系统电子鼻

每个人都有其独特的气味。人体气味可以像指纹和脱氧核糖核酸（DNA）测试一样，用于鉴定一个人的特征。同样，各种物体，如毒品、炸药，也有其特有的气味。

电子鼻芳香扫描仪，采用一系列高分子聚合物传感器，当从空气中吸入挥发性的分子时，传感器可暂时改变它的电阻，从而使电信号发生变化。对这种变化进行分析，便可以确定它是属于何种气味。这种电子鼻扫描仪不但可以对人进行鉴别和追踪检查，而且还可用于检查毒品和机场行李中的爆炸物等危险品。

2. 磁共振成像行李扫描仪

磁共振成像行李扫描仪是在医用磁共振人体扫描技术的基础上发展而来的。这种新型扫描仪采用一种称为“四磁极共振分析”的变形 MRI，根据被检物品的分子结构来识别各种材料。首先用一台发射机向被检行李发射低频无线电波，瞬间扰乱物品内部的核子排列。当核子自身重新排列时，它们发射信号，这些信号即刻由系统的计算机进行分析。由于每种类型的材料发射一种独特的信号，没有两种化合物的信号是相同的。因此，使之易于查出爆炸物或违禁毒品。该设备还可以检测液体炸弹、神经毒气及其他化学武器。这种磁共振炸药探测系统和 X 射线安全检查系统结合使用可以获得最佳的探测效果。

3. 离子扫描探测器

离子扫描探测器是利用各种物质离子漂移的速率差别来识别物质的，尤其用于炸药和毒品的识别。炸药和毒品大都是粉末状的，特别是当爆炸物的量很小的时候，常规检查手段根本无法有效地检测出来，而离子扫描探测器却能有效地探测出该类危险物品。

如果有人带有炸药，那么他的身上就会留下十分微量的残余物，当他走入安检门的时候，探测器就会运行，吹向被检测者的气体会将他们衣服上受污染的微粒带到机器上方的采样室里。然后，分子在那里会被电离，进入探测管，接着把它们的行进速度和特征记录下来，并与已知的爆炸物特征进行对比。这套离子探测系统大约需要十几秒的时间，便会得出精确的分析结果。当发现危险爆炸物时，机器会发出警报。这种探测器的灵敏度非常高，甚至能侦测到纳克的炸药，也就是能检测到十亿分之一克的爆炸物。这种仪器已在北美、南美、欧洲和亚洲的几十个机场投入使用。

4. 中子探测器

这是专门探测炸药，尤其是塑性炸药的新型安全检查设备。由于中子不会受到金属乃至重金属铅的屏蔽，可以穿透一切包裹层，而且所有爆炸品都含有大量高浓度氮，当中子源发射的中子束去撞击被检查的行李箱，遇到爆炸品时，爆炸品中的氮会吸收中子，并立即释放“伽马射线”。通过观测记录伽马射线，就可以探测出炸药、塑性炸药。总之，中子探测器几乎能令一切爆炸物无所遁形。

5. 大型集装箱检测系统

大型集装箱检测系统实际上是高能X射线成像装置。该系统将几十吨重的集装箱连车一起送入具有辐射防护能力、自动运行的安全连锁传送通道，由电子加速器产生的高能电子打到重金属靶上产生高能X射线。通过测量透过集装箱的X射线，可以得到箱中货物的透视图像。经过计算机处理后，组成所需的透视图像。检测一辆长达20m的集装箱车，只需要2min，而且可分辨箱中货物千分之一的密度差别。目前，英、法、德三国都能生产这种检测装置。我国清华大学也已成功研制出这种大型集装箱检测系统，使我国成为世界上第四个能生产这种设备的国家。

6. 放射性物质检测系统

该系统是用于防止恐怖分子利用放射性物质进行恐怖活动和放射性物质非法转移的新型安检系统，可用于机场、海关口岸、车站、码头、体育馆和会议场所等。放射性物质检测系统的特点有：灵敏度和准确度高；稳定性高，操作简便；定向检测；可自行设置阈值；检测信息可以通过有线或无线传输实现远程监控。

如图7-25所示，CIAE1108B-1型、CIAE1108B-2型检测设备用于人员及大型物体的放射性检查，CIAE1108A型检测设备用于配合X光机对行李、手提箱等物品的放射性检查。

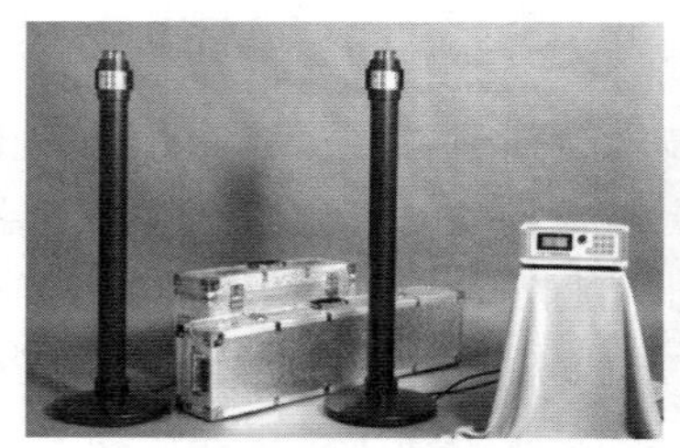

（a）CIAE1108B-1型

（b）CIAE1108B-2型

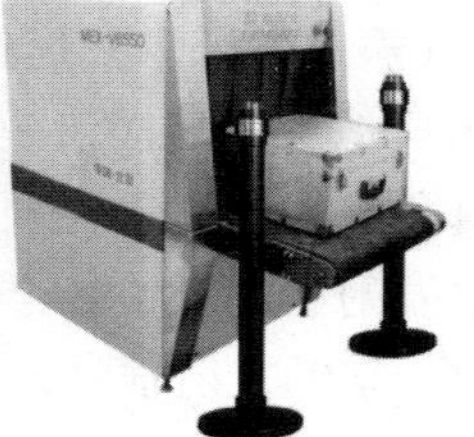

（c）CIAE1108A型

图7-25　放射性物质检测设备

7.5　智慧安全检查技术的运用

传统安检物品通过安检机器时，在屏幕上出现图像，由人工审图判读，图像出现在屏幕上的时间不过数秒，工作人员可能产生误判，一旦发生漏检情况，安全隐患或将接踵而至。为了提升安检效率，将 AI 融入安检运用物联网技术的智慧安检系统，既可以减轻安检工作人员的工作压力和劳动强度，又能提供智慧化出行体验。近年来，“智慧安检”已成大势所趋，如美国研发的 Wi-Fi 安检系统可以探测和分析来自固体物质的信号和评估液体体积；俄罗斯的科学家和工程师根据核物理学原理发明出一种行李检查装置，可在不开启行李的情况下发现其中藏匿的违禁物品。中国也有大量公司投入智慧安检的研究应用领域，如海康威视的基于深度学习的安检智能分析，将基于视频与图片的智能分析技术从视频监控领域带入货物包裹安检领域，应用深度学习的技术实现 X 射线领域的广泛的物品识别与违禁品预警，结合视频监控技术及机器视觉技术构建立体化的货物智能安检联网与可视化追溯系统。智慧安检具备安检设备接入、管理能力，同时，对过检的包裹图片、视频进行存储，提供实时过检预览、录像回放、过检货物查询、关联片段录像回放、过检统计等应用。很多公司将人脸识别技术与自助验证闸机设备应用在自助验证环节，实现旅客自助安检查验的全流程自动化操作，自动完成旅客信息核验及人证比对；基于人工智能技术进行人脸动态识别，创建以生物特征标签为关键信息的安检流程等。智慧安检系统拓扑图如图 7-26 所示。

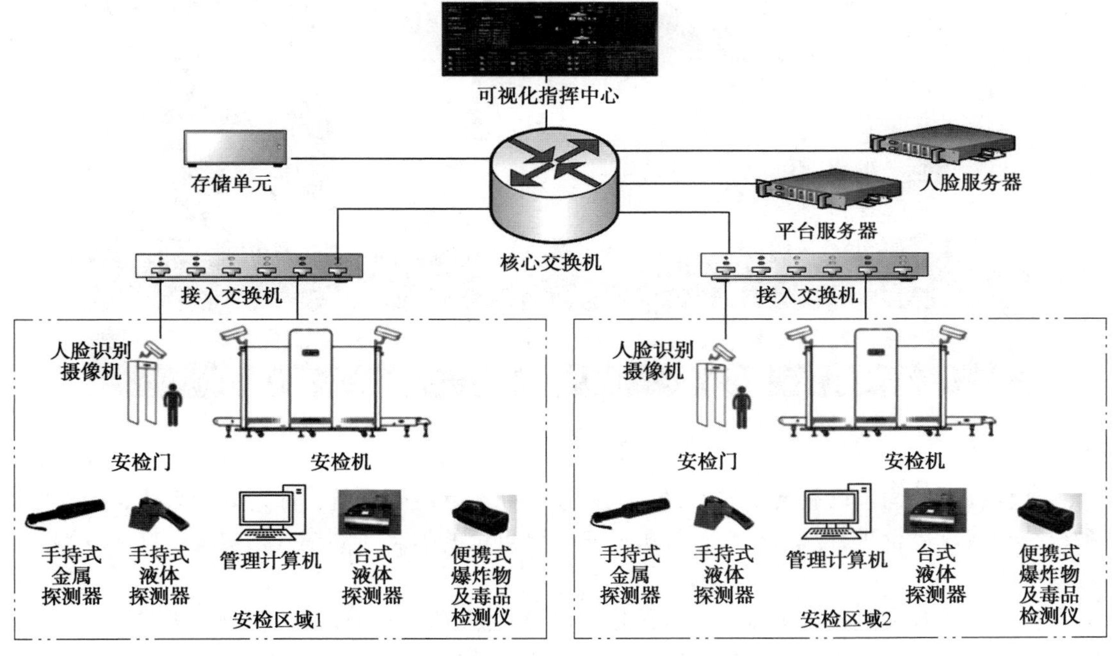

图 7-26　智慧安检系统拓扑图

智慧安检系统通常可实现自动报警和智能分析、危险品自动识别功能，在实际安检过程中，客流高峰期，包裹量较大时，安检人员容易精力不集中，错过可疑物品。另外，兼职人员或专业技能较弱的安检员对违禁品缺少识别技能，容易遗漏违禁品。系统采用人工智能方式，通过对危险品的深度学习，学会认知危险品。目前检测的类型包括以下几大类：刀具、枪支、瓶装液体、电池、雨伞，如图 7-27 所示。

当危险品通过时，对危险品进行框选、标注，电子放大、细节展示，并通过声光报警进行报警提示，提醒安检员注意，提升安检能力。该系统主要包括以下六大功能：第一个是智能研判，可及时发现包裹里面的违禁品；第二个是危险品呈现，对违禁品进行框选及提示；第三个是对危险品进行电子放大，对细节进行展示；第四个是历史回溯，可以对历史过包数据进行一个回看操作；第五个是运行状态展示，显示当前过包量及危险品数量信息；第六个是人包关联，实现人和包裹之间关联的功能。

刀具　枪支　瓶装液体　电池　雨伞

图 7-27　智能安检系统可检测类型

如图 7-28 所示，在智能报警展示部分，通过安检智能分析对安检机的 X 光图像进行实时分析处理，安检机生成 X 光图片的同时通过智能分析，判断图像中是否有疑似违禁品，安检机的运行状态直接接入平台展示。人脸感知系统捕捉相关人包信息，人员通道实现信息贯通，对人员的面部信息进行捕获，从而进行人员比对，并实现与所放的包裹进行关联。

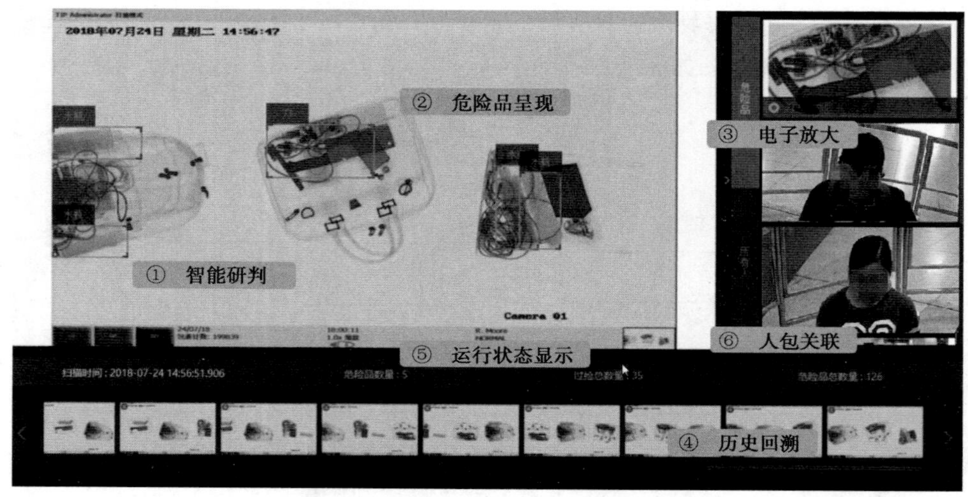

图 7-28　智能报警展示部分

智能安检系统与前端视频监控系统、人脸感知系统、道闸系统、行为分析系统、报警检测等系统统一接入后台进行综合管理，打破原来安检点位的信息孤岛模式，实现数据的联网、拓展数据价值。

安检联网平台通过接入安检、视频监控、报警检测等系统的设备，获取边缘节点数据，实现安防信息化集成与联动。平台分析处理并实现数据分析预测，通过这些前端实现多维感知数据的采集及前端智能化的处理，处理之后的数据汇聚到联网平台，实现对数据的汇聚、存储及智能应用。有的系统还会将数据接入云中心，并与业务数据相融合，利用大数据进行多维分析预测，如图 7-29 所示。

安检管理平台实时接收违禁品报警并联动现场视频录像，实现对安检现场情况的实时管控。同时，对过包人员进行人脸抓拍比对，实现人包合一，嫌疑人员报警，将传统的物检与人检有效结合起来。在安检场景中，需要视频监控记录现场情况，通过智能分析设备，检测包括安检人员离岗、睡觉、打电话等行为，实现检测识别和前端报警提示。平台还具备数据统计分析功能，通过对每日过包数据的统计，分析出过包量及危险物品量，为安检人员和警务人员的调配提供辅助信息，实现安检智能化管理。

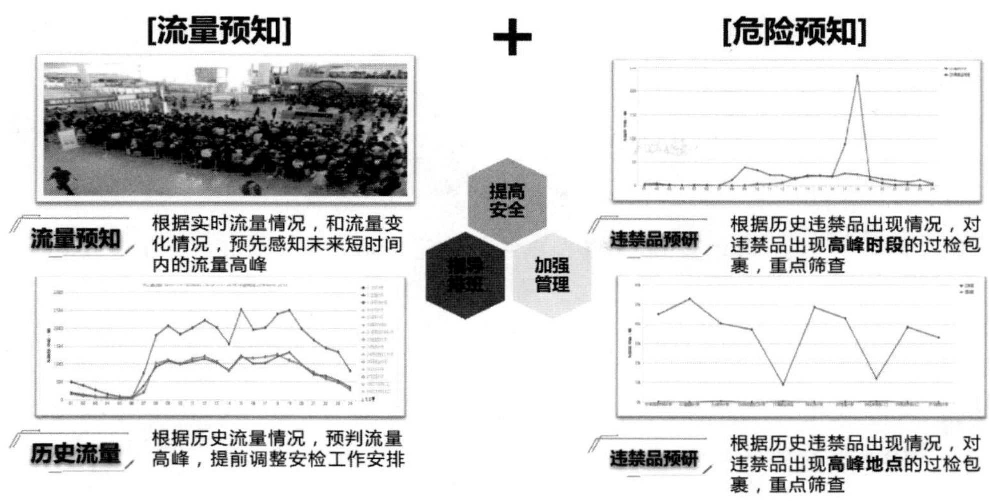

图 7-29　数据分析预测

本章小结

本章针对防爆安全检查技术及主要设备和具体系统应用进行了详细的介绍。首先，介绍了安全检查的作用。其次，对金属探测技术、人身安全检查、箱（包）开包检查等技术进行详细的说明。最后，对其他安全检查技术及智慧安检系统进行了介绍。本章通过理论结合实践对安全检查技能和知识做了详细论述。

参 考 文 献

[1] 国家职业资格培训教程：安全防范系统安装维护员（基础知识）. 北京：中国劳动社会保障出版社，2010.

[2] 国家职业资格培训教程：安全防范系统安装维护员（初级）. 北京：中国劳动社会保障出版社，2010.

[3] 国家职业资格培训教程：安全防范系统安装维护员（中级）. 北京：中国劳动社会保障出版社，2010.

[4] 国家职业资格培训教程：安全防范系统安装维护员（高级）. 北京：中国劳动社会保障出版社，2010.

[5] 章云，许锦标. 楼宇智能化系统. 北京：清华大学出版社，2007.

[6] 王再英. 楼宇自动化系统原理与应用. 北京：电子工业出版社，2008.

[7] 公安部教材编审委员会. 安全技术防范. 北京：中国人民公安大学出版社，2001.

[8] 陈龙，等. 智能建筑安全防范系统及应用. 北京：机械工业出版社，2007.

[9] 公安部技术监督委员会办公室. 社会公共安全标准汇编（安全防范报警系统部分 1）. 北京：中国标准出版社，1995.

[10] 公安部技术监督委员会办公室. 社会公共安全标准汇编（安全防范报警系统部分 2）. 北京：中国标准出版社，1998.

[11] 张言荣，等. 智能建筑安全防范自动化技术. 北京：中国建筑工业出版社，2002.

[12] 殷德军，秦兆海. 安全防范技术与电视监控系统. 北京：电子工业出版社，1998.

[13] 傅万钧，张维力. 应用电视技术. 北京：国防工业出版社，1996.

[14] 杨磊，李峰，田艳生. 闭路电视监控系统（第 2 版）. 北京：机械工业出版社，2007.

[15] 王可崇，等. 建筑设备自动化系统. 北京：人民交通出版社，2003.

[16] 陈虹. 楼宇自动化技术与应用. 北京：机械工业出版社，2003.

[17] 阳宪惠. 现场总线技术及其应用. 北京：清华大学出版社，1999.

[18] 王再英，等. 楼宇自动化系统原理与应用. 北京：电子工业出版社，2005.

[19] 上海市智能建筑试点工作领导小组办公室. 智能建筑工程设计与实施. 上海：同济大学出版社，2001.

[20] 孙震强. 电信网与电信系统. 北京：人民邮电出版社，1996.

[21] 程大章. 住宅小区智能化系统设计与工程施工. 上海：同济大学出版社，2001.

[22] 温伯银. 智能建筑设计标准（GB/T 50314—2000）. 北京：中国计划出版社，2000.

[23] 沈晔. 楼宇自动化技术与工程. 北京：机械工业出版社，2004.

[24] 郑文波. 控制网络技术. 北京：清华大学出版社，2001.

[25] 杨绍胤. 智能建筑实用技术. 北京：机械工业出版社，2002.

[26] 黎连业，苏畅，王超成. 电视监控系统工程资质教程. 北京：中国电力出版社，2006.

[27] 杨磊，李峰，田艳生. 闭路电视监控设备使用及维修. 北京：机械工业出版社，2006.

[28] 王汝琳. 智能门禁控制系统. 北京：电子工业出版社，2004.

[29] 陈龙. 智能建筑安全防范及保障系统. 北京：中国建筑工业出版社，2003.

[30] 中国就业培训技术指导中心. 安全防范设计评估师（基础部分）. 北京：中国劳动社会保障出版社，2008.

[31] 中国就业培训技术指导中心. 一级安全防范设计评估师（国家职业资格一级）. 北京：中国劳动社会保障出版社，2008.

[32] 中国就业培训技术指导中心. 二级安全防范设计评估师（国家职业资格二级）. 北京：中国劳动社会保障出版社，2008.

[33] 中国就业培训技术指导中心. 三级安全防范设计评估师（国家职业资格三级）. 北京：中国劳动社会保障出版社，2008.

[34] 李仲男. 安全防范技术原理与工程实践. 北京：兵器工业出版社，2007.

[35] 张维成. 安全防范技术（第 2 版）. 北京：中国人民公安大学出版社，2002.

[36] 杭州海康数字技术股份有限公司相关设备技术文档。

[37] 浙江大华技术股份有限公司相关技术文档。

[38] 浙江宇视科技有限公司相关技术文档。

反侵权盗版声明